ro
ro
ro

Immer mehr Tierarten entdecken urbane Zentren für sich. Es scheint fast, als sei die Zivilisation die bessere Wildnis. Was meistens zunächst putzig daherkommt, kann allerdings auch schnell zum Aufreger werden: Marodierende Wildschwein-Gangs durchpflügen Vorgärten und jagen selbst Polizisten in die Flucht, Rabenkrähen attackieren arglose Bürger, Bananenspinnen halten Supermärkte in Atem, Wölfe erkunden Wohngebiete, Füchse klauen Schuhe vor Siedlungshäusern weg, Waschbären und Marder ziehen in unsere Häuser ein und Nilgänse fühlen sich auf Spazierwegen wohl.

Was wollen diese Viecher überhaupt in unseren Wohn- und Geschäftsvierteln, wie sollen wir mit ihnen umgehen und wie und wieso passen sie sich so faszinierend gut an uns an? Sebastian Lotzkat geht der Frage nach, worauf wir uns wohl zukünftig einstellen müssen, von der Duldung der Besiedlung unserer Dämmfassaden durch Vögel über die Sicherung von Grundstücken vor hungrigen Tieren bis hin zur Sensibilisierung unserer Kinder für frei laufende Tiere, die wir bisher nur aus Zoo und Lexikon kannten. Und wir müssen wohl lernen, dass Tiere in der Stadt nicht immer zutraulich und freundlich sind, wenn wir die Wildschweinfamilie beim Sonntagsspaziergang im Stadtpark treffen. Ganz nebenbei lernen wir manches über bekannte und unbekannte Tiere.

ro
ro
ro

Sebastian Lotzkat

LANDFLUCHT
DER WILDTIERE

**Wie Wildschwein,
Waschbär, Wolf und Co.
unsere Städte erobern**

ROWOHLT TASCHENBUCH VERLAG

 **ORIGINALAUSGABE**

Veröffentlicht im Rowohlt Taschenbuch Verlag,
Reinbek bei Hamburg, Oktober 2016
Copyright © 2016 by Rowohlt Verlag GmbH,
Reinbek bei Hamburg
Lektorat Bernd Gottwald
Buchgestaltung Anja Sicka, Hamburg
Umschlaggestaltung ZERO Werbeagentur, München
Umschlagabbildung Jeff Stamer/Getty Images
Satz aus der Kepler PostScript, InDesign,
bei Pinkuin Satz und Datentechnik, Berlin
Druck und Bindung GGP Media GmbH, Pößneck, Germany
ISBN 978 3 499 63166 5

INHALT

STADTNATUR – NATÜRLICHE STADT 9
DIE KLASSIKER 19
ALLES SCHAUT NACH BERLIN 35

WAS WOLLEN DIE HIER? 45
Erst mal ankommen ... 46
Häuslich einrichten 54

MANCHE MÖGEN'S STEIL: FELSENFREUNDE 65
Niemals am Boden 69

DIE ANPASSER 77
Grünausnutzer 79
Alleskönner 83
Flexibel überleben! 90
Die Invasion aus Übersee 98

DAS GROSSE KRABBELN 109
Das Imperium der Sechsbeiner 111
Die Spinne in der Yuccapalme 119

DIE RÜCKKEHRER 129

DEMNÄCHST AUCH IN IHRER STADT? 143

TIERISCHE TROUBLEMAKER 157
Mensch – Stadt – Tier: Hass oder Liebe? 158
Konfliktpotenziale: wer, wann, wie und warum? 163

KNUDDELN ODER ABSCHIESSEN? 173

Tretminen 173

Kotschleudern 176

Putzige Panzerknacker 181

Dreiste Diebe 188

Hacker-Attacken: Hitchcock lässt grüßen 193

Garstige Spinner 196

Rotkäppchen reloaded? 202

LEBEN UND LEBEN LASSEN 207

Gekommen um zu bleiben 207

Bitte nicht füttern 213

Stadtfauna im Wandel 219

Vielfältige Stadtnatur – Chance für uns alle 231

ENTDECKEN, ERLEBEN, GENIESSEN! 237

Mal eben ins Grüne … 237

Der Zoo von Balkonien 249

Augen auf! 256

Auf Spurensuche 258

Hör mal hin … 267

Mitmachen! 270

EPILOG 279

ANHANG 283

Danke! 285

Zum Weiterlesen 287

Nur so zum Spaß … 291

Fotonachweis 302

Über den Autor 303

KLEINE
TIERKUNDEN

30 ❋ Steinmarder

32 ❋ Hausratte

39 ❋ Rotfuchs

50 ❋ Ringelnatter

71 ❋ Mauersegler

74 ❋ Hausrotschwanz

80 ❋ Erdkröte

85 ❋ Igel

103 ❋ Halsbandsittich

105 ❋ Nilgans

124 ❋ Zitterspinne

135 ❋ Wolf

146 ❋ Taubenschwänzchen

149 ❋ Spinnenläufer

161 ❋ Wildschwein

186 ❋ Waschbär

195 ❋ Lachmöwe

225 ❋ Tigermücke

245 ❋ Grünfrösche

248 ❋ Nutria

253 ❋ Zwergfledermaus

STADTNATUR –
NATÜRLICHE STADT

Kurz nach halb drei: Kippenpause. Ich stehe im Hof neben dem Institutsgebäude des Senckenberg Forschungsinstituts in Frankfurt am Main, wo ich als Biologe arbeite. Direkt hinter dem gleichnamigen Naturmuseum, wo ich auch Führungen und Vorträge veranstalte. In der warmen Maisonne lasse ich meinen Blick gedankenverloren über den schmalen Grünstreifen gegenüber wandern, von dem aus der Wilde Wein das angrenzende Gebäude der Goethe-Universität bereits vollkommen überwachsen hat. Der Lärm der Stadt dringt nur leise hierher in den Hinterhof, irgendwo in der Nähe fiepen ein paar Meisen. Plötzlich ist die Hölle los: Laut kreischend knallt ein Knäuel Federn mitten in das wuchernde Grün vor mir, zwischen die Füße des Wilden Weins. Ich bin mit einem Schlag hellwach, aber erst so langsam erkenne ich, was genau da gerade passiert: Eine Amsel zetert und flattert um ihr Leben. Ihr dicht auf den Fersen ist ein kleiner Raubvogel, ein Sperber. Sozusagen ein Habicht in zierlich, nicht sehr viel größer als die Amsel, die er sich als Beute auserkoren und wohl zuerst im Flug gegriffen hat, dafür aber sehr hartnäckig: So oft sie seinen Fängen auch entkommt, er stürzt ihr nach und greift sie sich erneut oder versucht es wenigstens. Quer durch das Gestrüpp wirbeln die beiden hin und her, bis die Amsel es schafft, irgendwo unterzutauchen. Der Sperber wartet noch einen Moment, dann schaut er mich kurz an, als wollte er sagen: «Was guckst du?», und fliegt davon, als wäre nichts gewesen. Ich bin total perplex von dem Spektakel, das sich da innerhalb weniger Sekunden keine vier Meter vor mir abgespielt hat. Etwa einen Kilometer entfernt, im Botanischen Garten, wäre ich wohl nur halb so überrascht gewesen. Weil dieser Garten eben ein mehrere Hektar großes Stück Natur ist. Aber hier, mitten zwischen hohen Häusern und vielbefahrenen Straßen?

Frankfurt am Main, kurz nach Mitternacht im Februar. Ich sitze in einer U-Bahn der Linie U4 und bin auf dem Weg zum Südbahnhof, wo ich in einen Nachtzug nach Berlin steigen werde. Am Willy-Brandt-Platz muss ich umsteigen. Als ich gemächlich die Treppe zum richtigen Gleis hinaufsteige, muss ich mich plötzlich ducken: Trotz der späten Stunde sausen zwei Tauben im Tiefflug das Treppenhaus herab, als könnten sie das nicht auch oberhalb der Augenhöhe eines deutschen Durchschnittsbürgers tun. Am Bahnsteig Richtung Südbahnhof angekommen, wandert mein Blick langsam über die «Säulen der Eintracht», überlebensgroße Bilder von herausragenden Spielern dieser ehemals nahezu unschlagbaren Fußballmannschaft. Während ich angesichts von Bernd Hölzenbeins Hot Pants über den Wandel der Sportmode im Laufe der Jahrzehnte sinniere, bewegt sich unter seinen Füßen plötzlich etwas über die Gleise. Ich senke meinen Blick und muss nicht lange warten: Eine kleine Maus flitzt von Deckung zu Deckung, hält zusammengekauert still und flitzt wieder weiter. Kurz darauf folgt ihr eine zweite. Zumindest glaube ich, dass es nicht dieselbe war. Das Insekt, das beim Einfahren meiner U-Bahn noch schnell das Weite sucht, kann ich leider nicht genau erkennen.

Fünf Uhr früh, Leipzig Hauptbahnhof. Ich muss hier umsteigen, um nach Berlin zu kommen und nicht ungewollt in Prag aufzuwachen. Genervt von dieser Tatsache und sehr, sehr schlaftrunken schlurfe ich den Bahnsteig hinunter und traue meinen Augen kaum: Direkt vor dem Kopf des Gleises, nur durch den Prellbock von der Lokomotive meines bisherigen Beförderungsmittels getrennt, sitzt eine Waldschnepfe. Eine stinknormale Taube, ein Spatz oder eine Krähe wären ja nichts

Besonderes und kaum der Rede wert, aber eine Waldschnepfe? Ein überaus scheuer und vorsichtiger Vogel, der – richtig geraten – im Wald zu wohnen pflegt und dort durch sein Flecktarngefieder optisch perfekt mit der Umgebung verschmilzt. Der deswegen den meisten Mitbürgern auch völlig unbekannt ist. Aber hier um fünf Uhr morgens vollkommen offen und weithin sichtbar mitten in der Leipziger Bahnhofshalle hockt, wo ihm das Flecktarnmuster gar nichts bringt. Was, um alles in der Welt, hat diese Schnepfe hierher verschlagen? Ich bleibe einige Meter von ihr entfernt stehen, reibe mir die Augen und kann mir immerhin schnell denken, warum sie nicht schon längst wieder in ihren Wald geflogen ist: Sie ist offensichtlich verletzt, denn Gesicht und Schnabel sind blutig. Wenn ich raten müsste, würde ich auf eine Raubtierattacke oder, hier wesentlich wahrscheinlicher, auf eine heftige Kollision mit einer Glasscheibe tippen. Weil ich die Ärmste nicht noch zusätzlich stressen möchte und sowieso keine Zeit für ernsthafte Rettungsaktionen habe, überlasse ich sie ihrem Schicksal. Das ist vielleicht schon wenig später entschieden worden: Ein offensichtlich besorgter und sicher sehr fürsorglicher Mitmensch hat die blutende Schnepfe ebenfalls entdeckt und nähert sich ihr. Sie tut, was Waldschnepfen in solchen Fällen gemeinhin tun: auffliegen und flüchten. Allerdings sehr unbeholfen und wackelig. Zwei Bahnsteige weiter kollidiert sie hörbar mit einer Glasscheibe und purzelt in den darunter befindlichen Treppenabgang. Ich steige in meinen Zug.

Berlin Hauptbahnhof, kurz vor acht: Nicht besonders ausgeruht schleppe ich mich aus dem Zug und mit zwei flugs erstandenen Croissants rein in die DB Lounge, um dort eine größere Menge kostenlosen Kaffee abzustauben. Die viele Bahnfahrerei muss sich ja auch mal lohnen. Bevor ich mich über das Gebäck hermache, gehe ich mit der ersten Tasse des schwarzen Goldes vor die Tür, um mit einer geballten Ladung meiner Lieblings-

Alkaloide Koffein und Nikotin dem Zustand geistiger Wachheit ein wenig näher zu kommen. Die winterliche Kälte hilft dabei, während die Farben des sich ankündigenden Sonnenaufgangs meine Stimmung schlagartig verbessern. Über mir krächzen Krähen vom Lüftungsturm mit dem Logo des größten deutschen Verkehrsbetriebes, und einzelne Dohlen werfen ihr scharfes «Kjäh» dazwischen. Weiter hinten an der Spree streiten sich ein paar Möwen, während diverse Stockenten und ein einsamer Reiher bewegungslos am Ufer ausharren, als seien sie festgefroren. Für Füchse ist es wohl schon zu hell, zumindest ist keiner zu sehen. Zurück im warmen Wartesaal für Vielfahrer packe ich die Croissaints aus und lasse sie mir mit kleinen Schlückchen Kaffee auf der Zunge zergehen. Während ich abzuschätzen versuche, wie viel Prozent meines Frühstücks wohl als Blätterteigbrösel zwischen meinen Füßen landen, muss ich unvermittelt sehr breit grinsen: Ein Silberfischchen wuselt zwischen den Bruchstücken meines Croissants hindurch auf eine Lüftungsleiste im Boden zu und verschwindet darin. Ein stattliches Exemplar, auf jeden Fall das größte, an das ich mich erinnern kann – ein wahres, schönes, gutes Silberfischchen! Wohnhaft in Deutschlands modernstem Großstadtbahnhof.

Vier mal fünf Minuten, drei Städte, dreizehn verschiedene Arten tierischer Darsteller. Manche dieser Tiere sind so gewöhnlich, dass sie nicht weiter überraschen und eigentlich kaum der Rede wert wären. Tauben kennt man ja aus der Fußgängerzone, Amseln aus dem Park, und Enten schnattern schließlich überall herum, wo es ein paar Quadratmeter Wasserfläche gibt. Die alle waren schon immer da und könnten schon fast als kollektive Haustiere der urbanen Bevölkerung durchgehen. Aber wilde, freie und am besten noch solch eher seltene Tiere wie Sperber und Waldschnepfe, die man als Stadtmensch, wenn überhaupt, eher aus Naturdokumentationen kennt? Quasi vor der Haustür mitten in der Großstadt, ist das nicht unnatürlich? Sind Städte nicht grundsätzlich etwas Unnatürliches, nämlich das Gegenteil von Natur, quasi Un-Natur, und werden deshalb von cleveren Tieren gemieden? Nicht wirklich. Oder besser: ganz im Gegenteil!

In Städten pulsiert das Leben. Hier konzentriert sich mittlerweile der größte Teil menschlichen Daseins und Schaffens. Weltweit lebt längst mehr als die Hälfte aller Menschen in Städten. Sehr, sehr viele von ihnen wohnen wiederum in Großstädten – riesigen, aus Beton, Stein, Stahl und Glas geformten Superorganismen mit mehr als 100 000 Einwohnern, die zig Meter tief in die Erde und oft hunderte Meter hoch in den Himmel ragen. Hier ist alles organisiert, elektrisiert, kanalisiert, asphaltiert, alles im rechten Winkel. Menschen gehen, radeln, fahren von A nach B, um dort irgendetwas zu tun, und dann wieder zurück nach A, oder sie nehmen den Umweg über C, um dort erst noch etwas anderes zu tun. Manche haben auch kein A, aber alle sind sie unterwegs. Zeitweise. Und machen etwas. Zeitweise. Und hinterlassen Müll. Ständig. Und bewegen sich dabei durch Straßen, Gänge, Treppen, Aufzüge, Türen, über Plätze, Korridore und Bahnsteige – durch lauter menschgemachte Strukturen, die ohne uns nicht da wären. Die nur da sind, weil wir uns ein effizientes und bequemes System aus Infrastrukturelementen geschaffen haben. Unsere urbanen Zentren haben mit der ursprünglichen Natur, die sich vor ihnen hier befand, auf den ersten Blick nichts mehr gemein. Aber in Städten pulsiert das Leben! Sie sind keine Nuklearwüste und auch nicht der Mond. Denn so sehr wir auch Schlaglöcher stopfen und Unkraut mit dem Gasbrenner aus Pflasterritzen verbannen – das Leben braucht Raum und nimmt ihn sich auch. Dabei kann es schon mal passieren, dass es diesen Raum in einer Stadt findet. Angesichts der immer größeren Fläche, die Städte weltweit beanspruchen, lässt es sich eigentlich kaum vermeiden. Das wilde Tierleben der Umgebung pulsiert ständig in die Städte hinein, und zumindest Teile davon pulsieren dort weiter. Tatsächlich sind unsere Städte bis an den Rand voll mit Tieren, und sie waren es schon immer.

Der Marder, der nachts an Bremsschläuchen geparkter Autos knabbert oder geisterhafte Geräusche vom Dachboden ertönen lässt, ist längst ein Klassiker. Auch die Taubenschwärme, deren ätzende Stoffwechselendprodukte an unseren Baudenkmälern nagen, gehören schon so lange zum Stadtbild, dass wir uns eine Großstadt ohne sie gar nicht mehr vorstellen können. Doch die tierische Vielfalt deutscher Großstädte ist ebenso dynamisch wie die Ballungszentren selbst und entwickelt sich ständig weiter. Um die Jahrtausendwende waren es noch kleine Sensationen, wenn Wildschweinrotten in Frankfurt oder Berlin am helllichten Tag durch Wohngebiete tobten und gepflegte Gartenkultur mit rüsselgetriebener Verachtung straften – heute ist das höchstens noch eine Randnotiz wert. Längst gehört Biber-Watching im Charlottenburger Schlosspark ebenso zum Standard wie das Kreischen hunderter Halsbandsittiche in Wiesbaden und Mannheim. Und wer sich als Kasseler noch nie Gedanken über Waschbären gemacht hat, der ist wohl gerade erst zugezogen.

Während Tierfreunde und Naturliebhaber sich über die zunehmende Wildheit vor der Hochhaustür freuen, geht anderen Städtern die Hutschnur hoch. Denn neben dem emotionalen und ästhetischen Mehrwert, den unsere gefiederten Freunde und andere putzige Knuffeltierchen unseren Parks und Hinterhöfen verleihen, mehren sich auch die Probleme. Na ja, eigentlich ist es immer dasselbe Problem: Wir beanspruchen den urbanen Raum für uns, deswegen haben wir ihn ja bebaut. Als ordentliche Deutsche sind wir es außerdem gewohnt und erwarten regelrecht, dass alles nach Plan läuft. Nach unserem Plan natürlich. Aber diverses Viehzeug fühlt sich in unseren Großstädten ebenfalls wohl und erhebt – je nach

Charakter heimlich, still und leise oder aber laut, lärmend und hochdreist – ebenfalls Anspruch auf die Stadtgebiete. Da sind Konflikte vorprogrammiert und guter Rat oft teuer. Besonders dann, wenn man als geborener Städter komplett in einem hoch urbanen Umfeld aufgewachsen ist. Denn dann konnte man sich gerade in den letzten Jahrzehnten weitgehend in multimediale Scheinwelten versenken und dabei zwischen Heimkino und Shoppingtour unbewusst die Überzeugung kultivieren, dass Natur im Allgemeinen und Tiere im Speziellen für das eigene Leben absolut irrelevant seien.

Doch das ist ein Trugschluss! Wer seinen Blick einmal vom Touchscreen abwendet und sich ein wenig umsieht, kommt nicht umhin zu bemerken, dass der Mensch in und zwischen seinen Häusern nicht allein ist. So wie für viele von uns sind Städte auch der Lebensraum für eine Unmenge von Tieren. Und so wie es ganz praktisch und ja durchaus auch sehr erfreulich sein kann, wenigstens ein paar seiner menschlichen Nachbarn zu kennen, so lohnt es sich auch immer, dass man sich ein wenig mit seinen tierischen Nächsten befasst. Je besser man sie kennt, desto weniger Scherereien wird man einerseits mit ihnen haben, und desto mehr kann man sich andererseits an ihnen erfreuen. Das ist der eigentliche Sinn und Zweck dieses Buches: Auf den folgenden Seiten werden wir uns die Tierwelt unserer Großstädte mal etwas näher anschauen. Dabei treffen wir alte Bekannte und Neuzugänge, Groß und Klein, Putziges und Gänsehauterzeuger. Wir werden uns klarmachen, wie und wieso sie in die Stadt gezogen sind und was sie hier hält, und überlegen, ob und inwiefern uns das überhaupt betrifft.

Das alles wollen wir unverkrampft tun, ganz entspannt und mit einem Augenzwinkern. Wer im Folgenden seitenlange Tabellen, harte Statistiken und allerreinste Wissenschaft erwartet, den werde ich enttäuschen. Dieses Büchlein ist vielmehr zum leichten Einlesen in ein unglaublich komplexes und höchst spannendes Themenfeld gedacht. Es will zur grundsätzlichen Beschäftigung mit den Tieren unserer Großstädte anregen, ohne dabei allzu sehr ins Detail zu gehen oder gar einzelne Sachverhalte bis auf den wissenschaftlich belastbaren Grund voll auszuschöpfen. Wer sich fundierter mit dieser Thematik auseinandersetzen will, dem bieten sich eine Fülle von Möglichkeiten, von denen einige gegen Ende dieses Buches aufgeführt werden. Angehenden Experten für die Stadtnatur möchte ich aber hier und jetzt schon zwei wundervolle Werke ans Herz legen, die beide jeweils schon kurz nach ihrem Erscheinen den Status von Klassikern innehatten: Dies sind Josef Reichholfs «Stadtnatur» und Bernhard Kegels «Tiere in der Stadt». Beide Herren sind anerkannte Spezialisten auf dem Gebiet der Stadtökologie und wissen nach Jahrzehnten eigener Forschung beeindruckend viel über ihre Münchner (Reichholf) beziehungsweise Berliner (Kegel) Studienobjekte zu berichten. Doch nun weiter im Text.

Die Landflucht der Wildtiere ist ein globales Phänomen. Wohl jede Großstadt dieser Welt hat alteingesessene und neu zugezogene tierische Bewohner. Diese Stadtfauna kann je nach geographischer Lage einer Stadt und allgemeinem Stadtbild natürlich höchst unterschiedlich ausfallen. So vielfältig wie die Städte und ihre Tiere sind auch die spannenden Fakten und die skurrilen Geschichten, die man über sie erzählen kann. Viel zu viel für so ein kleines Büchlein. Deswegen geht es in diesem Buch, von einigen Abstechern in ferne Länder abgesehen, vor allem um die heimische Stadtnatur. Also um die mehr oder weniger possierlichen Tierchen, die Sie, liebe Leser, genau jetzt sehen könnten, wenn Sie einmal kurz aufblickten und ein wenig umherspähten (sofern Sie sich gerade in heimischen Gefilden befinden). Und da ich meine mittelhessische Herkunft weder leugnen kann noch möchte, kommen viele konkrete Beispiele und begleitende Geschichten aus der womöglich vielfältigsten aller deutschen Großstädte: aus Frankfurt alias Bankfurt alias Mainhattan, der silbern glitzernden Metropole am Main, die sich selbst gerne mit dem Beinamen «Green City» schmückt. Möge Berlin mir verzeihen.

DIE KLASSIKER

Wenn große, mit bloßem Auge erkennbare Tierarten neu in Großstädten auftauchen, dann machen sie oft Schlagzeilen. Je größer, seltener oder exotischer, kurzum je spektakulärer die betreffende Tierart, umso schneller wird ihr umso intensivere Beachtung zuteil. Als man in Berlin bemerkte, dass der einst so gut wie ausgestorbene Wanderfalke fröhlich im Roten Rathaus und anderen Gebäuden mitten in der Stadt nistet, war das nicht nur für Naturschützer und Vogelfreunde, sondern auch medial eine Sensation. Ähnlich verhält es sich hin und wieder, wenn längst ansässige Tiere etwas Neues ausprobieren, zum Beispiel wenn ein Fuchs seinen Bau und damit seinen Lebensmittelpunkt auf das bestens gesicherte und rund um die Uhr überwachte Gelände des Bundeskanzleramtes verlegt.

Gleichzeitig gibt es aber auch so manche Tierart, an deren pausenlose Präsenz in unseren Städten wir uns längst gewöhnt haben. Oft so sehr, dass wir sie schon nicht mehr wirklich beachten – und uns manchmal, vor allem bei kleineren oder lichtscheuen Tieren wie Flöhen, Mäusen, Kakerlaken, Ratten oder dem eingangs erwähnten Silberfischchen, gar nicht mehr der Tatsache bewusst sind, dass die betreffende Art auch im 21. Jahrhundert noch quasi überall standardmäßig mitten unter uns lebt. Andere, besonders größere, tagaktive und schwer zu übersehende Arten wie Tauben und Enten nehmen wir zwar deutlich wahr und setzen uns sogar aktiv mit ihnen auseinander, empfinden sie aber keineswegs als Besonderheit. Schließlich waren sie schon immer da. Oder zumindest wohnten sie schon während unserer Jugendzeit in unseren Städten, sodass wir sie als normal empfinden. Denn die Welt, die ein Mensch bis etwa zur Mitte seines zweiten Lebensjahrzehnts herum vorfindet und erlebt, wird von ihm für den Rest seines Lebens als «Normalität» abgespeichert. Die Mehrzahl dieser «typischen Stadttiere» bewohnen spätestens seit der Nachkriegszeit unsere Metropolen, viele kamen schon wesentlich früher. Und manche waren wirklich schon immer in der Stadt.

Denn keine Stadt war jemals frei von Tieren. Ganz im Gegenteil: So wie Licht die Motten anzieht, so zieht der Mensch Tiere an. Schon allein weil eben sein Licht Motten anzieht. Und seine Vorräte verlocken jede Menge andere Sechs- oder Wenigerbeiner, sich an ihnen schadlos zu halten, weshalb wir sie dann als Schädlinge bezeichnen. Andere wiederum haben den Menschen selbst zum Fressen gern – Mücken und Flöhe z. B. mögen sein Blut, Milben den Talg und die Schuppen seiner Haut, und manche Made suhlt sich gern in seinem Stuhlgang. Apropos: Natürlich produziert der Mensch dazu seit jeher auch noch andere Abfälle, für die sich ebenfalls dankbare Abnehmer im Tierreich finden. Diese versammelte Belegschaft nahmen wir bereits mit, als wir uns sesshaft machten, oder banden sie spätestens damals endgültig an uns. Und wir behielten sie bei uns, als aus kleinen Siedlungen allmählich Städte wurden. Genau wie unsere Haus- und Nutziere, von denen manche nur deshalb gehalten wurden, weil sie ungeliebtes Kleingetier futterten. Schädlingsbekämpfer also, die wiederum ihren eigenen Hofstaat an Kleingetier um sich scharen. Und wie das Leben so spielt, sind all diesen Tierchen ständig andere auf den Fersen, um sie zu vertilgen. Deshalb waren schon, nein, gerade die ersten Städte mit einer reichen Tierwelt gesegnet. Wobei diese wohl oft als wenig segensreich empfunden wurde.

Schließlich waren die Tierarten, die als erste schon in den frühen Städten landflüchtig wurden und im Gefolge des Menschen den Lebensraum Stadt für sich entdeckten, keine plakativen Elemente der heutigen Grünanlagenfauna wie Amseln und

Eichhörnchen. Die wären damals wohl eher gegessen worden, wenn sie sich zwischen so viele Menschen verirrt hätten. Nein, von Haus- und Nutztieren und nicht lange verweilenden Irrgästen mal abgesehen sind die am längsten mit uns lebenden Stadttiere eben größtenteils Schädlinge. Wobei dieser Begriff natürlich ein Unwort ist, schließlich reduziert er diese Tierchen doch gänzlich auf einen negativen Aspekt. Also mal neutraler: Nicht wenige Tierarten sind ganz einfach der Ansicht, dass die Lebensmittelvorräte des Menschen doch genau so gut auch ihnen als Nahrung dienen könnten. Ihr Instinkt verklickert es ihnen so. Da gibt es Futter und davon viel. Klarer Fall: Bevor noch etwas schlecht wird, kümmern sie sich lieber darum – sei es als Made im Speck oder als Mehlwurm, na, Sie wissen schon wo. Schaben, Grillen, Käfer, Mäuse, Ratten, die Liste der sogenannten Vorratsschädlinge ist riesig. Wobei wir uns gleich hier und jetzt darauf einigen, dass ich dieses Wort nur verwende, um nicht immer von «Tierarten, die sich von menschlichen Lebensmittelvorräten ernähren» sprechen zu müssen, und das Wort Schädling ab hier möglichst wertfrei verwendet wird. So auch bei den Materialschädlingen wie Kleidermotten und Holzwürmern, die Stoffe, Holz oder sonstige Dinge futtern, aus denen wir etwas herstellen.

Diese «Schädlingsfauna» ist vielerorts ein wenig in Vergessenheit geraten. Jeder kennt sie dem Namen nach, aber bei weitem nicht jeder aus eigener Anschauung. Vielleicht weil wir unser Hab und Gut inzwischen mit Schraubdeckelgläsern und Lackfarben besser schützen und nach einem Jahrtausende währenden Dauerkrieg mittlerweile über halbwegs effektive Mittel und Maßnahmen zur Schädlingsbekämpfung verfügen. Aber auch weil wir inzwischen anders, verschlossener, bauen und zumindest in Deutschland auch wesentlich höhere Hygienestandards haben als noch vor fünfzig oder hundert Jahren. Jedenfalls war meine Großmutter mit vielen dieser «Plagen»

Kakerlake

noch viel enger per Du als ihre Urenkel heutzutage. Auch ihre Tochter, also meine Mutter, kann sich noch lebhaft an die ein oder andere Episode mit unerwünschten Tierchen erinnern. Etwa an die fette Made, deren Auftauchen aus einer Mayonnaiseportion ihr jahrelang den Appetit auf Pommes verschlagen hat. Oder daran, wie sie einer verzweifelten Kommilitonin in deren Frankfurter Studentenwohnheim half, eine offenbar sehr bevölkerungsreiche Kakerlakenbrutstätte in der dortigen Gemeinschaftsküche auszumerzen. An so einer Aktion war ich selbst sogar auch schon einmal beteiligt – allerdings nicht in Frankfurt, sondern in einem ziemlich miesen Viertel der kolumbianischen Metropole Cali. Dort war die dreizehnköpfige Familie, bei der ich wohnte, gemeinsam mit mir einen ganzen Vormittag vollauf damit beschäftigt, die wirklich unglaublichen Mengen von Küchenschaben zu zerquetschen, die es sich in der Küchenzeile (eigentlich nur ein Herd, ein Kühlschrank und ein kleines Regal) gemütlich gemacht und hunderte Eipakete in allen verfügbaren Hohlräumen abgelegt hatten: Während drei Leute die Einrichtungsgegenstände bewegten, daran rüttelten und darin wie darunter herumstocherten, schlugen die übrigen

Familienmitglieder mit Besen, Kehrschaufeln und Ähnlichem auf alles ein, was flüchtete. Tropisches Chaos eben ...

In deutschen Studentenwohnheimen und Mietwohnungen hingegen werden Kakerlake & Co. heutzutage wohl nicht mehr täglich in größeren Mengen gesichtet. Was keinesfalls heißt, dass sie verschwunden sind! Im Gegenteil, sie verstecken sich nur gut, finden sich aber nach wie vor in jeder Großstadt. Man muss nur wissen wo, dann wird man sie bei genauerem Hinsehen auch entdecken. Vor allem nachts, wenn brave Bürger schlafen, laufen sie dem aufmerksamen Beobachter gerne ganz unverhohlen über den Weg, gerne auch gerade dort, wo man sich derlei Getier am wenigsten wünscht. So hat mir eine liebe Kollegin neulich verraten, in welcher Straße einer bekannten Großstadt sie auf gar keinen Fall jemals wieder eine der dort üblichen, von Dutzenden dort ansässiger Etablissements meist in Fladenbrot servierten Speisen essen würde. Dabei sind die dort von ihr zuhauf beobachteten Ratten nichts Ungewöhnliches, auch nicht in deutschen Städten. Genau wie anderes verruchtes «Ungeziefer» belagern sie die schmierige Frittenbude ebenso wie den herausgeputzten Coffeeshop. In Letzterem vermuten wir sie bloß weniger als in Ersterer.

Doch zurück zur historischen Entwicklung der Stadtfauna. Mit zunehmendem Wachstum der menschlichen Bevölkerung wurden Städte größer. Sie nahmen immer mehr Fläche in Beschlag und wurden zudem auch noch verdichtet. Noch ein Stockwerk draufgesetzt, noch ein Häuschen zwischen den bestehenden hochgezogen. Haus an Haus an Haus an Haus, und in den schmalen Straßen dazwischen wenig Platz für Grün, eher noch für Abfall und Fäkalien. So oder so ähnlich dürfen wir uns manche Stadt zwischen Altertum und Mittelalter vorstellen. Einem Eichhörnchen aus dem nächsten Wald wäre es nicht im Traum eingefallen, hier herumzuhüpfen. Für viele Wildtiere galt seinerzeit: Eher als man in der Stadt Nahrung findet, wird man selbst zu welcher. Anders sahen das die Abfallverwerter, das Heer der Schädlinge jeglicher Couleur und natürlich die Parasiten des Menschen und seiner Nutztiere. Als etablierte Mitglieder der sogenannten Anthropozönose, also der auf den Menschen bezogenen Lebensgemeinschaft, hatten sie sich längst mit dessen seltsamer Lebensraumgestaltung abgefunden. Sie waren bereits das geworden, was man gemeinhin als Kulturfolger bezeichnet.

Die meisten schafften es sogar noch, sich in den Städten zu halten, als diese im Zuge der Industrialisierung ihr Gesicht abermals veränderten – und zwar wiederum in Richtung des Unnatürlichen. Zu noch mehr, noch höheren und noch dichter gedrängten Häusern für immer mehr Mitglieder der Arbeiterklasse kamen im 19. Jahrhundert im wahrsten Sinne des Wortes himmelschreiende Umweltbelastungen. Gar nicht so sehr durch Fäkalien und Abfälle, deren anständige Entsorgung wir in Europa so langsam lernten, sondern vielmehr durch den massenhaften ungefilterten Ausstoß aller möglicher Umweltgifte. Chemische Substanzen, die ohne uns Menschen nicht oder nur in sehr geringem Umfang auf der Erde existieren würden, überzogen in Form von Abwässern, Abgasen und Rußpartikeln die Städte und ihr näheres Umfeld, Rauch aus Industrieschloten schuf die ersten Smog-Glocken und verdunkelte zumindest zeitweise manchen Stadthimmel. Ungesund für Mensch und Tier, wie man sich leicht denken und leider ja auch heute noch in diversen Weltgegenden objektiv nachweisen kann. Dementsprechend dürfte so mancher Kulturfolger, der nicht vollständig auf den Menschen angewiesen war, sich wann immer möglich verkrochen, bestimmte Bereiche bevorzugt gemieden oder gleich das Weite gesucht haben. All diejenigen, die ihr Dasein in absoluter Abhängigkeit von uns Zweibeinern fristen, blieben wohl oder übel. Keine Wahl hatte beispielsweise das wohl auffälligste Stadttier der frühen Neuzeit: das Pferd. Schließlich musste es in Zwangsarbeit einen großen Teil des Personen- und Güterverkehrs am Laufen halten. Und mit vorne wie hinten aus ihm herausfallenden Futterrückständen die Verdauungstrakte vieler anderer Stadttiere.

Heute sind Gäule in großen Städten kaum noch zu sehen. Wenn überhaupt, dann begegnet man ihnen vielleicht noch im Zusammenhang mit berittenen Uniformierten oder beim Ziehen möglichst historisch anmutender, aber für eine pragmatische Fortbewegung definitiv nicht mehr zeitgemäßer Verkehrsmittel. Ansonsten hat der Siegeszug der automobilen Kutsche sie aus den Städten vertrieben und in deren Umland verbannt. Doch selbst von dort aus wirken sie noch auf die Stadtnatur! Denn Pferde brauchen Weiden. Klingt komisch, ist aber so: Pferdehaltung, auch und gerade diejenige, die hobbymäßig in den Speckgürteln um unsere Metropolen herum betrieben wird, erhält wertvolles Grünland! Keine intensiv bewirtschafteten Äcker, sondern Weideland, auf dem auch mal ein Baum oder ein Gebüsch oder gleich der ganze alte Streuobstbestand stehen bleiben darf. Und Pferde brauchen Unterstände und Ställe – relativ offene Gebäude, in denen zum Beispiel Schwalben und Spatzen oft ideale Brutmöglichkeiten vorfinden. Insgesamt ermöglicht dieses «Reiterhof-Grünland», wie man es beispielsweise rund um Frankfurt herum vorfindet, wesentlich mehr pflanzliche und tierische Vielfalt als schnöde Agrarwüsten. Und diese Vielfalt strahlt auch in unsere Städte herein, Pferd sei Dank.

Sein letztes großes Comeback feierte das Nutztier Pferd hierzulande zu einer Zeit, in der die Weichen für die heutige Stadtnatur, also auch für die vieler aktueller Omas, gestellt wurden: nach dem Zweiten Weltkrieg. Deutsche waren mittellos, Autos und Sprit teuer. Da durfte das eigentlich technologisch längst überholte Pferd in unseren Großstädten ein letztes Mal zeigen, was es kann: Waren transportieren und vor allem Schutt.

Taube

Den gab es im Überfluss, denn kaum eine deutsche Großstadt war vom Krieg verschont worden. Frankfurt zum Beispiel, das heute rund dreihundert Meter hoch in den Himmel ragt, war damals buchstäblich am Boden zerstört und in weiten Teilen ganz einfach ein Trümmerfeld. Was für die Menschen das reinste Elend war, sollte sich für die Natur mittelfristig als Glücksfall entpuppen. Denn hier und da wurde beim Wiederaufbau deutscher Städte tatsächlich intensiv nachgedacht und ziemlich weise geplant. Was da nach und nach aus Ruinen auferstand, war vielerorts grüner als das, was zuvor in Schutt und Asche gelegt worden war.

Natürlich hatte es Parks und Gärten, Alleebäume und Balkonblümchen schon vor dem Krieg, ja schon vor der Industrialisierung gegeben. Nun aber wurden es sehr viel mehr. Vormals bebaute Flächen, für die nicht gleich ein Masterplan oder entsprechende Mittel zu seiner Umsetzung verfügbar waren, blieben erst mal sich selbst überlassen. Sie boten jeder Menge Tiere unzählige Schlupfwinkel, aufkeimender Vegetation Licht und Raum und über diese wiederum vielen Tieren Nahrung. Für andere Flächen sahen die jeweiligen Masterpläne Grün vor. Neue

Grünstreifen, Lustgärtchen und Parkanlagen. Und mit dem aufkeimenden Wirtschaftswunder konnten immer mehr Städter es sich endlich wieder leisten, ihr Zuhause und ihre Gärten zu begrünen und dies nicht nur mit dringend benötigten Gemüsepflanzen zu tun. Mit der Zeit erhielten die Städte ein neues Gesicht, und vielerorts war dies ein grüneres als zuvor. Mit mehr Platz an der frischen Luft, für Menschen wie für Tiere. Spätestens in den Fünfzigerjahren waren all diejenigen Arten wieder in voller Zahl da, die schon vor der totalen Zerstörung das Stadtgrün bewohnt hatten, und verstärkten dort wie auch in den bebauten Bereichen die Reihen derjenigen, die sowieso auch auf dem nackten Pflaster zurechtkommen.

Es sind diese Klassiker heimischer Stadtnatur, mit denen man im Deutschland des zwanzigsten Jahrhunderts aufgewachsen ist. Tiere, deren Namen wir zumindest ansatzweise schon von Mama und Papa, Oma und Opa, spätestens aber in Kindergarten und Grundschule lernen. Solche Tierarten, die etwa auf einem Wimmelbild von einer Fußgängerzone, einem Marktplatz oder einem Stadtpark abgebildet wären. Stadttiere eben, deren altbekannte Anwesenheit niemanden wundert, die jeder kennt. Oder die zumindest jeder kennen könnte, wenn er sich ein wenig für die reale Welt in seiner direkten Umgebung interessiert und seinen Blick nicht nur von Mattscheiben fesseln lässt.

Weil sie unheimlich auffällig, umtriebig, bewegungsfreudig und noch dazu auch mit den Ohren wahrzunehmen sind, kommt den Vögeln innerhalb der Stadtfauna eine besondere Rolle zu. Zuallererst natürlich den Tauben, und ganz besonders den simplen Straßen- oder Stadttauben, die man selbst dann kennen muss, wenn man noch nie in einem Park spazieren war. Eine Innenstadt ganz ohne Tauben? Unvorstellbar, allein der Gedanke ist lächerlich! Ebenso verhält es sich in weiten Teilen Deutschlands mit einem noch etwas putzigeren, uns gerne auch

Weiblicher Spatz

wesentlich näher kommenden Stadtvogel: dem Haussperling, wie er vornehm heißt, oder einfach Spatz. Wie nahe beide Arten uns Menschen schon seit langer Zeit sind, zeigt sich bereits in ihren Namen, aber auch in alten Sprichwörtern. «Die Spatzen pfeifen es von den Dächern»; «Ein Spatz in der Hand ist besser als die Taube auf dem Dach.» Von Rotkehlchen und Amseln ist da keine Rede, obwohl auch diese beiden im 20. Jahrhundert bereits zu den Standards der Garten- und Parkvögel gehörten. Ebenso wie Kohl- und Blaumeisen, Buchfinken, Elstern, Krähen, Enten und Schwäne verdanken sie ihre Bekanntheit nicht nur dem Umstand, dass sie bundesweit in großer Zahl in Städten leben, sondern auch ihrem unverwechselbaren Äußeren. Manch anderer alteingesessener Stadtvogel hat es da schwerer: Arten wie Zilpzalp, Mönchsgrasmücke und sogar der Zaunkönig fallen für viele Menschen eher in die Verlegenheitskategorie «kleiner brauner Vogel».

Abseits der Vogelwelt sind die Reihen der allseits bekannten Stars unter den Stadttieren wesentlich lichter. Das mag daran liegen, dass viele Vertreter anderer Tiergruppen wesentlich weniger auffällig unterwegs, ja teils sogar nahezu unsichtbar klein oder wirklich lichtscheu sind. Die Fledermäuse beispielsweise oder ihre sechsbeinige Nahrung und die Heerscharen kleiner und kleinster Bodenbewohner, Bestäuber und Pflanzenfresser, auf die wir später noch zurückkommen werden. Und natürlich all das «Ungeziefer», von dem weiter oben schon die Rede war. Wenigstens die Säugetiere können abseits unbeachteter Flattermänner und Vorräte fressender Nagetiere mit einigen Knuffelchen aufwarten. An erster Stelle steht natürlich das Eichhörnchen – beeindruckend behende und unverwechselbar süß. Dicht dahinter folgen die Kaninchen, deren offenes Herummümmeln ebenfalls nur so vor Putzigkeit strotzt. Danach käme wohl der Igel, allerdings wegen seiner lichtscheuen Lebensweise erst in einigem Abstand. Nächtliche Heimlichtuerei ist wohl auch der Grund dafür, dass ein weiteres Felztier meist nur denen auffällt, die es direkt mit ihm zu tun bekommen. Dabei ist der Steinmarder in unseren Städten gar nicht so selten und größer als alle bisher genannten Säuger. Als sehr scheues und unheimlich flinkes Raubtier hütet er sich allerdings mehr als sie alle zusammen davor, sich offen vor unserer Nase blicken zu lassen. Eher noch hören wir ihn, wenn er in Zwischenwänden oder auf Dachböden Quartier bezieht oder einfach dort herumtollt. Oder wir finden die Spuren seines Tuns, wenn ein Blick unter die Motorhaube unseres nur noch eingeschränkt funktionierenden Autos offenbart, dass dort offensichtlich auf Schläuchen und Kabeln herumgekaut wurde. Schade eigentlich, dass ein derart hübsches, überaus elegantes und bewundernswert agiles Tier den meisten Menschen hauptsächlich negativ auffällt. Dabei ist seine Verbindung zu menschlichen Siedlungen ebenfalls schon älter, wie sein zweiter Name erahnen lässt: Hausmarder.

Mit dieser haushaltsnahen Namensvergabe schließt sich dann auch der Kreis zu den beiden Säugetieren, die wahrscheinlich als Erste aus eigenem Antrieb menschliche Behausungen auch zu ihren eigenen machten und uns durch alle Phasen der

DER STEINMARDER *(MARTES FOINA)* ...

* alias Hausmarder alias Automarder alias Dachmarder ...
* ist eigentlich ein Bewohner felsiger Landschaften, begnügt sich aber auch mit Kunstfelsen von Menschenhand.
* frisst als echter Opportunist unter den Raubtieren so ziemlich alles, was er findet. Süßigkeiten wie Kirschen haben es ihm besonders angetan.
* knabbert in der Regel erst dann an Bremsschläuchen und anderen Dingen unter der Motorhaube herum, wenn er dort den Geruch eines Artgenossen wahrnimmt. Seine Wut über eine derartige Verletzung von Reviergrenzen lässt er dann eben am Gummi aus. Jährliche Schadenssumme in Deutschland: zig Millionen Euro.
* kann locker zwei Meter weit springen, schafft also etwa das Vierfache seiner eigenen Körperlänge. Da kann der nahe verwandte Baummarder nur müde lächeln: er bringt es auf bis zu vier Meter.

Urbanisierung hinweg die Treue gehalten haben: Hausmaus und Hausratte. Ebenso wie der Spatz entdeckten sie die Vorzüge eines menschennahen Daseins bereits bevor es Städte gab. Noch mehr als dieser – schließlich halten sie sich standardmäßig auch in unseren Häusern auf statt nur drum herum – profitieren sie schon seit Tausenden von Jahren von unserer mit dem Ackerbau aufgekommenen Angewohnheit, große Mengen an Getreidekörnern anzuhäufen und allerorten auch mal ein paar davon zu verlieren oder sonst wie offen zugänglich herumliegen zu lassen. Und wenn es statt hartem Korn mal Käse oder Schinken ist, dann ist ihnen das auch wurst.

So weit der kurze Überblick zur «klassischen» Stadtfauna des 20. Jahrhunderts, deren Wurzeln in vielen Fällen weit in die Zivilisations- oder gar die Menschheitsgeschichte zurückreichen. Als dementsprechend gewöhnlich empfinden wir sie heutzutage. Solange diese Tiere nicht über die Stränge schlangen, machen sie auch keine Schlagzeilen. Auch mitten im tiefsten Sommerloch käme selbst der verzweifeltste Redakteur irgendeines Boulevardblättchens wohl kaum auf die Idee, seine Verkaufszahlen mit Titelseiten à la «Unglaublich: Eichhörnchen springt mit Nuss vom Baum» fördern zu wollen. Das muss er auch nicht, denn da gibt es inzwischen andere Kandidaten aus dem Tierreich. Spätestens seit dem ausgehenden 20. Jahrhundert hat eine muntere Artenschar es sich in unseren Großstädten gemütlich gemacht, von denen man das zumindest als Normalbürger nicht unbedingt erwartet hatte. Als hätte sie ein PR-Experte dahingehend beraten, taten sie das pünktlich zum Aufkeimen des sogenannten Informationszeitalters. Dementsprechend wurde ihnen eine für Stadttiere bis dato nie dagewesene mediale Aufmerksamkeit zuteil.

DIE HAUSRATTE
(RATTUS RATTUS) ...

- ✿ alias Dachratte alias Schiffsratte …
- ✿ gehört wie die größere, kräftigere, kleinohrigere und kurz-schwänzigere Wanderratte (*Rattus norvegicus*, der Vorfahr unserer Laborratten) zu den wirklich alten Kulturfolgern des Menschen. Beide Arten sind mit uns von Asien ausgehend in die ganze Welt gelangt und gehören heute zu den am weites-ten verbreiteten Tierarten überhaupt.
- ✿ wohnt spätestens seit dem zweiten Jahrhundert n. Chr. auch in Deutschland. Hier wird sie zunehmend von der Wander-ratte verdrängt und gilt in mehreren Bundesländern als vom Aussterben bedroht.
- ✿ bleibt auf kontinentalen Landmassen, auf die sie verschleppt wurde, meist in der Umgebung des Menschen. Auf ozeani-schen Inseln ohne einheimische Säugetiere besiedelt sie hin-gegen gern alle natürlichen Lebensräume. Dann richtet der

opportunische Allesfresser, unter anderem als Nesträuber und Kleintiervertilger, oft gewaltige Schäden in der jeweiligen Inselfauna an.

* wird spätestens mit fünf Monaten geschlechtsreif und kann dann bei guten Bedingungen fünfmal im Jahr bis zu acht Junge zur Welt bringen.

* hat als Reservoir des Rattenflohs, der wiederum das Pestbakterium *Yersinia pestis* überträgt, einen enormen Einfluss auf die europäische Geschichte ausgeübt.

ALLES SCHAUT NACH
BERLIN

Im Sommer des Jahres 2009 hatte ich Besuch von einem Biologenkollegen aus Panama, der drei Monate als Gast in unserem Institut forschte. Da wir bereits zuvor in seiner Heimat eng zusammengearbeitet hatten, betrachtete ich ihn ein Stück weit als meinen persönlichen Gast. Unserem Feld-, Wald- und Wiesen-Biologendasein gemäß machten wir an den Wochenenden Tagesausflüge in der Umgebung von Frankfurt, damit der Kollege an ausgewählten, möglichst hübschen Flecken ein paar typische Ausprägungen deutscher Natur und Kultur kennenlernte. So wanderten wir auf den Spuren der Römer entlang des Limes durch die Mischwälder des Hochtaunus, schlenderten auf der Rhein-Riesling-Route durch die Weinberge des Rheingaus und fläzten ein Wochenende lang gemütlich fischend, grillend und Bier trinkend an einem Angelteich – übrigens die kälteste Nacht, die er jemals draußen verbracht hat. Kurz vor seiner Abreise beschlossen wir, eines seiner letzten Wochenenden in Berlin zu verbringen. Kultur statt Natur stand nun auf dem Plan, Großstadt statt Gesträuch war angesagt. Gleich nach unserer abendlichen Ankunft liefen wir los in Richtung Zentrum, vor allem um die Vielfalt der Dönerbuden zu sondieren und das Brandenburger Tor mal ohne Hunderte von Touristen zu sehen. Das Highlight des Abends war dann allerdings doch biologischer Natur und erwartete uns schon auf dem Weg nach Mitte: Auf dem Platz vor dem Kulturforum stand ein Fuchs. Ziemlich zerzaust, ganz allein und offenbar vollkommen furchtlos stand er einfach da und sah uns an. Irgendwie surreal, nachdem wir über eine Stunde durch dicht bebaute Straßenzüge gewandelt

Fuchs

waren. Aus respektvollem Abstand starrten wir zurück, und mein Kollege freute sich sichtlich über den ersten Rotfuchs, den er lebendig zu Gesicht bekam – und das in einer Millionenstadt!

Am nächsten Abend waren wir wild entschlossen, die Kuppel des Reichstages zu besichtigen. Angesichts der außerordentlich langen Warteschlange beschlossen wir, zunächst ein anständiges Picknick vorzuziehen, um uns danach an einer hoffentlich kürzeren Schlange anzustellen. Also gingen wir über die Scheidemannstraße hinüber in den Tiergarten und ließen uns auf der erstbesten Bank am Simsonweg nieder. Kaum hatten wir Baguette und Käse ausgepackt und den Rotwein entkorkt, begann es im Gebüsch gegenüber, jenseits des Spazierweges, leise zu rascheln. Und alsbald vernehmlich zu rumoren. Zum Geraschel kamen scharrende Geräusche, zunehmend durchsetzt von Geschnüffel, Geschnaufe und einzelnen Grunzern. Meinem Kollegen war das wenige Meter entfernte

36

Treiben anfänglich sehr suspekt, und er blickte mich fragend und auch ein bisschen beunruhigt an. Ich kannte derlei Geräusche aus heimischen Wäldern, hatte längst mitbekommen, dass es im Berliner Tiergarten von ihren Urhebern nur so wimmelte, und konnte ihn aufklären: Wildschweine waren das, die dort in der Dämmerung nach Futter suchten und es, ihren Schmatzgeräuschen nach zu urteilen, auch fanden. Da ihn das nicht sonderlich beruhigte (die in Panama wild lebenden Nabelschweine sind recht rabiate Viecher, um die man stets den größtmöglichen Bogen machen sollte), erklärte ich ihm außerdem, dass die wilden Schweine in diesem speziellen Park für ihre Toleranz Menschen gegenüber bekannt seien, und zeigte ihm obendrein noch einen geeigneten Baum, auf dem er im höchst unwahrscheinlichen Fall einer körperlichen Konfrontation Schutz suchen und finden könnte. Doch wie zu erwarten gewesen war, kam es gar nicht dazu. Stattdessen wurde auf beiden Seiten des Weges reichlich unspektakulär und ausgesprochen friedlich geschmaust und alsbald ebenso gestärkt wie zufrieden weitergestromert – die Schweine zogen tiefer ins Gebüsch, wir aus ebendiesem heraus, um nach kurzem Anstehen noch mit der allerletzten Gruppe in die gläserne Kuppel mit dem wunderbaren Rundumblick aufzufahren. So hatte mein Kollege an

Wildschweinfamilie

zwei Abenden in der Hauptstadt gleich zwei Arten heimischer Großsäuger aus unmittelbarer Nähe kennengelernt, nachdem ein halbes Dutzend Ausflugstage im Grünen ihm gerade mal ein paar lumpige Rehe in großer Entfernung beschert hatten.

Zugegeben, hätten wir unsere Ausflüge statt in Hessen im nördlichen Brandenburg oder gar in Mecklenburg-Vorpommern gemacht, dann hätte er in der gleichen Zeit Hunderte von Rehen auf Wiesen und Feldern stehen sehen. Und wahrscheinlich auch Rothirsche und Kraniche. Aber um einen Fuchs aus der Nähe zu betrachten, gab es tatsächlich kaum einen geeigneteren Ort als die große Stadt, wo Meister Reineke längst gelernt hat, dass Menschen zu Fuß keine Gefahr für ihn bedeuten. Dementsprechend lässt er sich hier nicht nur öfter mal blicken, sondern auch aus nächster Nähe in aller Ruhe bestaunen, und bildet längst einen faunistischen Standard. Das hat sich nur noch nicht überall herumgesprochen. Neulich saß ich gegen drei Uhr morgens mit einer netten Runde in der Bar eines Hotels am Berliner Hauptbahnhof. Jenseits der voll verglasten Fassade gab es nicht mehr viel zu sehen, nur ab und zu fuhr ein Taxi oder ein Polizeiwagen vorbei. Als sich plötzlich ein viel kleineres Etwas, rotbraun und mit buschigem Schwanz, lautlos und schnurgerade mitten auf der Straße entlang der Fahrstreifenmarkierung bewegte, waren einige Leute an unserem Tisch ganz aus dem Häuschen. Ich war hingegen kein bisschen verblüfft, denn unbewusst hatte ich ihn schon längst erwartet und mich selbst, seit wir dort saßen, schon ein paarmal dabei ertappt, wie ich nicht ganz beiläufig hinausspähte und Ausschau nach seinesgleichen hielt. Nichtsdestotrotz freute ich mich natürlich, wenngleich mehr wegen der Bestätigung meiner Erwartung denn über einen unerwarteten Anblick, als der junge Fuchs mitten auf der Kreuzung stehen blieb, sich bedächtig umsah, mit erhobener Schnauze witterte und schließlich sauber auf die Clara-Jaschke-Straße in Richtung Spree und Tiergarten abbog. Zeit zum Schlafengehen.

DER ROTFUCHS *(VULPES VULPES)* ...

⭐ ist neben dem Wolf der einzige heimische Vertreter der Hundefamilie (Canidae) und der größte aller Füchse. Als hochflexibler Opportunist konnte er sich aus eigener Kraft rund um die gesamte Nordhalbkugel ansiedeln und ist heute das Raubtier mit dem größten natürlichen Verbreitungsgebiet.

⭐ beginnt als Welpe im Alter von etwa zehn Wochen, selber zu jagen. Richtig gut kann er das aber erst nach einem Jahr – ein Alter, das die meisten der bis zu zwölf Geschwister eines Wurfes nie erreichen.

⭐ bewohnt im Wald gerne über Generationen den gleichen Bau und teilt ihn sich auch mit Dachsen, die bessere Tunnelgräber sind.

⭐ verkörpert in Australien in etwa die Sorte invasives Neozoon, die der Waschbär bei uns ist: ein cleverer Aasvertilger, der sich hartnäckig hält und nahezu unmöglich kleinzukriegen ist. Schon 1893 haben die Aussies eine Kopfprämie auf ihn ausgesetzt und bekämpfen ihn heute vor allem mit Giftködern.

Füchse und Wildschweine sind DIE modernen Klassiker der deutschen Großstadtfauna. Sie stehen wie kaum eine andere Art für die Landflucht der Wildtiere, für deren neue Lust am Stadtleben. Und sie stehen für die Faszination, die die wilde Stadtnatur auf uns Stadtmenschen ausübt. Wir mögen dieses kleine bisschen Wildheit vor unserer Haustür, und diese allseits bekannten und angesichts ihrer Größe schwer zu übersehenden Gesellen binden uns die Stadtwildnis geradezu auf die Nase. Auch wenn sie bereits lange unsere Städte bevölkern, haben sie immer noch Sensationswert. Schließlich ist das ja schon ein wenig paradox: Zwei Tierarten, die vor allem durch Bejagung über die Jahrhunderte eine erhebliche Scheu gegenüber uns Menschen entwickelt und ihre Aktivität großteils in die Nachtstunden verlegt hatten, wuseln inzwischen am helllichten Tag vor aller Augen herum. Und das nicht nur am Stadtrand, sondern mittendrin. Wo wir doch als Kinder noch gelernt haben, dass die im Wald hausen. Dementsprechend werden Fuchs und Wildschwein spätestens seit dem Smartphone-Zeitalter wohl auch häufiger fotografiert als jede andere Tierart in unseren Städten. Zumindest wenn man mal von den bestimmt noch zahlreicheren Selfies und Fotos von Sehenswürdigkeiten absieht, auf denen quasi aus Versehen irgendwelche Vögel (meistens Tauben) mit abgelichtet werden.

Und wahrscheinlich werden in keiner deutschen Großstadt mehr Fotos von diesen beiden Großsäugern gemacht als in Berlin. Ebenso wie diese beiden Arten als Stars der «neuen» Stadtfauna einen gehörigen Teil der öffentlichen Aufmerksamkeit auf sich ziehen, so denkt man beim Stichwort «Wildtiere in der Stadt» höchstwahrscheinlich zuallererst an Berlin. Weil wohl jeder schon mal von den dortigen Rotten und Reinekes gehört hat, in welchem Zusammenhang auch immer. Und weil ein überproportional großer Anteil der Berichterstattung über die neue Stadtwildnis sich auf Berlin konzentriert. Die «Hauptstadt der Wildtiere» ist einfach in aller Munde. Wenn man sich ein wenig mit dem Thema auseinandergesetzt hat, möchte man meinen, dass über Berliner Wildtiere zumindest seit der Jahrtausendwende mehr Bücher, Zeitungs- und Zeitschriftenartikel, Fotos und Dokumentarfilme veröffentlicht wurden als über die Fauna aller anderen deutschen Metropolen zusammen. Fast ein bisschen ungerecht den anderen gegenüber, aber auch nicht nur reine Aufmerksamkeitsheischerei. Denn Berlin bietet ganz einfach ideale Möglichkeiten, seine Wildheit in Szene zu setzen. Die verdankt es neben seinem ausgeprägten Hang zur Selbstvermarktung («arm, aber sexy!») vor allem dem Tiergarten. Wildschweine in Villenvierteln am Stadtrand und Fuchsbauten in größeren Grünanlagen hat schließlich jeder. Aber einen gigantischen Park mitten im Zentrum, wo diese Tiere tagsüber ziemlich schmerzfrei zwischen Picknickdecken herumspazieren, das gibt es nur in Berlin. Und wo sonst könnte eine Bache mit ihren Frischlingen nur wenige hundert Meter von ihrem Schlafplatz entfernt vor zweien der geschichtsträchtigsten Gebäude des ganzen Landes, dem imposanten Reichstagsgebäude und dem weltbekannten Brandenburger Tor, posieren? Oder alternativ vor dem Bundeskanzleramt, der Schaltzentrale der Republik? Ganz genau, nirgends. Damit hat unser «Wildes Berlin» einen absoluten Trumpf in der Hand: das herrlich skurrile Spannungsfeld zwischen menschlicher Regierungsgewalt und tierischer Anarchie.

Ein weiterer Klassiker der tierischen Neuankömmlinge wurde ebenfalls durch seine enge Bindung an ein Berliner Regierungsgebäude bekannt: Seit den Achtzigerjahren schon nistet der Wanderfalke im Roten Rathaus. Viel mehr noch als die beiden beliebten Fellträger ist er eine absolute Erfolgsgeschichte des menschlichen Umdenkens, denn noch in den Siebzigern war er in ärgster Bedrängnis und nicht nur hierzulande fast ausgestorben. Der Grund waren weniger fehlende Nistplätze als

Wanderfalke

vielmehr die ständige Schädigung von Eiern und Brut als Folge der damals hohen Umweltbelastung durch Pestizide, allen voran DDT. Nach dessen Verbot ging es langsam bergauf, und inzwischen kann sich Deutschland wieder über mehrere hundert Brutpaare freuen. Die meisten davon nisten in hohen Gebäuden und finden sich dementsprechend in größeren Städten. Das macht den Wanderfalken nicht nur zu einer Flaggschiff-Art für den Naturschutz, sondern auch für die Verstädterung der Tierwelt. Und zu einer spannenden obendrein, schließlich ist er ein viel zitierter Rekordhalter: Die überwältigende Mehrzahl entsprechender Rankings nennt ihn als das schnellste Tier überhaupt! Tatsächlich erreichen Wanderfalken im Sturzflug unglaubliche Geschwindigkeiten – meist werden Werte zwischen 280 und 340 Stundenkilometern angegeben, teils sogar unglaubliche 480! Per Radarmessung zweifelsfrei bewiesen sind meines Wissens allerdings «nur» knapp 190 km/h. Wie dem auch sei – spektakulär anzusehen ist es allemal, wenn ein Wanderfalke im offenen Luftraum jagt und sich pfeilschnell auf fliegende Beutevögel stürzt. Da er das aber in aller Regel weit über unseren Köpfen tut und alles sehr schnell abläuft, sehen ihm dabei meist nur wenige zu, und fotografieren macht ohne ein starkes Teleobjektiv auch wenig Sinn. Deswegen finden sich auch herzlich wenig Amateuraufnahmen mit als solche zu erkennenden Wanderfalken darauf.

Auch der vierte und letzte der modernen Klassiker dieses Kapitels wird weit weniger häufig abgelichtet als die rot- und schwarzhaarigen Stars aus Berlin. Allerdings liegt es bei ihm nicht an seiner Vorliebe für Flugakrobatik in schwindelnden Höhen, sondern an seiner immer noch ziemlich heimlichen Lebensweise. Und anders als die drei bisher Genannten wird sein Name nicht gleich automatisch mit der Bundeshauptstadt assoziiert. Stattdessen ist er schon seit längerem untrennbar mit dem vergleichsweise kleinen und unscheinbaren Kassel verbunden – der unbestrittenen Hauptstadt der Waschbären. Diese umtriebigen Kerlchen heben sich auch noch in anderen Punkten von den drei bereits vorgestellten prominenten Neubürgern unserer Städte ab. Einerseits sind sie hauptsächlich nachtaktiv und laufen schon deshalb selten am helllichten Tage vor dem ein oder anderen Regierungsgebäude herum. Den Tag verbringen sie ganz im Gegensatz zu Falken, Sauen und Füchsen nämlich viel lieber im Inneren von Gebäuden. Andererseits sind Waschbären nicht nur in unseren Städten relativ neu, sondern in ganz Europa: Ihre eigentliche Heimat ist Nordamerika, und noch vor hundert Jahren gab es hierzulande rein gar nichts, was auch nur im Entferntesten an einen Waschbären erinnert hätte. Trotzdem sind Waschbären allseits bekannt, denn sie sind genau wie Fuchs und Wildschwein ganz einfach unverwechselbar und noch dazu reichlich plakativ. Ach, was rede ich, es muss hier und jetzt einmal ganz klar gesagt werden: Von allen Neuzugängen unserer Stadtfauna sind Waschbären ganz ohne Zweifel der putzigste, knuffigste, flauschigste und ganz einfach der süßeste. Oder was glauben Sie, liebe Leser, warum ausgerechnet ein Waschbär das Cover dieses Buches ziert? Genau, weil man bei diesem herzallerliebsten Anblick automatisch Sympathie empfinden muss. Zumindest solange man noch keinen Waschbären näher kennengelernt hat. Doch dazu später mehr.

Dem Waschbären ist es herzlich egal, dass wir ihn süß finden. Selbst wenn er es wüsste, wäre es ihm wahrscheinlich wurscht. Ebenso wenig legen Berliner Füchse und Schwarzwild Wert darauf, von uns fotografiert zu werden. Auch wenn sie uns direkt vor die Kamera laufen, was der Wanderfalke in luftiger Höhe schon gar nicht erst tut. Von den Likes und Retweets, die ihre irgendwo hochgeladenen Fotos bekommen, wissen sie nichts. Auch das Nachtleben, die Sehenswürdigkeiten und sonstige kulturelle Angebote unserer Großstädte werden von diesen Arten (wie auch von keiner anderen) nicht als solche wahrgenommen. Sie scheren sich weder um den Coolness-Faktor irgendwelcher Metropolen noch um die dort ausgeschriebenen Stellenangebote. Was wollen sie denn dann überhaupt in der Stadt? Warum bleiben sie nicht brav in ihren Wäldern? Genau darum geht es in den nächsten Kapiteln.

WAS WOLLEN DIE HIER?

An und für sich ist das eine durchaus berechtigte Frage: Warum zieht es Tiere in unsere Städte, wo es doch viele von uns Stadtmenschen mit Macht ins Umland zieht? Warum leben Tiere überhaupt in einer so unnatürlichen Umgebung wie einer Großstadt? Haben sie vergessen, dass sie ein Teil der wilden Natur sind? Für einen Teil unserer tierischen Mitbürger ist diese Frage schnell geklärt: Sie sind nur deshalb hier, weil wir es so wollen. All unsere Haustiere, die Hunde und Katzen, Hamster und Meerschweinchen, Wellensittiche und Kanarienvögel (gibt's die überhaupt noch?), Kornnattern und Bartagamen, Vogelspinnen und Skorpione und was weiß ich wer noch, hatten nie eine Wahl. Sie wurden als Ware feilgeboten, gekauft und irgendwo einquartiert. Genau wie die meist auf die Stadtränder beschränkten landwirtschaftlichen Nutztiere und auch die Tiere, die in zoologischen Gärten und ähnlichen Institutionen gehalten werden, sind sie Gefangene. Auch wenn sie oft im sprichwörtlichen goldenen Käfig wohnen, ausgesucht haben sie ihn sich in der Regel nicht. Sie brauchen wir also nicht zu fragen, was ihnen an Städten so gefällt. Und um sie geht es in diesem Buch eigentlich auch nicht. Hin und wieder schaffen es aber einzelne solcher Insassen, aus ihrem Gefängnis zu entkommen. Oder werden sogar absichtlich frei gelassen, sei es von ihren Wärtern selbst oder von Gegnern der Tierhaltung. Dann wird es spannend: Schaffen sie es, oder schaffen sie es nicht? Gehen sie kläglich ein, werden vom nächstbesten Kater gefangen oder von irgendeinem Verkehrsmittel überrollt, dann haben sie es offensichtlich nicht geschafft und können uns auch nichts mehr erzählen. Wenn es ihnen hingegen gelingt, sich mit ihrem wahrscheinlich weniger goldenen, dafür aber viel mehr Möglichkeiten bietenden neuen Lebensraum so gut zu arrangieren, dass sie dauerhaft darin leben und sich womöglich sogar darin fortpflanzen können, dann können wir sie als verwildert bezeichnen. Und sie somit auch als Teil der wilden Stadtnatur betrachten. Was uns zurück zur eigentlichen Frage bringt.

Warum wohnen wilde, frei lebende Tiere, die von keinem Menschen dazu gezwungen wurden, in großen Städten? Wieso erscheinen offenbar mehr und mehr Tierarten auf den Artenlisten urbaner Zentren? Nun, natürlich gibt es für jede Art ganz eigene Gründe, wie wir in den folgenden Abschnitten sehen werden. Trotzdem kann man diese Fragen ganz allgemein beantworten: Tiere leben in Städten, weil sie es können! Weil die Großstadt ihnen Raum und Ressourcen bietet, um ihr Leben zu meistern. Aber bevor man das tut, will zunächst eine wichtige Hürde genommen werden. Denn natürlich muss man, um sich später in ihr durchschlagen zu können, zuallererst einmal hineingelangen in so eine Stadt.

Erst mal ankommen …

«Wo geht's denn hier zur nächsten Stadt?» Vor den Erfolg haben die Götter dem alten Griechen Hesiod zufolge bekanntlich den Schweiß gesetzt, und vor dem mehr oder weniger süßen Stadtleben einer Tierart steht der Weg zum neuen Wohnort. Auch wenn ich mich nun wiederhole: Für einen Teil unserer tierischen Mitbürger war dieser Weg denkbar einfach. Wir haben sie eingepackt und mitgenommen. Absichtlich und in vollem Bewusstsein, Haustiere wie Nutztiere. Für die war die eigentliche Hürde nicht das Ankommen selbst, sondern das Entkommen. Sich vom Gefangenen zum erfolgreichen Flüchtling zu mausern und ein Teil der wilden Stadtfauna zu werden. Dementsprechend lohnt es sich nicht, über die Art und Weise ihrer Ankunft hier auch nur ein weiteres Wort zu verlieren.

Viel spannender ist die Frage, wie es ein heimisches Wildtier aus dem Umland in eine Stadt verschlägt. Und im Prinzip ist sie ähnlich schnell beantwortet: Das Leben an sich ist umtriebig und Tiere sind mobil. Selbst sessile Tiere, also solche, die irgendwo festgewachsen sind wie Korallen und viele Muscheln, können sich wenigstens in einem Stadium ihres Lebens vom Fleck wegbewegen – sei es als Ei oder als Larve. Die meisten Tiere, die hierzulande heimisch sind, sind hingegen zeitlebens mobil und machen von dieser Tatsache auch Gebrauch. Ein extremes Beispiel sind die Zugvögel, von denen manche jedes Jahr Zigtausende Kilometer zurücklegen, um zwischen Sommer- und Winterlebensräumen hin- und herzuwechseln. Aber auch viele andere Tiere treiben sich natürlicherweise mehr oder weniger weit herum. Sei es, um möglichst viele Orte nach Futter oder einem passenden Partner abzusuchen, oder im größeren Maßstab, um sich ein neues, eigenes Zuhause zu suchen. Letzteres bezeichnet der Biologe als natürliche Ausbreitungstendenz, und die macht ökologisch wie evolutionär betrachtet extrem viel Sinn. Sie ist der Grund, warum Pusteblumensamen mit dem Wind davonsegeln und Ameisenprinzessinnen Flügel haben. Denn wenn alle Nachkommen eines Organismus ihr Leben lang in der unmittelbaren Nähe ihrer Eltern blieben, dann würde es da ziemlich eng. Da Ressourcen wie Licht, Wasser und Nährstoffe in natürlichen Systemen aber fast immer nur begrenzt verfügbar sind, führt ein solches Gedränge schnell zu Konkurrenz untereinander. Die schadet letztlich allen Beteiligten, weshalb diese von der Evolution darauf programmiert wurden, ein zu enges Aufeinanderhocken auf Dauer zu vermeiden. Deshalb müssen die lieben Kinderlein eines Tages wohl oder übel ihre Eltern verlassen und in die weite Welt hinausziehen. Wie weit und wohin, das ist von Art zu Art und von Fall zu Fall unterschiedlich.

Neben der Erschließung einer besseren Zukunft für das einzelne Individuum nutzt die natürliche Ausbreitung von Tieren auch dem Überleben ihrer Art als Ganzes, und zwar gleich doppelt. Einerseits vermeidet die Natur so übermäßige Inzucht. Indem immer mal ein wenig frisches Blut von sonst woher bei der Zeugung von Nachkommen beteiligt ist, wird der Genpool der betreffenden Populationen ständig neu durchmischt und so schön vielfältig gehalten. Das erhöht die Chancen ganz immens, mit zukünftigen Umweltveränderungen klarzukommen, statt an ihnen zu scheitern und auszusterben. Und zu guter Letzt erschließen sich Tierarten durch ihre natürlichen Ausbreitungstendenzen hin und wieder auch mal ganz neue Lebensräume. Das ist überaus praktisch, wenn ein angestammter Lebensraum eines Tages verschwindet – sei es durch Naturkatastrophen, den Klimawandel oder einen brutalen Aggressor namens *Homo sapiens*, der das betreffende Stück Land dem Erdboden gleich macht. In einem Land wie Deutschland, wo dieses garstige Wesen bereits ein Zehntel der Gesamtfläche in Städte verwandelt hat, ist es dann schon rein rechnerisch gar nicht so unwahrscheinlich, dass man sich als Tier bei der Suche nach einer dauerhaften Bleibe früher oder später in einer Stadt wiederfindet. Das kann einem natürlich auch ohne aktives Zutun passieren. Gerade kleine und leichte Tiere wie Insekten werden häufig vom Wind verdriftet und können so ganz ungewollt in Städte hineingelangen. Bei manchen ist derlei passive Reisetätigkeit auch seitens der Evolution vorgesehen: So lassen sich die Jungtiere nicht weniger Spinnenarten, die sogenannten Spinnlinge, gerne an einem extra dafür gesponnenen Faden vom Wind mitreißen und landen dann ohne große Auswahlmöglichkeiten an einem für sie völlig unvorhersehbaren Ort.

Durch diese natürlichen Ortswechsel, gleich ob aktiv oder

passiv, drängt die Natur der umliegenden Landstriche pausenlos in unsere Städte hinein. Tiere, die nicht fliegen können, folgen dabei üblicherweise bestimmten Korridoren, die für sie gangbar sind. Weil sie dem natürlichen Lebensraum entsprechen oder ähneln, oder wenigstens ein bisschen Deckung bieten. Fließgewässer, Bahntrassen, Straßenböschungen und von außen in die Stadt hineinreichende Grünbereiche sind typische Beispiele. Entlang solcher Korridore und natürlich durch die Luft kann quasi jeder die Stadt erreichen und tut es zumindest ab und zu auch. Selbst solche von Natur aus eher scheuen Tiere wie die heimische Ringelnatter dringen zumindest so weit in viele Großstädte vor, wie durchgehendes Grün es ihnen erlaubt.

Aller guten Dinge sind drei, und so bleibt neben Gefangenschaftsflucht und natürlicher Ausbreitung (gleich ob aktiv oder passiv) noch eine dritte Möglichkeit, die von der immensen Bedeutung, die sie schon für die Entstehung der ursprünglichen Stadtfauna hatte, bis heute keinen Deut eingebüßt hat. Auf diesem Weg sind bereits die absoluten Stadttier-Klassiker zu ebensolchen geworden, und auf diesem Weg kommen ständig neue Arten in immer neue Städte: als unsere blinden Passagiere. Ob am oder im Menschen, an oder in seinen tierischen Gefangenen, Vehikeln, Gepäckstücken, Waren oder Vorräten, die Möglichkeiten der heimlichen Mitreise mit uns sind nahezu unbegrenzt und werden jederzeit genutzt. Und zwar von allem möglichen Getier – nur allzu groß darf es nicht sein.

Während ich diese Zeilen schreibe, befinde ich mich im Frankfurter Palmengarten. Weil es Winter und deshalb draußen ziemlich kalt ist, sitze ich nicht irgendwo in diesem wunderbaren Park, sondern im Tropicarium. Das gehört auch dreißig Jahre nach seiner Fertigstellung noch zu den größten Gewächshauskomplexen der Welt und lädt seine Besucher ein, sieben tropische Klima- und Vegetationszonen näher kennenzulernen. Da ich das Klima hier drin momentan am angenehmsten finde

DIE RINGELNATTER *(NATRIX NATRIX)* ...

* ist unsere häufigste Schlange und quer durch Deutschland verbreitet. Wenn man hierzulande eine Schlange sieht (die nicht in Wahrheit eine Blindschleiche ist), dann ist das meistens eine Ringelnatter.
* ist in der Regel gut an den hellen, halbmondförmigen Flecken seitlich hinter dem Kopf zu erkennen und weder giftig noch sonst wie gefährlich.
* lebt gerne in der Nähe des Menschen, in dessen Kompost- und Misthaufen sie ideale Brutschränke für ihre Eier findet. Früher war sie bei uns ein gern gesehener Hausbewohner oder gar häuslicher Schutzgeist und wurde erst verteufelt, als das Christentum Mitteleuropa eroberte.
* zischt und bläht sich auf, um Angreifer abzuschrecken. Wenn sie gefangen wird, entleert sie ihren Darm und gibt noch ein spezielles Abwehrsekret dazu. Dann stinkt sie jedem, der über einen Geruchssinn verfügt.

– nicht zu stickig, nicht zu kühl –, sitze ich im Tropischen Tieflandregenwald, dem mit 15 Meter höchsten der sieben großen Häuser. Hier drin, wie auch in den übrigen Häusern mit feuchtem Tropenklima und den anschließenden Anzucht-Gewächshäusern, wohnt ein wunderbares Beispiel dafür, wie eine Tierart mit Hilfe des Menschen zu ganz neuen Ufern aufbrechen kann – obwohl weder das Tier noch der Mensch das geplant haben. Es ist einfach so passiert, es ergab sich aus Gewohnheiten der beiden, die nichts mit dem jeweils anderen zu tun haben.

Wenn es hier im Frankfurter Regenwald dunkel wird, dann hört man sie rufen: «co-kiii!», schallt es mal vor hier, mal von dort, und manchmal auch von überall her. Wobei die Betonung auf der zweiten Silbe liegt, die wie ein kurzer, scharfer, ziemlich lauter Pfiff klingt. Zu überhören sind diese Rufe auf keinen Fall. Die Rufer selbst zu Gesicht zu bekommen ist schon viel schwieriger, denn sie sitzen am liebsten gut versteckt zwischen oder unter Pflanzenteilen. Wenn man doch mal einen entdeckt hat, dann glaubt man zuerst kaum, dass so ein kleines Tier so laute Töne machen kann. Denn die unscheinbar braunen Fröschlein, die einem bei zu großer Nähe fast das Trommelfell zum Platzen bringen, sind höchstens zweieinhalb Zentimeter lang. Wenn sie rufen, ist ihre Schallblase fast so voluminös wie sie selbst. Es sind männliche Antillen-Pfeiffrösche mit dem schönen wissenschaftlichen Namen *Eleutherodactylus johnstonei*, die da pfeifen, um ihre immerhin bis dreieinhalb Zentimeter messenden Weibchen zu beeindrucken. Zeigt eine Dame Interesse, dann lockt Herr Pfeiffrosch sie zu einem vorher ausgesuchten Eiablageplatz, wo man sich dann der Fortpflanzung widmet. Der Clou dabei: Das ein, zwei Dutzend Eier umfassende Mini-Gelege wird einfach an einem geschützten, feuchten Ort abgelegt. Die gesamte Entwicklung über Kaulquappen zu Minifröschen läuft dort innerhalb der Eier ab, aus denen am Ende etwa ameisengroße Jungfrösche schlüpfen. Die kleinen Pfeifer brauchen

also keinen Tümpel zur Fortpflanzung – und das, nebst ihrer Winzigkeit, macht sie höchst flexibel und weltweit mobil. Tatsächlich gibt es kaum einen Frosch, der sich so weit auf der Erde ausgebreitet hat! Wie der Name andeutet, kommt die Art ursprünglich von den Kleinen Antillen. Auf welcher der vielen Inseln und Inselchen sie eigentlich zu Hause ist, kann schon niemand mehr sagen, denn sie wird offenbar seit Jahrhunderten kreuz und quer verschleppt. Wahrscheinlich geschah das hier und da auch mal absichtlich, etwa um Klanglandschaften durch den markanten Ruf zu bereichern. Fernreisen unternimmt der Antillen-Pfeiffrosch aber als blinder Passagier – und zwar in Zierpflanzen. Zwischen deren Stängeln, Blättern und Blattachseln versteckt er sich tagsüber, ist dann meistens wirklich unsichtbar und reist im Zweifelsfall mit seiner Pflanze mit.

So hat er schon vor Jahrzehnten den Sprung auf das mittel- und südamerikanische Festland geschafft, wo man ihn praktisch in allen karibischen Ländern finden kann. Ich selbst konnte ihn erstmalig in Venezuela kennenlernen, wo ich einige Monate forschte. Dort nennt man ihn den «bürgerlichen Frosch», weil er quasi als Wohlstandsanzeiger taugt: Innenstädte, Geschäftsviertel, Gewerbegebiete, Slums und sonstige soziale Brennpunkte sind weitestgehend frei von ihm, während er in gutbürgerlichen Wohnvierteln so massenhaft herumpfeift, dass es stellenweise wirklich weh tut. Der Grund ist simpel: Die dort wohnenden Menschen sind wohlhabend genug, um sich Zierpflanzen aus dem Blumengeschäft leisten zu können, und ihre Vorgärten und Terrassen bieten auch ausreichend Platz, um eine ganze Menge davon aufzustellen. In diesem grünen Wirrwarr, mit dem einige von ihnen womöglich auch erst angereist sind, finden die kleinen Frösche ganz wunderbare Lebensbedingungen. Sie laben sich an Kleininsekten, pfeifen ohrenbetäubend im Chor und pflanzen sich munter fort. Weil sie für Letzteres dank ihrer direkten Entwicklung keinerlei Gewässer brauchen, können sie eigentlich überall dort, wo Klima, Nahrungsangebot und pflanzliche Schlupfwinkel ihnen zusagen, dauerhafte Kolonien etablieren. Und das tun sie auch – nicht nur quer durch Venezuela, sondern auch hier in Frankfurt, wie man im Palmengarten vor allem an warmen Sommerabenden sehr eindrucksvoll mitbekommt. Die Aberhunderte hier wohnenden Tiere gehen auf nur sechs Exemplare zurück, die der Palmengarten einst vom Botanischen Garten der Mainzer Johannes Gutenberg-Universität erhalten hat. Dessen Kolonie stammt von elf Tieren aus dem Botanischen Garten der Universität Basel ab. Der wiederum hat seine ersten Exemplare auf dem klassischen Weg erhalten – mit einer Lieferung lateinamerikanischer Bromeliengewächse. In den Tropenhäusern der drei genannten Städte, wie auch an vielen anderen Orten, haben die Pfeiffrösche nun schon seit Jahren stabile Populationen aufgebaut. Da sie ohne das feuchttropische Klima nicht überleben können, bleiben sie bei uns in Deutschland hübsch brav im Inneren der Gewächshäuser und sind deshalb ein Spezialfall unserer Stadtfauna. Manch andere Tierart, die ebenfalls als blinder Passagier bei uns ankam und es weniger warm braucht, fühlt sich bei uns aber auch draußen pudelwohl und nimmt sich ihren Platz in der freien Natur. Etwa die im Ballastwasser von Schiffen zu uns gelangten Wollhandkrabben, die mittlerweile fast überall in Elbe, Ems, Rhein und Weser nebst Zuflüssen die Unterwasserwelt prägen.

Häuslich einrichten

Damit wären wir bei der zweiten Hürde auf dem Weg zum waschechten Stadtbewohner. Denn Ankommen ist nur die halbe Miete! Wer dauerhaft irgendwo leben möchte, der muss dort auch klarkommen. Auch wenn die reine Ankunft manchmal schon nicht so leicht ist, das dauerhafte Zurechtkommen ist der eigentliche Knackpunkt und steht oft auf einem ganz anderen Blatt. Für das folgende Beispiel erinnern wir uns noch einmal an die kleinen Pfeiffröschchen aus dem Frankfurter Palmengarten und betrachten nun ihre ebenfalls weltreisenden Verwandten. Denn auch andere Frösche werden in Pflanzen weltweit verschleppt. Sie würden wahrscheinlich nicht glauben, wie häufig das passiert! Üblicherweise können sich diese Fröschlein am Zielort jedoch in Ermangelung passender Laichgewässer nicht fortpflanzen und sterben deshalb kinderlos. So wie der kleine Laubfrosch, der vor ein paar Monaten mutterseelenallein mit einer Schnittblumenlieferung aus Kolumbien (zweitgrößter Schnittblumen-Exporteur weltweit) bei einem Frankfurter Großhändler ankam (Deutschland ist der weltweit größte Importeur von Schnittblumen …) und jetzt bei uns im Forschungsinstitut sein Gnadenbrot bekommt. Selbst wenn er ein halbes Dutzend Geschlechtspartner dabeigehabt hätte, wären Laichablage und Kaulquappenentwicklung ohne einen passenden Teich in einer tropischen Umgebung unmöglich gewesen. Irgendwie tragisch … Dass der kleine Lurch sich wohl kaum aus freien Stücken für seinen Transatlantikflug entschieden hat und höchstwahrscheinlich nicht im Traum vorhatte, in Frankfurt sesshaft zu werden, macht die Sache auch nicht besser.

So wie unser glückloser kolumbianischer Laubfrosch will bei weitem nicht jedes Tier, das sich in einer Stadt blicken lässt, auch länger dort leben. So mancher ist nur zu Besuch und gleich wieder weg, wie etwa vorbeifliegende oder nur kurz auf einer Freifläche rastende Zugvögel. Oder die sogenannten Irrgäste, die, sobald sie ihren Irrtum erkannt haben und in der Lage dazu sind, sofort wieder abhauen. Andere wollen nur eine Weile bleiben, zum Beispiel die Wintergäste unter den Vögeln, die nach einigen Monaten schon wieder nordwärts in ihr eigentliches Zuhause ziehen. Da sie das selbst wissen, hegen sie auch keinerlei Pläne, sich dauerhaft in unserer Stadt anzusiedeln. Ihnen reicht es völlig, wenn sie die Zeit hier einfach überstehen und bei Kräften bleiben. Dazu brauchen sie eigentlich nichts weiter als ausreichend Nahrung und Wasser. Nett wäre außerdem ein wenig Sicherheit vor Raubtieren, also ein irgendwie gearteter Unterschlupf.

Andere Tiere hingegen haben nicht im Sinn, in absehbarer Zeit wieder fortzuziehen, sondern etablieren sich dauerhaft in der Stadt und werden zu ständigen Bewohnern. Das geht natürlich auch nur dann, wenn sie hier Unterschlupf, Nahrung und Wasser finden – also all das, was sie zum Überleben brauchen. Oder biologisch ausgedrückt: eine ökologische Nische, innerhalb derer sie ihren ureigenen Tätigkeiten nachgehen und so ihre Bedürfnisse befriedigen können. Sind dann auch noch Geschlechtspartner vorhanden und eventuell nötige weitere Voraussetzungen zur Fortpflanzung erfüllt, dann hat man letztlich wirklich alles, was man zur Erfüllung seiner biologischen Mission auf diesem Planeten braucht. Dann kann man damit beginnen, durch fleißiges Futtern und fortwährende Fortpflanzung eine möglichst stabile Population aufzubauen und ein ständiger Bestandteil der örtlichen Fauna zu werden. Prinzipiell an jedem

Ort der Welt, an dem man diese essenziellen Bedingungen erfüllt sieht, also auch in einer Stadt.

Manche Arten haben das früh erkannt, andere später. Manche stellen an ihr Stadtleben sehr spezielle Anforderungen, die sich vielleicht nur hier und da erfüllen lassen, andere sind bescheidener oder flexibler und fühlen sich deshalb fast überall wohl. Dass die tierische Vielfalt, wie auch die Biodiversität allgemein, in unseren Großstädten eher zu- als abnimmt, ist letztlich der ureigenen Dynamik des Lebens geschuldet: Es ist unglaublich umtriebig! Wie ein kleines Kind scheint es ständig in alle Richtungen die Grenzen auszuloten, sowohl im Verhalten als auch im Raum: Sobald etwas möglich scheint, wird es ausprobiert, sobald etwas möglich ist, wird es gemacht, und sobald sich ein möglicher Lebensraum auftut, wird er in Augenschein genommen. Rückschläge nimmt man in Kauf und probiert es im Zweifelsfall später noch mal. Diesem fundamentalen Drang des Lebens spielen bei der Verstädterung tierischer Gesellschaften mehrere Faktoren in die Hände.

Einerseits haben wir Menschen über die Jahrhunderte mehr und mehr Raum beansprucht, indem wir ihn mit Städten und Verkehrswegen zupflasterten und die ursprüngliche Landschaft in landwirtschaftliche Nutzfläche umwandelten. Gerade die Anbau- und Weideflächen haben wir in Deutschland spätestens seit Bestehen der Bundesrepublik zunehmend mit germanischer Gründlichkeit aufgeräumt. Wir haben weite Landstriche entwässert, eingeebnet, von herumliegenden Steinen, moderndem Totholz und wucherndem Wildwuchs befreit und sie so für große Maschinen gangbar gemacht, die seitdem alle naselang darauf herumfahren. Vor allem dieser Intensivierung der Land- und Forstwirtschaft ist es zuzuschreiben, dass ein erheblicher Teil der außerstädtischen Flächen heute durch den weitestgehenden Wegfall von für Tiere überlebenswichtigen Strukturelementen und die intensive Nutzung nur noch für wenige Arten einen halbwegs annehmbaren Lebensraum darstellt. In den verbliebenen Lebensräumen kann es da schnell eng werden. Unendlich dicht zusammenrücken kann die Tierwelt aber nicht, und – schwups! – sind wir wieder bei der natürlichen Ausbreitung.

Andererseits sind die Großstädte von heute – zumindest vielerorts – nicht mehr zu vergleichen mit den düsteren, rußigen, ja lebensfeindlichen Molochen des frühen Industriezeitalters, geschweige denn mit den stinkenden und zugemüllten Siedlungen noch früherer Zeiten. Längst wird der Stadtnatur ein hoher Stellenwert bei der Stadtplanung eingeräumt. Man begrünt schon von Amts wegen Fassaden, Randstreifen, Plätze und Dächer. Privatleute machen dasselbe mit ihren Terrassen und Balkonen, Urban-Gardening-Initiativen verwandeln ungenutzte Asphaltflächen in pflanzliche Diversitätszentren, während umweltbewusste Gartenbesitzer Nistkästen für die verschiedensten Vogelarten aufhängen und Guerilla-Gärtner langweiligen Ecken mit Saatgutbomben einen Stups in die richtige Richtung geben. Man könnte sagen, dass wir unsere urbanen Räume extensivieren – auf jeden Fall aber machen wir sie grüner, bunter, vielfältiger. Diese zunehmende Vielfalt der baulichen wie natürlichen Strukturelemente bietet zuziehenden Tieren eine Fülle von Möglichkeiten. Ach, was rede ich, tatsächlich ist die strukturelle Vielfalt der Stadtgebiete der hauptsächliche Grund für ihre biologische Vielfalt! Denn das kleinräumige Mosaik aus ganz unterschiedlich gestalteten und genutzten Flächen – Gärten, Parks, Straßen, Gehwege, Randbegrünungen, Wohngebiete, Hochhaustürme, Bahnanlagen, Brachgelände, Gewerbegebiete, Gewässer, und so weiter, und so fort – ist gleichzeitig ein Mosaik aus ganz unterschiedlichen Lebensräumen, die ganz unterschiedlichen Bewohnern eine Heimat, ein Jagdrevier oder einen Rastplatz bieten können. Erst dadurch kommen die hohen Artenzahlen von Pflanzen und Tieren, mit denen gut untersuchte Großstädte sich schmücken können, überhaupt zustande. Es ist einfach für (fast) jeden etwas dabei! Auch für Frostbeulen, denn Städte bieten immer etwas höhere Temperaturen als das Umland. Das freut wärmeliebende Arten und erleichtert hierzulande ganz allgemein das Überwintern, zumal das Nahrungsangebot dank uns praktisch nie versiegt.

Einen weiteren Schub erhalten solche Zahlen durch die gängige Praxis, sie jeweils auf das gesamte Stadtgebiet zu beziehen – also samt allen Wiesen, Weiden, Wäldern und Feldern, die sich typischerweise zwischen den bebauten Bereichen und der eigentlichen Stadtgrenze befinden. Das sollte man immer im Hinterkopf haben, wenn man solche Zahlen betrachtet! Denn «151 Vogelarten in Berlin» bedeutet keineswegs, dass die alle irgendwo in der dicht bebauten Innenstadt zwischen Brandenburger Tor, Potsdamer Platz und Alex brüten. Genauso wenig bedeutet es, dass sie alle dort zu sehen sind. Nein, diese Zahl kommt erst zustande, wenn man das gesamte Berliner Stadtgebiet betrachtet – das zu einem nicht zu kleinen Teil aus dem Grünland um die eigentliche Stadt herum besteht. Auch die 48 Libellenarten, die für Frankfurt nachgewiesen sind, schwirren ganz sicher nicht alle um die Wasserspiele im Bankenviertel. Tatsächlich dürften die wenigsten von ihnen sich dort wohl fühlen und verirren sich höchstens ab und zu mal aus Versehen zwischen die spiegelglatten Türme.

Neben zunehmendem Lebensraumverlust in ländlichen Gebieten und großer Lebensraumvielfalt innerhalb der Stadtgebiete gibt es zumindest in Deutschland noch einen weiteren Anreiz, zum Stadttier zu werden: ein generelles Jagdverbot auf städtischen Flächen. Wenn es Sie beispielsweise als Wildschwein im 16. Jahrhundert jeglicher Wahrscheinlichkeit, all Ihren Instinkten und auch der Stadtmauer zum Trotz in eine Stadt hinein verschlagen hätte, dann wären Ihre Überlebenschancen dort gleich null gewesen: Hungrige Städter hätten

Sie in Ermangelung schützender Gebüsche schnell entdeckt, erbarmungslos verfolgt, recht bald auch erwischt und wenig später aufgegessen. Sie hätten ihren Freunden daheim definitiv nicht mehr von dem Überangebot an leckeren Abfällen und der zarten Kloakensuhle berichten können. Als Wildschwein im 21. Jahrhundert hingegen genießen Sie den Ihnen gebührenden Respekt, einen gewissen Kultstatus und fast schon diplomatische Immunität – da steht dem süßen Leben im Park Ihrer Wahl eigentlich nichts mehr im Wege.

Selbst wenn dieser Park sich in einigen Punkten von Ihrem angestammten Waldlebensraum unterscheiden sollte, muss das nicht zwingend schlimm oder gar ein Ausreisegrund sein. Denn auf den offenbar allen Lebewesen angeborenen Ausbreitungsdrang, der Tiere immer mal ein wenig weiter laufen oder fliegen und so irgendwann zwangsläufig auch in Städten ankommen lässt, setzt das Leben höchstselbst noch einen drauf: die tierische Anpassungsfähigkeit! Während manche Arten ihre sehr speziellen Ansprüche durch ebenso spezielle Strukturen der Städte erfüllt bekommen (siehe nächstes Kapitel) und ihre Fähigkeit zur Anpassung kaum in Anspruch nehmen, müssen andere erst ihr Verhalten ändern oder sogar ganz neue Strategien entwickeln, um sich erfolgreich in der Großstadt durchzuschlagen. Vor allem aber müssen sie alle – selbst die Alleskönner, die sich prinzipiell für nichts zu schade sind – lernen, mit dem gewichtigsten Faktor des Lebensraumes Großstadt klarzukommen: dem Menschen. Denn der hat die Stadt gebaut, beansprucht sie für sich, lärmt, baut und reißt ab, steuert gefährliche Vehikel und schwingt Fliegenklatschen oder gleich die chemische Keule. Mit all seinen Marotten müssen Sie als Tier zurechtkommen, wenn Sie es länger in seiner Gesellschaft aushalten wollen – einschließlich seiner bloßen Anwesenheit. Als küchenplünderndes Insekt beispielsweise sollten Sie zu Ihrer eigenen Sicherheit abwarten, bis das Licht in der Küche ausgeht.

Bei laufendem Betrieb durch die Spüle krabbelnd wird man Sie schnell entdecken, und schon sind Sie raus aus dem Spiel des Lebens. Als Karnickel im Park hingegen sparen Sie unglaubliche Mengen Kraft und somit Futter, wenn Sie nicht vor jedem auftauchenden Zweibeiner gleich panisch unter die Erde fliehen. Diese eingesparte Energie können Sie dann viel sinnvoller in die Erzeugung von mehr und besser genährtem Nachwuchs investieren. Oder Sie nutzen den Energieüberschuss ganz ohne evolutionäre Hintergedanken, einfach um ein bisschen Spaß zu haben und vielleicht auch etwas richtig Verrücktes zu tun! So wie die Kaninchen im Frankfurter Anlagenring, die ich letztes Jahr dabei beobachten durfte, wie sie einen verspielten Terrierwelpen kreuz und quer über die Wiesen jagten. Gerade die Gewöhnung von traditionell eher als schüchtern bekannten Tieren an die verschiedenen Facetten menschlicher Präsenz kann erstaunliche Ausmaße annehmen.

Das wurde mir klar, als ich einmal als Teil eines Biologenteams engagiert wurde, um Zauneidechsen einzufangen. Von denen lebten einige Dutzend sehr zufrieden dort, wo eine neue Autobahnabfahrt von der A3 bei Frankfurt gebaut werden sollte. Als gesetzlich besonders geschützte Tiere sollten sie entfernt werden, bevor sie dem Bagger zum Opfer fallen konnten. Beim beiderseitigen Absuchen der Lärmschutzböschung entdeckte ich neben Eidechsen noch etwas viel Spannenderes: eine Schlingnatter! Diese kleine, grau bis braun gefärbte und für uns Nicht-Eidechsen absolut harmlose Schlange führt ein sehr heimliches Leben und wird selten gesehen, obwohl sie in weiten Teilen Deutschlands vorkommt. Der Grund dafür ist, neben ihrer Tarnfärbung, nach einschlägiger Lehrmeinung vor allem ihre Scheu. Schlingnattern sind Schisser vor dem Herrn, leben nach der Maxime «Vorsicht ist besser als Nachsicht» und sind meist schon lange in irgendeinem Loch verschwunden, wenn ein herannahender Mensch noch zehn Meter entfernt ist. Und

hier lag sie, auf der lauten Seite der Lärmschutzböschung, keine drei Meter von der vielbefahrenen Autobahn entfernt! Für mich war diese Seite der Böschung die Hölle: Rund 150 000 Autos und Lastwagen pro Tag rauschen hier mit ohrenbetäubendem Lärm vorbei und verpesten die Luft. Für die ach so scheue Schlingnatter war die Böschung ein prima Lebensraum: ein Mosaik aus schützenden Gebüschen und spärlich bewachsenen Sonnenstellen, ihr Tisch reich gedeckt mit Mäusen und Zauneidechsen. Autos, Lastwagen, dröhnende Motoren und zitternder Boden? Scheinbar egal, die Macht der Gewöhnung. Und es war nicht nur eine Schlingnatter, die das offensichtlich so sah – im Verlauf der mehrtägigen Aktion fanden wir noch ein halbes Dutzend Artgenossen.

Ähnliche Gewöhnung an den Menschen ist schon bei vielen Tierarten beobachtet worden. Ein allseits bekanntes Beispiel ist die Amsel, die noch im 19. Jahrhundert weithin als überaus scheuer Waldvogel galt. Inzwischen aber flattert sie als «typischer» Stadtvogel schon seit über einem Jahrhundert durch deutsche Gärten und Parks, nistet in Kirschlorbeerhecken wie in Fahrradkörben und Blumenkästen und singt von Dächern genauso gerne wie von einem Ast aus. Generell gilt: Wer es als Tier in der Menschenstadt zu etwas bringen will, dem wird eine gute Portion Opportunismus dabei sehr helfen. Eine sich ergebende Gelegenheit – zum Singen, Nisten, Fressen oder wozu auch immer – sollte besser jetzt als gleich genutzt werden, denn sonst ist sie womöglich gleich nicht mehr da. Dann ist es alles in allem also gar nicht so schwierig, sich als Tier in unseren Städten zu etablieren: Man muss nur heil hinkommen und die vorhandenen Möglichkeiten, eine Nische zu finden und zu besetzen, voll ausnutzen. Und bei alledem das Allerwichtigste nicht vergessen: sich mit diesem *Homo sapiens* irgendwie zu arrangieren.

Und die Moral von der Geschicht: Wo's nicht gut passt, da wohnt man nicht. Ein Ort kommt aus tierischer Sicht nur dann als Lebensraum in Frage, wenn sich dort die grundlegenden Bedürfnisse erfüllen lassen. Die grundlegenden Kategorien dieser Bedürfnisse haben wir weiter oben bereits kennengelernt: Unterschlupf, Nahrung und die Möglichkeit zur Fortpflanzung. Diese drei Säulen braucht prinzipiell jede Tierart, egal ob Wurm oder Wildschwein, um ihre Existenz darauf zu stützen. Wie diese Säulen im Speziellen aussehen, ist aber von Art zu Art verschieden. Logisch, ein Regenwurm frisst etwas anderes als ein Wildschwein und braucht für seine Ruhephasen viel weniger Platz, den er außerdem noch ein Stückchen weiter weg von der Sonne suchen wird. Auch seine Fortpflanzung läuft geringfügig anders ab als die einer Sau, wer hätte es gedacht. Dennoch haben sie beide etwas gemeinsam: Sie sind nicht allzu anspruchsvoll, sie erwarten nichts Unmögliches von ihrem Lebensraum. Es muss nicht zwingend die vegane und laktosefreie Bio-Sojamilch oder ausschließlich Bambus sein. Aber ganz anspruchslos sind sie auch nicht: Beide brauchen Grün. Der Regenwurm braucht Pflanzenmaterial als Nahrung und Erdboden, durch den er sich wühlen kann und auf dem seine Nahrung wächst. Das Wildschwein mag ebenfalls pflanzliche Kost

und wühlt sehr gerne im Boden herum, um an unterirdische Pflanzenteile oder auch den ein oder anderen Regenwurm zu gelangen. Beide Arten, so verschieden sie sind, werden also vor allem von den natürlicheren Bereichen wie Gärten und Parks in die Stadt gelockt. Das, was die Stadt eigentlich ausmacht – Beton, Stahl, Asphalt und vor allem Häuser, Häuser und noch mal Häuser – ist ihnen reichlich schnuppe, weil sie eigentlich nichts davon haben. Sie nehmen die Bebauung notgedrungen in Kauf, aber sie sind auf keinen Fall wegen ihr hier. Architektonische Gesichtspunkte haben für die Stadtbewohner unter den Würmern und Wildschweinen dieser Welt keine Rolle bei der Wohnortwahl gespielt. Andere Tierarten hingegen machen genau das: Sie kommen in die Stadt, weil die dermaßen voller Häuser ist. Von ihnen handelt das nächste Kapitel.

MANCHE MÖGEN'S STEIL:
FELSENFREUNDE

Eigentlich ist Deutschland ein Waldland. Wie überhaupt ganz Mitteleuropa wäre es, wenn wir Menschen uns nicht so nachhaltig und flächendeckend ausgebreitet hätten, fast vollständig von Wald bedeckt. Dementsprechend sind viele unserer heimischen, landlebenden Tierarten eigentlich Waldbewohner. Nur vergleichsweise wenige sind von Natur aus an andere Landschaftsformen angepasst, eben weil diese hier im ursprünglichen Zustand eher kleinflächig und weit verstreut vorkamen. Ein solcher Lebensraum sind nennenswerte Felsbereiche, die in Deutschland nördlich der Alpen einen gewissen Seltenheitswert besitzen. Natürlich gibt es in jedem Mittelgebirge hier und da mal ein paar Felsen, aber ordentliche Wände, hoch, breit, steil und zerklüftet, sind das meistens nicht. Und in der Norddeutschen Tiefebene liegen dann höchstens noch hier und da mal ein paar Findlinge herum. Tiere, die auf Felsen angewiesen sind, hatten es früher also nicht leicht, in Deutschland ein passendes Plätzchen zu finden. Deswegen kamen sie auch nur stellenweise vor – in der direkten Umgebung ihrer geliebten Felsen eben.

Doch das hat sich grundlegend geändert, seit wir Menschen immer mehr und immer größere Städte mit immer mehr und immer größeren Häusern bauen. Für uns sind das Häuser, in denen wir wohnen. Gemütlich oder modern eingerichtet, von innen betrachtet überschaubar und einladend. Von außen betrachtet aber ist ein Haus eigentlich nichts anderes als ein ordentlicher Felsbrocken. Besonders wenn man es mit den Augen eines Tieres betrachtet. Dann ist die Fassade nichts anderes als eine Steilwand. Ein senkrechter Fels mit mehr oder weniger zahlreichen Vorsprüngen, Nischen, Spalten und bestenfalls auch kleinen Höhlen – unter dem Dachvorsprung, zwischen den einzelnen Bauteilen eines zweckmäßigen Plattenbaus, in den Rollladenkästen und auf den Fensterbänken, hinter dem Fallrohr der Regenrinne und zwischen den Schornsteinen. Die Straßen werden zu Schluchten zwischen steil aufragenden Felsnadeln, die Stadt wird zur Felslandschaft. Mit unseren vielen Städten haben wir binnen weniger Jahrhunderte, in natürlichen Maßstäben also quasi urplötzlich, ein Überangebot an ausgedehnten Kunstfelsmassiven aus dem Boden gestampft, wo vorher kaum welche waren. Nehmen wir doch mal eine Stadt wie Hamburg: am Rand der Norddeutschen Tiefebene, im Mündungsbereich eines großen Flusses. Flach war es hier vor uns Menschen, matschig und immer mal wieder überschwemmt. Heute ist Hamburg ein kleines Gebirge. Das freut die tierischen Felsenfreunde! Vor der Stadtgründung wären sie nie und nimmer auf die Idee gekommen, sich hier niederzulassen. Jetzt aber könnte es hier einladender kaum sein. Spätestens seit wir mehrstöckig und großflächig bauen, findet eine ganze Reihe hoch spezialisierter Felsbewohner in unseren Städten ein erst von uns geschaffenes, überreiches Angebot an geeignetem Lebens- und Wohnraum.

Tatsächlich sind einige von den absoluten Klassikern der Großstadtfauna nur deshalb in Städten sesshaft geworden, weil diese ihnen die nötigen Felswände bieten. Ein Paradebeispiel ist die schon im zweiten Kapitel angesprochene Stadttaube. Als verwilderte Form der Haustaube, an deren Entstehung wir Menschen nicht unbeteiligt waren, ist sie wie diese ein Abkömmling der Felsentaube. Nomen est omen: Genau wie ihre wilden Vorfahren stehen die außerhalb des ewigen Eises längst weltweit verbreiteten Stadttauben beispielhaft für eine ganze Zunft in der Vogelwelt: die Felsbrüter. Dazu gehören Vogelar-

Weiblicher Turmfalke

ten aus ganz unterschiedlichen Verwandtschaftskreisen. Was sie zu einer «ökologischen Gilde» (so würde der Biologe die «Zünfte» in der Tierwelt nennen) vereint, sind ihre gemeinsamen, ganz besonderen Ansprüche an den Nistplatz: möglichst hoch oben an etwas Steilem, bitte schön. Während man sich als Geisteswesen Mensch von derart einschränkenden Traditionen kraft konsequenter Umsetzung seines rationalen Denkens bestenfalls befreien könnte, kann man sie als Vogel nicht einfach ignorieren. Schließlich ist die Fortführung der eigenen Stammlinie zugleich Mittelpunkt und höchstes Ziel des Lebens, solange man nicht, wie unsere Vorfahren es irgendwann einmal getan haben, aus Langeweile beginnt herumzuphilosophieren. Als weniger philosophisches Wesen hadert man dagegen nicht lange mit dem Wie und Wo der Familienplanung. Man hat die dazu nötigen Routinen ganz einfach im Blut, als evolutionäres Erbe machen sie einen geradezu aus. Wenn es eine Felsnische sein muss, dann muss es eben eine Felsnische sein. Eine Gegend mit vielen Felsnischen drängt sich dann logischerweise als Lebensraum geradezu auf. Im Zweifelsfall auch dann, wenn man dort bei anderen, ein bisschen weniger wichtigen Dingen ein paar Abstriche machen und Flexibilität an den Tag legen muss. Etwa beim Wie und Was des Fressens. Da sind unsere Tauben ja bekanntlich wenig zimperlich: Was immer sich finden und fressen lässt, wird auch gefressen, sobald es gefunden ist. Neben den schon von den Vorfahren bevorzugten Pflanzensamen eben auch die aus solchen hergestellten Backwaren, nebst dem womöglich darauf befindlichen Zuckerguss, Aufstrich oder Aufschnitt. Und in der Not schmeckt die Wurst ja bekanntlich auch ohne Brot. Als Taube schmeckt man wiederum einem anderen, in der Wahl seiner Mahlzeiten etwas puristischeren Felsnischenbrüter: dem Wanderfalken. Auch den hat nicht die glanzvolle Kommunalpolitik dazu verlockt, im Roten Rathaus von Berlin zu brüten, sondern einzig und allein das Vorhandensein geeigneter Nistplätze an diesem historischen Gebäude. Wobei die Art offenbar genauso wenig ein besonderes Faible für historische Bauwerke hat. Der älteste Nistplatz in Frankfurt liegt 160 Meter hoch kurz unter der Kanzel des Frankfurter Fernsehturms, der erst vierzehn Jahre vor der ersten erfolgreichen Brut im Jahr 1983 fertiggestellt worden war. Den wohl höchsten Gebäudebrutplatz Deutschlands unterhält ein Pärchen auf dem Dach des Commerzbank-Towers in 258 Metern Höhe, und die mit 50 Jungvögeln bei weitem erfolgreichste Wanderfalken-Kinderstube befindet sich direkt unter der Schornsteinspitze der Heddernheimer Müllverbrennungsanlage. Von einem solchen Basislager aus unternimmt ein Wanderfalken-Paar seine Jagdausflüge, auf denen es fast ausschließlich Vögel erbeutet. Welche Vogelart dabei erwischt wird, ist ihnen nicht so wichtig, aber in unseren Städten drängen sich die Tauben als Brotvogel geradezu auf. Schließlich hocken, gurren und flattern sie allerorten in großer Zahl herum und sind dabei eine gehaltvollere Mahlzeit als eine Amsel oder ein Spatz. Aber letztlich egal, Hauptsache, die Mahlzeit hat Federn und fliegt. Nicht ganz so eng sieht das der kleinere und grazilere Verwandte des Wanderfalken, der wesentlich häufigere Turmfalke der seine Vorliebe für Felsnadeln von Menschenhand sogar im Namen trägt. Er holt sich besonders gerne Mäuse vom Boden, die er oft erspäht, während er bei seinem typischen Rüttelflug quasi in der Luft «steht». Wo sich das Rütteln und Spähen lohnt, verraten ihm die Urinspuren der kleinen Nager, deren UV-Licht-Reflexionen er sehen kann. Nisten kann er notfalls auch auf Fenstersimsen.

Niemals am Boden

Sie wohnen in einem dicht bebauten Viertel, vielleicht sogar in einer Gegend mit vielen Hochhäusern? Und freuen sich im Sommer über die vielen Schwalben, die dort unablässig, meist in kleinen Grüppchen, durch die Luft sausen? Auch wenn deren schrille, gerne im Chor ausgestoßenen Schreie manchmal ein wenig nerven? Schön! Aber mal ehrlich, sind Sie wirklich sicher, dass es sich bei diesen Vögeln um Schwalben handelt? Können das vielleicht sogar begründen, weil Ihnen die gegabelten Schwänzchen und die langen, schmalen Flügel aufgefallen sind? Schön und gut, vielleicht haben Sie ja sogar recht. Wenn Sie allerdings in einiger Entfernung zum Stadtrand und weit weg vom nächsten Bauernhof irgendwo in der Innenstadt zu Hause sind, dann irren Sie sich höchstwahrscheinlich. Und wenn die Unterseite der Vögelchen bis auf den hellen Kehlfleck dunkel ist, dann irren Sie ganz sicher. Was aber nicht schlimm ist. Sie müssen jetzt nicht traurig sein, denn Ihre Freude über die Schwälbchen war zwar unbegründet, aber nicht umsonst: Sie können sich ruhig weiter freuen, und sogar noch ein bisschen mehr! Denn was da zwischen den Häusertürmen hindurchschießt, ist noch ein wenig spezieller. Genau genommen handelt es sich um eine der am stärksten spezialisierten heimischen Vogelarten überhaupt:

den Mauersegler. Die hohe Verwechslungsgefahr mit Schwalben kommt nicht von ungefähr: Wie auch die Schwalben sind die Segler extrem schlanke, schnittige und wendige Flieger, was sich eben in ähnlichen Körper- und Flügelproportionen äußert. Die Vorfahren der Segler gingen aber, was die Flugkünste betrifft, in jeder Hinsicht noch mindestens einen Schritt weiter als die der Schwalben. Als ein vorläufiges Endprodukt ihrer Evolution gehören die heutigen Mauersegler zu den bemerkenswertesten Flugkünstlern, die das Vogelreich derzeit überhaupt zu bieten hat. Das scheint in der Familie zu liegen: Zu den nächsten Verwandten der Segler gehören die Kolibris! Auch die sind absolute Meister, aber in einer anderen Disziplin, nämlich dem präzisen Schwirrflug durch unglaublich schnellen Flügelschlag. Segler hingegen, wer hätte es gedacht, sind eher Segelflieger. Sie schaffen es, mit vergleichsweise wenig Bewegung ihrer extrem schmalen Flügel beachtliche Fluggeschwindigkeiten bis um die 200 km/h zu erreichen und dabei ebenso elegant wie scheinbar mühelos diverse für uns extrem waghalsig anmutende Manöver auszuführen.

Währenddessen verleiben sie sich alles ein, was an fliegenden Insekten auch nur entfernt ihren Weg kreuzt. Das können bei einem einzigen Mauersegler Zigtausende Mücken, Käfer, Schnaken und Fliegen pro Tag sein, für ein Nest mit zwei, drei Küken dementsprechend mehr. So viel Futtern macht natürlich müde. Aber das ist für einen ordentlichen Segler noch lange kein Grund, mit der Segelei aufzuhören! Stattdessen hält man sein Nickerchen, während man zur Abwechslung mal etwas langsamer fliegt. Auch für die Körperpflege lässt man sich eher ungern nieder, und sogar den Liebesakt vollzieht man standesgemäß im Flug. Nur seine Eier legt man tunlichst nicht, während man durch die Lüfte schießt. Die platziert man sicherheitshalber doch lieber vogeltypisch in einem Nest. Dieses baut man – wer hätte es gedacht – an einer möglichst steilen Felswand. Auf ei-

DER MAUERSEGLER *(APUS APUS)* ...

* 🍁 ist ein Sommerzeiger: Bei uns hält er sich üblicherweise von Mai bis August auf und verlässt uns wieder, sobald seine Jungen ausgeflogen sind.
* 🍁 überwintert in Afrika, fliegt dort wie auf dem Weg dorthin gerne mal Tausende Kilometer um Schlechtwetterfronten herum und berührt außerhalb seiner europäischen Brutgebiete wahrscheinlich niemals freiwillig festen Untergrund.
* 🍁 macht Schätzungen zufolge pro Jahr 200 000 bis 300 000 Kilometer, könnte also genauso gut fünf- bis siebenmal rund um den Globus segeln.
* 🍁 hat Bewegung ganz einfach im Blut: Selbst beim Brüten kann er nicht stillhalten, sondern bleibt in Bewegung, indem er sich putzt, das Nest verbessert, ruft und immer wieder mal die Eier verlässt, um wenigstens kurz die Aussicht vom Eingang seiner Höhle zu genießen.

nem kleinen Vorsprung, der weitgehend verdeckt sein sollte, am allerliebsten aber in einer kleinen Höhle. Das ganze natürlich in luftiger Höhe, denn dann kann es praktisch niemand erreichen, der nicht ebenso toll fliegen kann. Vielleicht auch ein wenig, um gar nicht erst Gefahr zu laufen, eine Bruchlandung am Boden zu riskieren. Denn weil sich ihr Leben quasi ausschließlich an Felswänden und im freien Luftraum abspielt, konnten die Vorfahren unserer Mauersegler es sich leisten, bei der Fortbewegung am Boden ein wenig einzusparen. Der wissenschaftliche Name *Apus apus*, also «Ohnefuß Ohnefuß», ist zwar deutlich übertrieben, aber tatsächlich stellen sich Mauersegler nicht besonders geschickt an, was die Fortbewegung auf Füßen anbetrifft. Aus eigener Kraft starten können sie allerdings entgegen weit verbreiteten Auffassungen durchaus. Sollten Sie, liebe Leser, also mal einen Mauersegler auf dem Boden finden, der hilflos wirkt, dann ist er das tatsächlich, denn sonst wäre er von selbst schon wieder in die Luft gekommen. Statt ihm schwungvolle Starthilfe zu geben, indem Sie ihn einfach in die Luft werfen, sollten Sie lieber davon ausgehen, dass er tatsächlich flugunfähig ist. Dann ersparen Sie ihm womöglich diverse Knochenbrüche, wenn Sie ihn nicht herumwerfen, sondern fachkundig untersuchen lassen. Praktischerweise gibt es in vielen großen Städten spezielle Initiativen zum Schutz der Mauersegler, an die man sich wenden kann. Geben Sie einfach mal Mauersegler und den Namen Ihrer Stadt in eine Suchmaschine ein, und Sie haben gute Chancen, fündig zu werden.

Ein anderer Felsnischenbrüter, der schon lange ein fester Bestandteil der städtischen Vogelwelt geworden ist, ist der Hausrotschwanz. Ursprünglich war er ein reiner Gebirgsbewohner und hierzulande nur in den Alpen zu finden, doch spätestens ab dem 19. Jahrhundert entdeckte er menschliche Behausungen als adäquate Ersatzfelsen für den Nestbau. Heute lebt der Hausrotschwanz wohl in jeder Stadt im deutschsprachigen Raum überall dort, wo er Mauernischen oder Ähnliches zum Brüten und genügend Insekten zum Fressen findet. Leicht kann man den zierlichen Vogel übersehen, aber zu hören ist er vielerorts klar und deutlich – und dabei immer eindeutig zu erkennen. Denn der Reviergesang der Männchen hat eine unverwechselbare Besonderheit: Zwischen sein helles und recht melodisches, durchaus wohltönendes Gezwitscher baut Herr Hausrotschwanz immer wieder ein eigenartiges Knirschgeräusch ein, das so gar nicht zum übrigen Klangbild seines Gesanges passen will. Es hört sich in etwa so an, als würde man Sand und kleine Kieselsteine fest zwischen den Händen verreiben: «Krrzschtzrrrsch» oder so ähnlich. Zugegebenermaßen bietet die deutsche Sprache nicht wirklich die passenden Konsonanten, um das angemessen aufzuschreiben.

Vor einigen Jahren brütete ein solcher Hausrotschwanz am Senckenbergmuseum. Ich weiß, das tun jedes Jahr viele Hausrotschwänze, aber damals hatte sich ein findiger Kopf unter ihnen einen besonderen Platz ausgesucht. Es war im Jahr 2012 – Herzogin Kate war zum ersten Mal schwanger, die ersten Blockupy-Aktionstage verwandelten Frankfurt in eine Art paranoiden Polizeistaat, Physiker entdeckten mit dem Higgs-Boson das sogenannte Gottesteilchen und Biologen mit dem Glasfrosch *Centrolene sabini* die siebentausendste heute lebende Amphibienart. Währenddessen wohnte ein Hausrotschwanz-Pärchen über dem Direktionseingang des Senckenbergmuseums. Also an der rechten Seite des Gebäudes, hinter dem grünen Langhalsdino, der als lebensgroßes Modell im Vorgarten steht. Auf dem Sandsteinbogen über der Tür, ganz oben in der Mitte, hatten sie ihr Nest hinter eine Vogelabwehrmaßnahme gequetscht. Hinter den Teppich aus Spikes, der wirkungsvoll verhindert, dass Tauben dort landen und den denkmalgeschützten Sandstein mit ihrem Kloakenauswurf besudeln können. Irgendwie witzig und auch ein klein wenig ironisch – das, was den einen

DER HAUSROTSCHWANZ
(PHOENICURUS OCHRURUS) ...

* hat tatsächlich rote Schwanzfedern und ein Faible für Häuser, trägt seinen Namen also zu Recht.
* ist ein Kurzstreckenzieher, der in Südeuropa, Nordafrika oder Arabien überwintert und meist schon einen Monat vor dem Mauersegler längst wieder bei uns angekommen ist.
* ist ein waschechter Schnäpper: Wie in dieser Familie üblich, fängt er einen Großteil seiner Beute aus der Luft, indem er sich von einem passenden Aussichtspunkt aus auf sie stürzt.
* singt als männlicher Revierinhaber buchstäblich von früh bis spät. Er beginnt als einer der Ersten, hört als einer der Letzten auf und schafft dazwischen bis zu 5000 Strophen.
* hat wegen seines ständigen, nervös anmutenden Schwanz-wippens so schmeichelhafte Volksnamen wie Wackelarsch verliehen bekommen.

Felsenfreund fernhält, schaffte dem anderen, kleineren, erst seine absturzsichere Nische. Gleichzeitig verdeutlicht es, wie das Leben tickt: gleich ob rein räumlich oder abstrakt ökologisch, sobald sich eine Nische auftut, findet sich auch jemand, der sie besetzt.

Zugegeben, wer sehr spezielle Ansprüche stellt, hat es nicht immer einfach. Zu hohe und vor allem festgefahrene Erwartungen können einem das Leben schwer machen, wenn sie sich nicht erfüllen lassen. Als Mauersegler ohne Höhle zum Brüten bist du mittelfristig aufgeschmissen, daran ändert auch der leckerste Luftplanktonschwarm nichts. Tatsächlich ist unsere moderne, immer sauberere und geschlossenere Bauweise mit spiegelglatten Fassaden, rundum dichten Dächern & Co für die Felsbrüter ein Gräuel. Denn sie finden immer weniger Brutplätze, wenn wir nicht extra für sie welche anbringen. Da wir das offensichtlich noch nicht in ausreichendem Maße tun, ist die Zahl mancher von ihnen aktuell rückläufig. Leider betrifft das nicht, wie viele es sich wünschen würden, die Ratten der Lüfte, sondern eher so sympathische Kerlchen wie Hausrotschwanz und Mauersegler.

Andere Tiere nehmen es mit vielem nicht so genau, sind weniger festgelegt und wesentlich flexibler. Sie brauchen nicht ganz genau dies oder jenes, sondern sind vollkommen zufrieden mit irgendetwas anderem, das diesem oder jenem mehr oder weniger nahekommt. Zudem findet ja sowieso nicht jeder Felsen schön oder wünscht sich gar einen Logenplatz in der Steilwand. Viele Tiere stehen beispielsweise eher auf Grün als auf Grau. Von ihnen handelt das nächste Kapitel.

DIE ANPASSER

Die Hauptdarsteller dieses Kapitels zieht es, im Gegensatz zu den Felsenfreunden, nicht wegen eines superspeziellen, dort von uns geschaffenen Lebensraumes in die Stadt. Ihre Welt liegt eigentlich draußen vor den Stadttoren, in «Feld, Wald und Flur». Sie sind typische Bewohner unserer heimischen Urlandschaft, können sich aber nötigenfalls durchaus an das Stadtleben gewöhnen. Auch wenn es bei einigen von ihnen viele Jahrhunderte gedauert hat, bis sie sich in unsere Städte hineinwagten, fiel ihnen die folgende Eingewöhnung nicht allzu schwer. Denn sie sind keine auf ganz bestimmte Nahrung, Nistplätze oder sonstige Faktoren angewiesenen Spezialisten, sondern eher das Gegenteil: Die im Folgenden vorgestellten Arten würde der Ökologe vielmehr als Generalisten bezeichnen. Solche Arten also, die vieles oder gar alles nicht ganz so eng sehen. Für sie darf es auch mal ein wenig kühler oder wärmer, lauter oder leiser, dreckiger oder sauberer, fetter oder magerer sein. Natürlich ist nicht allen auf den nächsten Seiten vorgestellten Arten alles komplett egal. Wer als Pflanzenfresser geboren wurde, wird nicht vollkommen auf Steaks umstellen, und wer sein Nest üblicherweise in einer Astgabel baut, für den ist die Kanalisation keine Alternative. Aber im kleinen Maßstab sind viele unserer Nichtspezialisten erstaunlich flexibel und werden im urbanen Umfeld schnell zum Vielkönner. Und manche scheinen tatsächlich überall und mit allem zurechtzukommen – echte Alleskönner eben.

Ein solches Tier, das prinzipiell fast überall zurechtkommen kann und dem auch sonst so ziemlich alles wurst zu sein scheint, ist die Erdkröte. Nun, eines braucht sie schon: ein

Laichgewässer. In dieser Hinsicht ist sie wenig flexibel und legt nötigenfalls auch größere Strecken zurück, um im Idealfall genau dort ihre Laichschnüre anzuheften, wo sie selbst schon als kleine Kaulquappe herumgeschwommen ist. Nur daher kennen viele Menschen die Erdkröte überhaupt, weil sie in einem Land wie Deutschland schon fast unweigerlich dazu verdammt ist, auf dem Weg zu ihrem Tümpel mindestens eine Straße zu überqueren. Was dann häufig ihr Tod ist, wenn man nicht entweder die Autos oder die Kröte von der Straße fernhält. Die Erdkröte ist aber nicht nur das Symbol der Krötenwanderung, der Krötenzäune und des Amphibienschutzes, sie ist auch die Kröte schlechthin: in Europa, in Deutschland, und in unseren Städten. Von den drei bei uns heimischen Mitgliedern der Familie der Echten Kröten ist sie die häufigste und diejenige, die am härtesten im Nehmen ist. Ein echtes Allround-Talent, ein wahrer Generalist. Wenn Sie, liebe Leser, irgendwann einmal darauf wetten müssten, welchem Lurch sie an einem x-beliebigen Ort der Bundesrepublik wohl begegnen werden, dann setzen Sie ohne Zögern alles auf die Erdkröte. Denn die ist im Prinzip überall in Deutschland am Start. So hoppelt sie auch durch unsere Städte, selbst bis in die Innenstadtbereiche herein. Dauerhaft wohnt sie in sämtlichen grünen Bereichen, die ihr genug Deckung und Nahrung bieten, seien es nun Gärten, Parks, Wäldchen oder Friedhöfe. Wo sie auch ist, schlägt sie sich bei jeder Gelegenheit die unersättliche Wampe voll mit allem, was sich bewegt und sich irgendwie bewältigen lässt. Was genau sie schluckt, Regenwurm oder Nacktschnecke, Grille, Käfer oder Kakerlake, das ist ihr wirklich herzlich egal, sobald es sich erst einmal durch eine Bewegung als lebendig und somit essbar geoutet hat. Wäre sie größer und wir kleiner, sie würde auch uns ohne Zögern fressen. Glück gehabt, dass wir nicht in ihr Mäulchen passen! Der einzige Grund dafür, dass man nicht alle naselang eine Erdkröte zu Gesicht bekommt, ist ihr Tagesrhythmus. Licht ist einfach nicht so ihr Ding, Sonne am allerwenigsten. Kröten sind zwielichtige Geschöpfe im wahrsten Sinne des Wortes. Wenn sie nicht gerade liebestoll dem Laichgeschäft frönen, kommen sie in aller Regel frühestens mit der Dämmerung aus ihrem Versteck. Ihre eigentliche Zeit ist die Nacht, wenn wir sie nicht so gut sehen können und uns auch sowieso nicht mehr so viel in Gärten und Parks herumtreiben. In guten Krötennächten aber kann so eine Kröte erstaunlich weit herumkommen und einem an den unmöglichsten Orten begegnen. Da hoppelt sie auch schon mal aus ihrer Grünanlage in die nächste Fußgängerzone oder Tiefgarage und findet im Zweifelsfall auch dort so manchen leckeren Happen. Anderen Arten käme die Nahrungssuche auf Pflastersteinen und Asphalt niemals in den Sinn. Das Stichwort Fressen ist für sie untrennbar mit der Farbe Grün verbunden, fernab von Pflanzen scheint ihnen der Appetit zu vergehen.

Grünausnutzer

Schon die wahrscheinlich langweiligste Spielart des städtischen Pflanzenwuchses, die monotone Rasenfläche, kann manch tierischen Besucher regelrecht verzücken und zum Dauergast machen. Amseln beispielsweise finden ihre Leib- und Magenspeise, dicke fette Regenwürmer, auf einer kurz geschnittenen Wiese um ein Vielfaches leichter als anderswo. Einerseits weil sie perfekte Sicht und Zugriffsmöglichkeiten auf den Boden bietet, und andererseits weil hier einfach sehr viele Regenwürmer unterwegs sind. Die gehören zweifelsohne auch zu den großen Profiteuren des Grüns in der City: Angeblich sind Regenwürmer nach uns Menschen diejenige Tiergruppe mit dem größten Anteil an der Biomasse in einer typischen Großstadt. Alle unter einer Wiese von der Größe eines durchschnittlichen Fußball-

DIE ERDKRÖTE *(BUFO BUFO)* ...

- ★ alias blatterichte Landkröte mit rothen Augen, Lehmkröte, Gemeine Kröte oder Feldkröte ...
- ★ ist mit bis zu zwölf Zentimetern einer unserer größten Froschlurche und mit ihren riesigen Ohrdrüsen hinter den goldenen Augen sowie der warzigen Haut unverwechselbar.
- ★ legt zwischen 2000 und 6800 Eier in einer zwei bis fünf Meter langen Laichschnur ab.
- ★ umklammert als liebestolles Männchen zur Paarungszeit im Zweifelsfall alles, was auch nur im entferntesten die Konsistenz eines Krötenweibchens hat: Frösche, Salamander, tote Fische, Treibholzstücke, Müll und sogar dargebotene menschliche Hände.

feldes herumkriechenden Regenwürmer können gemeinsam gut und gerne eine Tonne auf die Waage bringen! Darüber freuen sich nicht nur Amseln, sondern ebenso verschiedene andere Vögel, Maulwürfe, Igel und jemand, den man hier wohl kaum erwarten würde: Unser größter Marder, der Dachs. Ja, auch der ist hier und da zum Stadtbewohner geworden, bleibt aber abseits vereinzelter Mülltonnen-Plünderzüge hauptsächlich auf die grünen Bereiche beschränkt. Auch einen der bunteren Vögel heimischer Gefilde zieht es vor allem der Rasenflächen wegen in die Städte. Der Grünspecht, immerhin unser zweitgrößter Specht und Vogel des Jahres 2014, sucht und findet hier mit Leichtigkeit die Ameisen, die er so liebt. Als sogenannter Bodenspecht zieht er die mit seiner langen klebrigen Zunge direkt aus ihren Nestern in der Erde oder morschen Baumstümpfen, statt in typischer Spechtmanier auf der Suche nach Insekten und ihren Larven an Baumrinde herumzumeißeln. Das tut dafür unser häufigster Stadtspecht, der schwarz-weiß gemusterte Buntspecht. Dem genügt ein schöner Rasen also nicht, er braucht Bäume. Wie auch unsere beiden zuvor genannten Rasenfreunde, wenn sie irgendwo wohnen und brüten wollen.

Gut also, dass es neben dem Rasen auch Gehölze in der Stadt gibt, denn sonst würde sich keiner der drei Vögel hier wohlfühlen. Überhaupt sind Gehölze der Hammer: Sie sind nicht nur Nahrung für Hinz und Kunz im Tierreich, sondern bringen Struktur in die Welt. Stämme und Kronen, Wurzeln, Rinde, Zweige, Blätter, Blüten und Früchte sind Sitz-, Liege-, Schlaf-, und Versteckplätze für allerlei Getier, von der mikroskopisch kleinen Milbe bis zum stolzen Storch. Für wohl jede Art Baum und Busch gibt es gleich mehrere Tiere, die sich auf genau diese Sorte Gehölz spezialisiert haben und in irgendeiner Weise von ihr abhängig sind, und noch viele mehr, die einfach von ihr profitieren. Für die Eiche etwa kursiert die sagenhafte Zahl von 500 Insektenarten, die auf, in und an einem einzigen

Ringeltaube

Exemplar leben können. Das nenne ich mal Vielfalt, auch wenn dieser Wert bei einer einzelnen Eiche im Park nebenan wahrscheinlich nicht erreicht wird. Nichtsdestotrotz kommt durch die vielen verschiedenen Arten und Sorten von Büschen und Bäumen, die sich in städtischen Grünanlagen im Allgemeinen finden lassen, eine insgesamt wesentlich größere Zahl an Tierarten zusammen, die nur wegen ihnen hier sein können. Die Vielfalt der Pflanzen ist die unabdingbare Grundlage für tierische Diversität.

Und die nimmt in städtischen Grünanlagen unaufhaltsam zu! Nicht nur in Form kleiner bis kleinster Lebewesen, die nur von Fachleuten gewürdigt werden können. Nein, alle naselang kommt auch jemand Großes, um sich neu anzusiedeln. Zum Beispiel haben Frankfurter Parks inzwischen eine gefiederte Bewohnerin, die es Anfang der Neunzigerjahre zumindest im

Rhein-Main-Gebiet noch vorzog, außerhalb der Stadt zu bleiben: Die Ringeltaube ist größer und kräftiger als jede Stadttaube und mit ihrem weißen «Ring» um den Hals immer eindeutig zu erkennen. Wenn sie mal Schwärme bildet, dann um winters in den Mittelmeerraum zu ziehen oder auf Parkrasen nach Sämereien zu suchen und nicht um Häuser, Bänke und in der Nähe befindliche Menschen großflächig zu beschmutzen. Und als ordentlicher Waldvogel baut sie ihr Nest lieber brav auf Bäumen als auf dem nächsten Fenstersims. Immer wieder nett anzusehen ist im Frühjahr der Balzflug der Männchen: mit lauten Flügelschlägen nach oben steigen, dann mit ausgebreiteten Flügeln nach unten segeln, dann wieder von vorn. Als würden sich die Damen denjenigen Täuberich aussuchen, der die schönste Wellenform fliegt.

Zugegeben, vom wahren Generalistentum sind die bisher aufgeführten Grünliebhaber noch ein gutes Stück entfernt. Aber wir sind schon auf dem richtigen Weg: Während für einen Mauersegler niemals etwas anderes als Fels und Fluginsekten in Frage kämen, ist es Amsel wie Ringeltaube immerhin egal, auf welcher Sorte Baum sie nisten, und keine von beiden muss weinen, wenn es statt Wurm mal Sonnenblumenkerne gibt oder andersherum. Trotzdem wird es langsam Zeit, die wahren Flexibilitätsmonster zu betrachten.

Alleskönner

Fangen wir klein an: Unser erstes Multitalent ist der Igel. Den kennt und liebt wohl jeder, schließlich gibt es über ihn vielerlei Sympathisches zu berichten. Eine in der heimischen Tierwelt einmalige Verteidigungsstrategie, eine drollig-plumpe Gesamterscheinung mit einem so gar nicht zur übrigen Kugeligkeit passen wollenden spitzen Schnäuzchen, und als ausgewiesener Nacktschneckenvertilger ist er natürlich der beste Freund aller Gärtner. Tatsächlich sind die kleinen Stachelritter ja auch absolut faszinierend – umso mehr, je länger man ihnen zusieht und je besser man sie kennenlernt. Wie kleine Panzer schieben sie sich ohne Rücksicht auf Verluste überall hindurch und scheren sich, ganz anders als das übliche Säugetier ihrer Größenordnung, einen Dreck um den Lärm, den sie dabei erzeugen. Ebenso wenig wie darum, wer ihnen dabei zusieht. Schließlich wissen sie genau, dass ihnen niemand beikommen kann. Wenn sie in ihrer Sturheit doch bloß endlich mal Autos als Ausnahme akzeptieren könnten … Bei solcher Selbstsicherheit kann sich die überaus feine Nase voll darauf konzentrieren, genügend Futter zu finden. Und mit seinem Speiseplan offenbart sich der Igel als Meister der Vielseitigkeit: Als habe er vergessen, dass er gemeinsam mit den Spitzmäusen zur Ordnung der Insektenfresser (mit deren spitzen Zähnen man besser keine Bekanntschaft machen sollte!) gehört, frisst unser Igel wirklich so ziemlich alles. Insekten, Regenwürmer, Schnecken, aber auch Beeren, anderes Obst und Wurzeln. Auch Tiere mit Knochen stehen auf dem Speiseplan: Als Eidechse, Schlange oder Mäusekind ist ein Igel schnell mal der Letzte, der einen lebend sieht. Selbst an Aas wird gelegentlich geknabbert, und wenn sich etwas Leckeres in erreichbaren Abfällen findet, wird auch nicht lang gefackelt. Nur eines tun Igel nicht, auch wenn unzählige Illustrationen den Eindruck erwecken mögen: Futter auf ihre Stacheln spießen, um es als Vorrat mit nach Hause zu nehmen. Wenn etwas im Stachelkleid eines Igels steckt, dann ist es ohne sein Zutun dorthin gelangt. Der kleine Dickkopf sieht nur keinen Anlass, sich mit dem Loswerden der Last Mühe zu machen oder sonderlich zu beeilen. Letzteres ist sowieso nicht so sein Ding, und in der Stadt hat der Igel auch keine Eile nötig. Er profitiert immens vom dicht gedrängten Mosaik aus Gärten, Rasen, Grün-

DER IGEL
(ERINACEUS EUROPAEUS) ...

- 🍁 alias Swinegel oder Schweinigel (aufgrund seiner schweine-
  ähnlich langen Nase)…
- 🍁 kommt als etwa zwölf Gramm leichtes Igelchen mit rund hundert weichen, weißen Stacheln (genau genommen sind das
  abgewandelte Haarstrukturen) zur Welt. Daraus werden mal
  bis zu 8000 harte Stacheln an bis zu anderthalb Kilo Igel.
- 🍁 muss bis zum Winter mindestens 500 Gramm schwer sein,
  wenn er ohne menschliche Hilfe seinen ersten Geburtstag
  erleben will.
- 🍁 hatte der Legende nach früher ein flauschiges Fell. Als er
  jedoch einer Kreuzotter deren gerade erst gefangene Maus-
  mahlzeit abnahm und sie zu allem Überfluss auch noch übel
  verspottete, rächte sich diese, indem sie ihm die Stacheln
  anfluchte.

streifen und Gebüschen, die ihm ein reiches und vielfältiges Nahrungsangebot bieten. Außerdem hat er in den wärmeren Städten viel bessere Überwinterungsbedingungen als draußen im stets kühleren Umland. Vielfältig strukturierte Städte sind ein Paradies für Igel! Deshalb können hier auch mehr von ihnen auf weniger Fläche leben als draußen in der garstigen Wildnis.

Doch gegen das, was jetzt kommt, kann auch der unbeirrbarste Igel nicht anstinken und würde es auch nie im Leben versuchen. Klar, denn wer legt sich schon gerne mit einer Wildsau an? Enorme Größe, wilde Entschlossenheit, unbändige Kraft und meistens auch noch mit ein paar Freunden und Verwandten unterwegs – das Europäische Wildschwein ist der größte, schwerste und rundum respekteinflößendste unter den ständigen Bewohnern vieler Städte. Nicht umsonst gehört es zu den Stars unter den modernen Klassikern der Stadtfauna: Ein Igel vor dem Reichstagsgebäude ist sicher süß, verschwindet allerdings optisch fast vor dem riesigen Bauwerk. Ein paar Wildschweine vor dem Reichstag aber sind schlicht und ergreifend der absolute Hammer! Wohl dem, der in diesem Moment auf den Auslöser drückt. Indes, solche Größe bringt auch Nachteile: Anders als ein Igelchen kann man sich als gestandener Keiler nicht mal eben hinter dem Buchsbaum im Vorgarten verstecken. Deshalb sind Wildschweine vielerorts auch eher in den grünen Randbereichen der Stadtgebiete zu Hause und dringen hauptsächlich nachts tiefer in den Siedlungsraum ein. Es sei denn, sie finden ein ausreichend großes Stück Wald mitten im Zentrum – so wie den Tiergarten in Berlin, das sich den Titel «Hauptstadt der Wildschweine» somit redlich verdient hat. Ähnlich wie der Igel haben sich die im Jägerlatein sogenannten Schwarzkittel hauptsächlich vom vielfältigen Nahrungsangebot überreden lassen, in den Hoheitsgebieten europäischer Städte heimisch zu werden. Und sie nutzen dieses Angebot um ein Vielfaches rigoroser aus als irgendein anderes heimisches Stadttier. Dabei hilft ihnen ihr Schweinsein: Als Mitglied dieses exklusiven Familienkreises hat man nämlich ein Allesfressergebiss, mit dem sich grundsätzlich so gut wie alles kleinkriegen lässt. Erst recht mit der Beißkraft, über die man als Wildschwein verfügt. Außerdem hat man einen unglaublich feinen Riecher, mit dem man praktisch kilometerweit alles erschnüffeln kann, selbst wenn es unter der Erde, in einem zugebundenen Müllsack oder sonst wie verborgen ist. Und eine stabile Schnauze, die sich bestens eignet, um versteckte Leckereien freizuschaufeln. Bei solch genialer Ausstattung wäre man töricht, wenn man nicht auch alles fräße. Und das tun Wildschweine. Neben dem, was sie auch im Wald finden könnten – Wurzeln, Knollen, Früchte, Pilze, kleine Tiere –, schlucken sie alles, was wir an Essbarem hinterlassen. Richtige Resteverwerter sind sie also, wobei sich das Verwerten keinesfalls auf Reste beschränkt. Auch von uns noch nicht Angebrochenes findet seinen Weg in ein Wildschwein, und ein Wildschwein findet seinen Weg zu leckerem Futter. Im Zweifelsfall schafft es ihn sich, notfalls auch mit Nachdruck. Eine Hecke, die Schwarzwild fernhält, muss erst noch erfunden werden, und ein Zaun, der diesen Zweck erfüllen soll, muss wirklich sehr stabil und noch dazu fest im Erdreich verankert sein.

Derart rücksichtslose Gewaltanwendung ist nicht jedermanns Sache. Ein anderer Star unter den tierischen Tausendsassas verlässt sich lieber auf seine sprichwörtliche Schläue. Nicht umsonst ist Meister Reineke, der Fuchs, in der Fabel das Sinnbild für List und Verschlagenheit für Cleverness und Einfallsreichtum. Diesem sagenhaften Ruf wird er in unseren Städten mehr als gerecht. Im Grunde genommen ist er ein ebensolcher Allesfresser und Abfallrecycler wie das Wildschwein, geht die Nahrungssuche aber ganz anders an. Statt mit dem Rüssel gräbt er mit den Pfoten aus, was seine Nase ihm offenbart hat. Statt den Zaun auf dem Weg zum Johannisbeerstrauch brachial niederzuwalzen, untergräbt er ihn in Rekordzeit oder findet flugs das Mäuerchen, von dem aus er ihn überspringen kann. Auch abseits der Appetitbefriedigung passt er sich seit Jahrzehnten bestmöglich an den Lebensraum Stadt an. Wozu einen tiefen, weit verzweigten Bau ausheben, wenn der Hohlraum unter der Gartenhütte es doch auch tut? Warum die Straßenseite wechseln, wenn der Kläffer bei Hausnummer sieben doch immer brav hinter seinem Zaun bleibt? Und weshalb bis abends versteckt im Gebüsch kauern, wenn man unbehelligt auf der Wiese in der Sonne fläzen kann? Füchse sind unglaublich flexibel, was ihren Speisezettel und ihr Verhalten anbetrifft. Um es mit den Worten von Alfred Brehm zu sagen: «Reineke versteht sein Handwerk zu treiben und lässt sich von kaum einem zweiten Geschöpfe übertreffen. Ihm scheint nichts unerreichbar … für ihn findet sich aus jeder Verlegenheit noch ein Ausweg.» Deswegen findet er in der Stadt neben besten Wohnlagen auch sein persönliches Schlaraffenland. Wie der Igel erreicht er hier viel höhere Populationsdichten als außerhalb – in manchen Städten gibt es bis zu fünfmal mehr Füchse als drum herum! Allein in Berlin soll es gut 1600 Fuchsreviere geben. Nahrung im Überfluss, berechenbar friedliche Menschen und dämliche Haustiere, alles easy! Ich warte wirklich auf den Tag, an dem deutsche Stadtfüchse ähnlich wie die Moskauer Straßenköter damit anfangen, regelmäßig U-Bahn zu fahren. Zumindest in Berlin könnten sie das ja die ganze Nacht hindurch.

Nach solchen Lobeshymnen auf den Rotfuchs muss eines ganz klar gesagt werden: Er ist nicht der einzige Schlaukopf im Tierreich. Er bindet uns seine Cleverness nur besonders charmant auf die Nase. Dabei steht ihm in puncto Grips manch anderer Stadtbewohner in nichts nach. So müssen selbst hartgesottene Anthropozentriker (für die der Mensch der Mittelpunkt des Universums und die Krone der Schöpfung ist) und

Mammalozentriker (analog mit Säugetieren – ich bin mir ehrlich gesagt nicht sicher, ob dieses Wort bereits existiert hat) seit längerem eingestehen, dass eine gefurchte Großhirnrinde wohl doch nicht die Grundvoraussetzung für höhere Intelligenz ist. Denn die von Vögeln ist glatt wie ein Kinderpopo, befähigt ihre Träger aber trotzdem zu erstaunlichen Geistesleistungen. Vor allem Rabenvögel und Papageien scheinen teilweise klüger und gelehriger zu sein als mancher Säuger. In Ermangelung nennenswerter Papageienvielfalt müssen wir uns hierzulande oft mit Elstern & Co. begnügen, wenn wir schlaues Federvieh bewundern wollen. Macht aber nichts, schließlich haben die genug zu bieten. Ist Ihnen, liebe Leser, während Sie an einer roten Ampel warteten, schon einmal eine Walnuss vor die Füße oder Ihr Auto gefallen? Obwohl weit und breit kein Walnussbaum zu sehen war? Falls ja, dann sind Sie Zeuge eines inzwischen klassischen Krähentricks geworden. Walnüsse sind lecker, ihre Schalen aber zu hart für einen Krähenschnabel. Wie ja auch für unsere Finger. Wo wir einen Nussknacker gebrauchen, benutzen die Krähen uns. Oder besser gesagt unsere Autos, denn die knacken jede Nuss. Man muss Letztere nur günstig platzieren und eine Ampelphase abwarten. Außerdem sollte man keinesfalls zu früh mit dem Fressen beginnen, zuerst muss die richtige Ampel rot sein. In seiner ursprünglichen Version funktionierte der Walnusstrick durch einfaches Fallenlassen aus großer Höhe, und prinzipiell funktioniert er so auch immer noch. Allerdings deutlich suboptimal: Die Nuss kann sonst wohin springen und kullern, und andere Krähen können einem leicht zuvorkommen, bis man hinuntergesegelt ist. Auf der Ampel oder am Straßenrand sitzend aber hat man seine Nuss genau im Blick, und jeder Mundräuber, der einem zuvorkommen will, begibt sich in Lebensgefahr. Wesentlich höhere Erfolgschancen! Und dazu ein echter Stadtkrähentrick. In der Wildnis machen die das nicht, oder?

Flexibel überleben!

Oft ist die Rede davon, wie Tiere in der Stadt ihr Verhalten ändern. Dass sie sich anders ernähren, anders auf Menschen oder deren Machenschaften reagieren und ganz einfach andere Dinge tun als ihre Verwandten im Wald oder auf der Wiese. Von Stadt- und Umlandpopulationen ist die Rede, die immer weniger miteinander verbindet, und mancher Kollege wittert schon die evolutionäre Aufspaltung in verschiedene Arten infolge der unterschiedlichen Verhaltensmuster. Dabei offenbart sich, wenn Wildtiere sich im urbanen Raum anders verhalten, als wir es aus den Dokumentationen über Wildtiere in der Wildnis gewöhnt sind, eigentlich nur eines: ihre Flexibilität. Ihre Fähigkeit, komplexe Verhaltensweisen in verschiedenen Arten und Weisen auszuführen und unterschiedlich miteinander zu kombinieren. Diese Variabilität im Verhalten ist quasi die Lebensversicherung einer Art: Wer sich selbst bei Bedarf auch mal ein wenig ändern kann, hat die größtmöglichen Überlebenschancen, wenn seine Umwelt sich ändert. Und die Welt ist ständig im Wandel! Nur wer Schritt halten kann, bleibt auf lange Sicht im Spiel. Das gilt in der Stadt wie auf dem Land – es ist ein ehernes Gesetz im Spiel des Lebens.

Wenn ein Fuchs in der Berliner Innenstadt nicht das Weite sucht, dann ist das natürlich eine Anpassung an sein Großstadtleben. Er wird nicht sterben, wenn er dort Menschen nah an sich heranlässt. Das hat er am Beispiel anderer Füchse und aus eigener Erfahrung gelernt. Würde er diesbezüglich irren, wäre er längst tot. So wie sein Bruder, der irrtümlicherweise angenommen hatte, dass für die Nähe zu fahrenden Autos das Gleiche gilt. Den hat es erwischt. Aber Menschen zu Fuß, ach was. Was sollten die einem schon antun, langsam wie sie sind, und sowieso die meiste Zeit mit diesen kleinen flachen Dingern in ihrer Hand beschäftigt! Vielmehr lassen sie alle naselang etwas fallen oder liegen, das man sich dann nicht selten selbst schmecken lassen kann. So ist das eben in der Stadt. Der Fuchs braucht keine Scheu zu haben, also legt er sie ab. Dass der Stadtfuchs das tut und man ihn heutzutage ziemlich leicht zu Gesicht bekommt, während man seine Cousins aus dem Wald doch eher selten und dann meist flink irgendwo verschwinden sieht, liegt aber nicht daran, dass diese unauslöschlich auf scheu programmiert wären. Vielmehr sind die Gründe einerseits, dass wir als Stadtmenschen eben wesentlich öfter die Wege von Stadtfüchsen kreuzen als die der Waldbewohner und sie dementsprechend öfter auch sehen, und andererseits, dass Füchse im Umland es vielerorts ganz einfach gewohnt sind, bejagt zu werden, und sich deshalb eher von Menschen fernhalten. Schließlich lohnt sich eine gewissen Scheu vor Zweibeinern durchaus, wenn einige von denen eine Flinte dabei haben. Das hat man als Fuchs schon von seinen Eltern gelernt. Sollte das wider Erwarten nicht der Fall gewesen sein, dann ist man womöglich schon durch eine Flinte zu Tode gekommen. Zwar keine natürliche, aber doch Selektion.

Wenn man aber als Fuchswelpe das Privileg hatte, in einem Fuchsbau auf dem Darß zur Welt zu kommen, dann verhält sich die Sache anders: Hier, in der Kernzone des Nationalparks Vorpommersche Boddenlandschaft, herrscht nämlich ein ebenso strenges Jagdverbot wie in jedem Stadtgebiet. Zweibeiner haben keine Flinten dabei und sind keine Gefahr. Die Darßer Füchse scheinen das ganz genau zu wissen, denn sie sind genau so lässig unterwegs wie ihre urbanisierten Artgenossen. Eine solch erhebliche Entspanntheit des doch ach so scheuen Meisters Reineke in nächster Nähe von Menschen kann allerdings ziemlich seltsam, ja oft geradezu surreal anmuten, wenn man sie statt am Brandenburger Tor in den urigen Kiefernwäldern oder am wildromantischen Weststrand dieser hübschesten aller deutschen Halbinseln erlebt. Deren Besuch lohnt sich angesichts der geballten Naturschönheit (Sie sollten da wirklich mal hinfahren) zu jeder Jahreszeit auch ganz ohne die Begegnung mit einem Fuchs. Wenn man sich dort genügend Zeit lässt und die Augen ein wenig offen hält, wird man aber kaum an den Darßer Füchsen vorbeikommen.

Neulich im August war ich mal wieder in bester Gesellschaft am Darßer Ort, nahe der äußersten Spitze des Darßes. Inmitten einer vielfältigen, weitgehend naturbelassenen Landschaft steht dort der backsteinerne Leuchtturm und rundherum das Natureum, eine schnuckelige und ganz der Küstenlandschaft gewidmete Außenstelle des Deutschen Meeresmuseums. Last but not least bieten sich vom hiesigen Weststrand die womöglich schönsten Sonnenuntergänge Deutschlands. Da ist es nicht weiter verwunderlich, dass der Darßer Ort von großen Ausflugskutschen aus dem nahe gelegenen Prerow angesteuert wird, die über einen nur ihnen zugedachten Fuhrweg rumpeln. Meist in dessen Sichtweite, auf langer Strecke sogar direkt daneben, verläuft ein viel genutzter Weg für Fußgänger und Fahrradfahrer. Entlang dieser Hauptverkehrsader radelten meine Begleitung und ich gemütlich zurück in Richtung Prerow, nachdem wir einen wunderbaren Darß-Nachmittag mit einem spektakulären Sonnenuntergang über den diesigen Weiten der Ostsee gekrönt hatten. Die Dämmerung senkte sich auf den Kiefernwald und ließ das satte Grün seiner Blaubeerbüsche langsam verblassen. Schon nach ein paar hundert Metern bemerkten wir aus dem Augenwinkel, dass wir nicht allein waren. Wir wurden verfolgt! Vielleicht fünfzig Meter hinter uns schnürte ein ausgewachsener Fuchs auf dem breiten Fahrweg nebenan. Wir fanden das spannend und hielten erst mal vorsichtig an. Mucksmäuschenstill, um das Tier nicht zu verschrecken. Wie sich zeigte, war diese Sorge unbegründet. Der Fuchs kam immer näher an uns heran und blieb nicht einmal stehen, als er uns sah. Stattdessen schaute er uns nur ganz kurz höchst desinteressiert an, witterte beiläufig und trabte unbeirrt weiter. Wow – ein wilder Waldfuchs in weniger als fünf Metern Entfernung, das ist schon etwas. Wir fuhren weiter und überholten den Fuchs wieder. Auch das war ihm nicht mehr als einen müden Blick zur Seite wert. Nur so aus Neugierde verlangsamten wir unsere Fahrt und ließen ihn wieder aufschließen. Ab da setzten wir unseren Weg für einige hundert Meter zu dritt nebeneinander fort – ein Fuchs und zwei Fahrradfahrer unterwegs in Richtung Prerow. Einer stur geradeaus blickend, zwei fast unablässig nach links schielend. Schließlich kamen wir an eine größere Wegkreuzung, bei der wir Radler etwa ein Drittel unseres Weges hinter uns wussten. Hier hielten wir kurz an, und der Fuchs tat es auch. Doch damit nicht genug: Nachdem er uns noch mal abschätzend gemustert hatte, machte er ganz langsam einen Bogen nach rechts und war nun direkt vor uns. Während wir uns flüsternd darüber austauschten, was das jetzt wohl zu bedeuten habe und wie sich diese Situation nun weiterentwickeln könne, ging er ganz langsam, uns immer im Blick, keine drei Meter vor uns über die Wegkreuzung. Endlich wurde auch uns klar, welches Ziel dieser seltsam menschennahe Fuchs wohl schon die ganze Zeit verfolgt hatte. Keine Jogging-Partnerschaft und auch keine tollwütige Beißerei, sondern ganz einfach die Tischgruppe, die hier stand. Denn deren nächste Umgebung untersuchte er nun, immer mal kurz aufblickend und zu uns rüberschauend, höchst akribisch. Und siehe da: Alle naselang schien dort irgendein Happen essbares Menschenzeugs nur auf ihn gewartet zu haben. Ein guter Grund, sich hierher auf den Weg zu machen.

Ein paar Wochen später waren wir wieder auf dem Darß. Nachdem wir dem für Naturfreunde absolut lohnenswerten Küstenlandschaft-Rundweg durch Erlenbruchwald, ausgedehnte Schilfbestände, lichten Dünenwald und spärlich bewachsene Dünen gefolgt waren und von einem der Aussichtstürme aus neben Reihern und Rallen auch ein paar Hirsche in einer der Brackwasserlagunen entdeckt hatten, kamen wir zum Weststrand. Der war an seinem Nordende, wo wir ihn betraten, noch relativ leer. Ein wenig weiter südlich aber, in der Umgebung des Strandübergangs beim Leuchtturm, war das Gegenteil der Fall. Zwar drängten sich die Menschen dort nicht annähernd halb so dicht aneinander wie am familienfreundlichen, weitgehend wellenfreien und viel näher an der Masse der Ferienunterkünfte gelegenen Nordstrand, aber für Weststrand-Verhältnisse war es hier geradezu brechend voll. Kaum hatten wir diesen bevölkerten Bereich erreicht, packte meine Begleitung mich am Arm und deutete auf etwas vor uns: einen Fuchs, wer hätte es gedacht. Der war nicht so groß wie der vom Fahrweg einige Wochen zuvor, eher ein halbstarkes Exemplar. Aber auch dieser Jüngling war wagemutig, sogar noch ein bisschen mehr. Absolut ungeniert lief er zwischen den Grüppchen im Sand sitzender Menschen hindurch mal hierhin, mal dorthin. Mal mit der Schnauze am Boden, mal mit erhobenem Kopf witternd suchte er sich zur Kaffeezeit ein paar Snacks zusammen, die es hier reichlich zu geben schien. Sowohl in der unmittelbaren Nachbarschaft der Handtücher, Strandmatten und Picknickdecken als auch auf den freien Sandflächen dazwischen wurde er immer wieder fündig und schlang mehrmals pro Minute irgendetwas herunter. Ich fand es schier unglaublich, wie nah er dabei manchmal an die dort ruhenden Menschen heranging. Und fast noch unglaublicher, dass kaum jemand Notiz von diesem Fuchs zu nehmen schien. Einmal schnüffelte er eine gefühlte Ewigkeit im Sand hinter zwei Jungs herum, die am Wasser standen und mit ihren Handys Fotos von der Aussicht machten. Hätte einer von ihnen einen Schritt rückwärts gemacht, er wäre auf den Fuchs getreten. Bemerkt hat ihn keiner der beiden. Ein andermal schlich er von hinten an zwei gemütlich dasitzende Leute heran, um etwas vom Randbereich ihrer Decke zu stibitzen.

Ebenfalls unbemerkt. So ging das eine Weile, bis plötzlich ein gutes Stück weiter weg ein großer Hund auftauchte. Sobald der schlaue Fuchs den bemerkte, änderte er schlagartig sein Verhalten. Zügig lief er auf direktem Weg über den Strand und hinauf auf die Dünen, hinter denen er sogleich verschwand. Ein paar Dutzend Meter weiter tauchte er nach kurzer Zeit wieder auf. Halb zwischen den Dünengräsern versteckt saß er ganz still da und ließ seinen Blick ruhig über den Strand schweifen. Als wisse er, dass dieser Riesenköter dort unten bald wieder verschwunden sein würde, schien er schon mal nach weiteren lohnenden Anlaufpunkten Ausschau zu halten.

Diese beiden Erlebnisse zeigen ganz wunderbar, dass die Stadt- und Landbewohner innerhalb ein und derselben Art mitnichten vollkommen unterschiedlich drauf sind. Denn im Prinzip war der Darßer Fuchs auf dem Fuhrweg nichts anderes als der Berliner Fuchs am Tiergarten, der meinen panamaischen Kollegen im dritten Kapitel so erfreute: ein Fuchs zur Feierabendzeit, mehr oder weniger zielstrebig unterwegs auf der Suche nach Fressbarem. Was jucken einen da die Menschen, die zufällig gleich schnell in dieselbe Richtung unterwegs sind, wenn einem doch keiner von denen hier jemals etwas Böses getan hat und schon Mama keine Angst vor ihnen hatte? Und der Halbstarke am Strand hat eigentlich dasselbe gemacht wie ein Großstadtfuchs, der gezielt Abfalleimer oder eine Liegewiese abklappert. Stadtfüchse unterscheiden sich also gar nicht grundsätzlich von ihren Verwandten im Wald. Im Gegenteil – genauso wie sie sich in ihrem Körperbau, ihren Stoffwechselfunktionen und ihrem Erbgut als Mitglieder derselben Art weitgehend gleichen, verfügen sie prinzipiell auch über das gleiche oder zumindest über ein sehr ähnliches Verhaltensrepertoire. Es sind ganz einfach die speziellen Verhältnisse im jeweiligen Lebensraum, die entscheiden, welche Tätigkeiten ein beliebiger Fuchs wann, wo und wie oft aus seiner Trickkiste hervorzieht. Oder besser gesagt: hervorziehen kann. Denn manchmal genügt ein kleiner Fehler, und das Spiel ist vorbei.

Das ist Evolution: eine Art Glücksspiel mit ewig ungewissem Ausgang. Ene, mene, muh – und raus bist du. Je besser du dich an die Verhältnisse anpasst, umso wahrscheinlicher ist es, dass du drin bleibst. Und genau das ist ja das Ziel: zumindest so lange im Spiel zu bleiben, bis der Fortbestand der eigenen genetischen Linie durch die Erzeugung eigener Nachkommen vorerst gesichert ist. Dann sind die an der Reihe, ihre Trümpfe auszuspielen. Einzellige und sonstige sehr einfach gebaute Lebewesen können sich hauptsächlich auf der zellulären Ebene den Herausforderungen des Lebens stellen. Bei ihnen entscheiden molekulare Details der chemischen Prozesse in ihren Zellen oder der Struktur von deren Außenhülle über Gedeih und Verderb. Solch verschachtelt gebaute und mit vergleichsweise viel Grips ausgestattete Tiere wie Wirbeltiere aber haben noch eine ganz andere, übergeordnete Ebene der Flexibilität für sich entdeckt: die der freien Entscheidung. Sie müssen nicht immer zwanghaft ein und dasselbe festgelegte Programm abspulen wie eine Amöbe, die zu einem Futterreiz eben auf Gedeih und

Verderb hinkriecht. Wenn sie clever genug sind, können sie einen starken Futterreiz deutlich wahrnehmen und ihm doch nicht folgen. Etwa aus Vorsicht, weil sie eine Falle vermuten – selbst wenn sie diese nicht direkt wittern können. Wie lange sie das durchhalten, bis der Hunger die Oberhand über das Misstrauen gewinnt, und was sie sich dann einfallen lassen, um so einen zwielichtigen Leckerbissen möglichst risikoarm zu erhaschen, kann von Fall zu Fall höchst verschieden sein. Einerseits hängt es von der betreffenden Tierart ab, andererseits aber auch vom Individuum. Denn gerade Säugetiere und Vögel können je nach elterlichem Erbe, Kindheitsverlauf und Lebenserfahrung sehr verschiedene, individuelle Charaktere ausbilden, die sich in einer gegebenen Situation ganz unterschiedlich verhalten. Sie sind echte Persönlichkeiten! Je nach Charakter können sie es schwerer oder leichter haben, in der quirligen Stadt zurechtzukommen. Ein gewisses Maß an Dreistigkeit hilft dabei oft, ein hohes Maß an Flexibilität immer. Denn gerade im Chaos der Städte lohnt es sich, ein Opportunist zu sein. Gute Gelegenheiten gleich welcher Art blitzschnell zu erkennen und zu ergreifen kann über Erfolg und Misserfolg entscheiden. Der Erfolg zeigt sich kurzfristig mit jedem einverleibten Snack und mittelfristig in der Zahl der eigenen Nachkommen. Denen man dann sein eigenes erfolgreiches Stadttierdasein als leuchtendes Beispiel vorlebt, sodass nach und nach immer mehr Mitglieder der eigenen Art zu immer besser angepassten Städtern werden und die unflexibleren, ewig gestrigen auf lange Sicht zahlenmäßig in den Schatten stellen und schließlich verdrängen werden. Das ist Evolution – die ständige Weiterentwicklung des Lebens mit dem einzigen Ziel, fortbestehen zu können.

Die Invasion aus Übersee

Auf den vorangegangenen Seiten war bereits die Rede davon, dass sich die Tierwelt der Städte verändert. Einerseits, weil die Städte sich verändern, und andererseits, weil mehr und mehr Arten sie als Lebensraum annehmen und besiedeln. Aber nicht nur die Tierwelt der Städte ist im ständigen Wandel begriffen, auch die der Länder und Regionen ändert sich. In der unberührten Natur geschieht das, wenn Arten sich im Zuge natürlicher Ausbreitungstendenzen, also getrieben durch eine Art innerer Wanderlust, aus eigener Kraft neue Weltgegenden erschließen. Oder wenn sie durch drastische Veränderungen ihrer angestammten Lebensräume gezwungen sind, sich neue zu suchen. Solche natürlichen Veränderungen in der Fauna eines Gebietes gehen meist langsam vonstatten und betreffen wenige Arten. Seit allerdings eine bestimmte Art (raten Sie mal) den gesamten Planeten für sich beansprucht und zumindest einige ihrer Mitglieder, oft gemeinsam mit allerlei Krimskrams, immer schneller und weiter kreuz und quer durch aller Herren Länder reisen, hat auch die Reisetätigkeit vieler anderer Arten deutlich zugenommen. Manche heften sich als Kulturfolger an unsere Fersen, andere müssen nicht einmal etwas dafür tun: Sie reisen einfach als blinde Passagiere im Gefolge des Menschen mit, oder sogar als erwünschte Begleiter mit seiner ausdrücklichen Erlaubnis. Das tun Pflanzen und Tiere verstärkt, seit der Mensch Ackerbau betreibt, dabei Besitztümer anhäuft und mit diesen Handel treibt – also erst recht seit der Zeit des Entstehens der ersten Städte.

Viele der Pflanzen und Tiere, die wir heute als heimisch bezeichnen würden, sind nach dem Ende der letzten Eiszeit, als sich unsere Natur nach dem Rückzug der Gletscher wieder in ihrer heutigen Form ausbilden konnte, nicht auf natürlichem Wege bei uns angekommen. Sie waren vor ein paar tausend Jahren noch nirgends in Deutschland zu finden Weil es hier damals noch keine nennenswerte Agrargesellschaft gab und unser dicht bewaldetes Mitteleuropa mitnichten gut an die alten Handelsrouten des Orients und des Mittelmeerraums angeschlossen war. Erst als sich das geändert hatte, kamen Pflanzen- und Tierarten, die es sich in den bereits länger florierenden landwirtschaftlichen Gesellschaften anderer Regionen in der Umgebung des Menschen bequem gemacht hatten, auch zu uns. Hier machten sie es sich, meist ebenfalls in unmittelbarer Nähe des Menschen und seiner Landwirtschaft, dann auch bequem. Solche Organismen, die quasi vom Menschen verbreitet wurden, als dessen Personen- und Güterverkehr ab dem Siegeszug des Ackerbaus immer mehr zunahm, bezeichnet man als Archäobiota. Die Pflanzen unter ihnen wären demnach Archäophyten (Singular: Archäophyt), die Tiere Archäozoen (Singular: Archäozoon). So nennt man allerdings nur diejenigen Arten, die bis 1491 bei uns auftauchten. Warum? Nun, weil 1492 ein einschneidendes Ereignis in der Weltgeschichte stattfand: Lange nach den Wikingern entdeckten endlich auch einige weniger bärbeißige Europäer Amerika. Das sprach sich schnell herum, und so waren bald ziemlich viele Europäer jenseits des Atlantiks angekommen. Dort, in der Neuen Welt, erwartete sie eine Fülle von bis dato bei uns vollkommen unbekannten Organismen – darunter so manche heute bei uns allgegenwärtige Nutzpflanze wie etwa Kartoffeln, Tomaten, Paprika, Mais und Tabak, aber auch prima verwertbare Tiere wie Kanadagänse und Waschbären. Was gefiel, durfte mit nach Europa, um dort angebaut oder gehalten zu werden. Diese Pflanzen und Tiere hatten jeweils ihre eigenen blinden Passagiere dabei, und im Gepäck des Menschen reisten unbemerkt weitere mit. Weil so ab der Entdeckung der Neuen Welt nach und nach ein Riesenhaufen biologischer Neuheiten bei uns eintraf, hat man sich in Fachkreisen darauf geeinigt, alle Ankömmlinge ab 1492 als Neobiota zu bezeichnen – Pflanzen als Neophyten, Tiere als Neozoen. Dabei spielt es keine Rolle, ob sie aus Amerika kommen, denn die Einschleppung aus den altbekannten Erdteilen ging natürlich weiter. Andersherum lässt sich aber über alle hiesigen Archäobiota sagen, dass sie nicht aus Amerika kommen.

Ob ein Tier zu den natürlicherweise heimischen (indigenen), den Archäozoen oder den Neozoen gehört, ist natürlich relativ. Es hängt einzig und allein vom Ort ab, den man betrachtet, sodass eine beliebige Tierart gleichzeitig allen drei Gruppen angehören kann – nur eben jeweils anderswo. Zwei perfekte Beispiele aus dem Kreise unserer typischen Stadttiere sind Spatz und Ratte, oder etwas präziser Haussperling (*Passer domesticus*) und Hausratte (*Rattus rattus*). Beide sind ursprünglich in Asien beheimatet und haben sich dort als indigene Tierarten schon sehr früh zu Kulturfolgern des Menschen gemausert. Zu uns kamen sie bereits vor sehr langer Zeit als Archäozoen und sind quasi seit Menschengedenken fest in Europa etabliert. Von hier aus gelangten die heute nahezu weltweit verbreiteten Arten dann auch in die Neue Welt jenseits des Atlantiks, wo sie als Neozoen auftreten.

Vielfach haftet dem Begriff Neobiota ein negativer Beigeschmack an, als wäre das Auftreten gebietsfremder Arten generell ein Problem. Dabei muss es das keineswegs sein, und es gibt viele Beispiele für Neozoen, die sich prima in das natürliche Geschehen ihrer neuen Heimat einfügen. So ist beispielsweise meines Wissens kein negativer Effekt bekannt, den die im vierten Kapitel vorgestellten Antillen-Pfeiffrösche auf dem karibischen Festland bewirken. Unter anderem wird das daran liegen, dass sie sich in Venezuela und anderen Ländern bisher mit der direkten Umgebung des Menschen begnügen, also quasi dort bleiben, wo sie angekommen sind, statt hinaus in die unberührte Natur zu drängen. So wie sie ja auch in Frankfurt brav in den Tropenhäusern bleiben. Tatsächlich werden eingeführte Tierarten meist erst dann problematisch, wenn sie sich nicht nur punktuell festsetzen, sondern von ihrem Ankunftsort aus weiterwandern.

Wenn Neuankömmlinge sich nicht nur an Ort und Stelle etablieren, sondern aus eigener Kraft weiter in ihrer neuen Heimat ausbreiten, dann bezeichnet man sie als invasive Arten. Oft fällt ihnen das dauerhafte Fußfassen und Weiterwandern relativ leicht, weil ihre angestammten Erzfeinde wie Krankheitserreger, Raubtiere und Konkurrenten nicht mit eingewandert sind. Außerdem ist die Natur, die sie vorfinden, nicht auf sie vorbereitet und hat oft nicht genügend Zeit, um den richtigen Umgang mit ihnen zu lernen. Dann können invasive Neozoen den Naturhaushalt mancherorts gehörig durcheinanderbringen und nachhaltig verändern, bis hin zur Auslöschung von ursprünglich heimischen Arten. Genau das machen «unsere» Haus- und Wanderratten an vielen Orten, an die sie ohne uns nie gelangt wären – gerade auf Inseln, deren Tierwelt solch umtriebige Intelligenzbestien bis dahin nicht kannte. Und von den desaströsen Auswirkungen, die europäische Kaninchen, Katzen und Füchse beispielsweise auf die Beuteltierfauna Australiens hatten und weiterhin haben, hat wohl jeder schon einmal gehört.

Auch Mitteleuropa ist voll von Neozoen. Auch von solchen, die ihr Invasionspotenzial voll ausnutzen und sich langsam, aber stetig und unaufhaltsam ausbreiten. Dabei dringen sie gerne auch in unsere Städte ein, wo einige von ihnen mittlerweile längst ebenso zum Stadtbild gehören wie Tauben und Krähen. Oft sind das solche, deren Siegeszug innerhalb der Städte begann, vor allem wenn es sich um Gefangenschaftsflüchtlinge handelt. Und gerade unter den Ausbrechern findet sich so mancher, den viele von uns zumindest rein optisch durchaus als Bereicherung betrachten dürften. So wie der Halsbandsittich. Dieser wunderhübsche grüne Papagei ist eigentlich mit mehreren Unterarten in Asien und Afrika zu Hause, kam aber wohl schon vor über 2000 Jahren, angeblich mit Alexander dem Großen, nach Griechenland. Inzwischen gibt es freilebende Kolonien auch in den USA, Japan und verschiedenen Ländern Mitteleuropas. In Deutschland begann sein Siegeszug Ende der sechziger Jahre im schönen Köln, wo die frei im Zoo lebenden Tiere schnell das übrige Stadtgebiet für sich entdeckten. Von dort aus besiedelten die Sittiche Stadt auf Stadt entlang des Rheins. Heute lebt zwischen dem Ruhrgebiet und dem Rhein-Neckar-Raum eine unbekannte Zahl der grünen Schreihälse, die an die Zehntausend gehen dürfte. Während die Vögel tagsüber meist in kleineren Trupps auf der Suche nach Früchten unterwegs sind, finden sich abends an den gemeinschaftlichen Schlafplätzen, die immer in grünen Stadtbereichen liegen, sämtliche Tiere der Umgebung ein. Das können in Ludwigshafen, Wiesbaden oder Köln weit über tausend Schnäbel sein!

DER HALSBANDSITTICH
(PSITTACULA KRAMERI) ...

- alias Kleiner Alexandersittich ist der am weitesten verbreitete Papagei der Welt und bisher der einzige, der auch in Deutschland brütet.
- kann erwiesenermaßen ein halbes Jahrhundert alt werden. Womöglich liegt das an seiner vegetarischen Ernährung?
- brütet in Baumhöhlen, bei uns bevorzugt in Platanen. In Indien baut er seine Nester aber auch schon in Gebäudenischen.

Ein anderer invasiver Vogel ist zwar weniger zahlreich, aber ähnlich auffällig und hat es in Deutschland auch fernab des Rheins schon weit gebracht. Die Nilgans kommt, wie ihr Name andeutet, ursprünglich aus Afrika. Vor Jahrhunderten bewohnte sie auch den Balkan, wurde dort aber ausgerottet. Inzwischen holt sie sich Europa wieder, allerdings von Norden her. Während sie in England in kleineren Stückzahlen schon seit zwei Jahrhunderten frei lebt, begann ihr Siegeszug auf dem Kontinent erst in den 1970er Jahren. Wann und wo genau damals welcher Niederländer einige Tiere auf freien Fuß setzte oder entfleuchen ließ, ist nicht ganz klar. Fest steht, dass sie sich zuerst entlang des Rheins und später auch anderen Flüssen folgend Richtung Süden und Osten ausbreitete. Heute ist sie in allen Bundesländern zu Hause und wird in absehbarer Zeit flächendeckend in Deutschland vorkommen – überall dort, wo sie eine Wiese zum Graszupfen und ein Gewässer vorfindet, besonders gerne in Städten, wo Menschen sie obendrein mit Brot versorgen. Dass sie bei der Wahl ihres Brutplatzes wenig wählerisch ist und im Verhalten gegenüber anderen Vögeln ziemlich dominant daherkommt, sind zwei wichtige Gründe für ihre überaus gelungene Selbstintegration.

Nilgans und Halsbandsittich haben ihre Karriere bei uns innerhalb von Städten aus der Gefangenschaft heraus begonnen. Von einer Landflucht der Wildtiere kann bei ihnen also streng genommen keine Rede sein, eher schon von einer Käfigflucht mit anschließender Rückverwilderung. Der Dritte im Bunde unserer invasiven Neozoen hingegen hat sich so vorbildlich an den Titel dieses Buches gehalten, dass sein Konterfei diesen sogar zieren darf: der Waschbär! Dessen Siegeszug durch Deutschland begann in den heimischen Wäldern und setzte sich in die Städte hinein fort. Am Anfang stand die Absicht einiger Jäger, auch mal ein anderes Raubtier als immer nur Marder und Fuchs erlegen zu können. Besonders in den Fingern juckte

DIE NILGANS *(ALOPOCHEN AEGYPTIACUS)* ...

* wurde bereits im Altertum, unter anderem bei Griechen und Römern, als Ziervogel gehalten. An ihrem ansprechenden Äußeren mit dem auffälligen rotbraunen Augenfleck ist sie immer eindeutig zu erkennen.

* verkörperte für die alten Ägypter eine Gottheit namens Gengen Wer, den «Großen Gackerer». Dieser galt als Allherr, mit dem das Sein begann: Schließlich startete er die Schöpfung - wahlweise durch sein Gackern in der Urfinsternis oder das per Selbstbegattung entstandene Weltene .

* legt ihre fünf bis zehn weißlichen Eier in ein mit Daunen ausgepolstertes Nest. Wo dieses sich befindet, scheint nicht so wichtig zu sein: Boden, Bäume, Höhlen und Häuser werden genutzt, gerne auch bestehende Nester großer Vögel in Besitz genommen.

* ist das wohl einzige Neozoon aus tropisch-warmen Gefilden, das Deutschland von Norden her kommend erobert hat.

* soll Gerüchten zufolge einen ähnlich schmackhaften Braten liefern wie andere Gänse auch.

es Waidmännern am Edersee im waldreichen hessischen Norden. Hier kam 1934 jemand auf die unglaublich tolle Idee, vier Exemplare freizulassen. In den folgenden Jahrzehnten frischten Ausbrecher aus Pelztierfarmen und laufengelassene US-Army-Maskottchen den mitteleuropäischen Waschbär-Genpool auf. Das wäre gar nicht nötig gewesen, denn Waschbären sind so verdammt clever und geschickt, dass sie vermutlich selbst nach jahrzehntelanger Inzucht immer noch absolut unschlagbar wären. Was Umtriebigkeit, Vielseitigkeit, Intelligenz und Beharrlichkeit anbetrifft, steht der ursprünglich aus Amerika stammende Kleinbär unserem Fuchs in nichts nach. Im Gegenteil, gerade in puncto Geschick und Fingerfertigkeit übertrifft er ihn sogar! Das verdankt er vor allem seinen Händen. Die sind keine Pfoten wie bei Hunden und Katzen, sondern verdienen es schon eher, als Hände bezeichnet zu werden: Auch wenn ihr Daumen den anderen Fingern nicht wirklich gegenübergestellt werden kann wie der unsere, ist eine Waschbärhand ein nahezu perfektes Greifwerkzeug. Deswegen und mit Hilfe ihrer starken Krallen können Waschbären auch sehr gut klettern. Vielleicht nicht immer flink, aber sie kommen so gut wie überall hoch und wieder runter. Das ist in ihrer eigentlichen Heimat, dem Wald, ebenso praktisch wie in der Wahlheimat Stadt. Die sagt ihnen vor allem deshalb so ungemein zu, weil sie hier neben massenhaften Möglichkeiten zur kostenlosen Untermiete eben auch das schon öfter erwähnte Überangebot an Nahrung vorfinden. Beides ist für sie in deutschen Städten schon fast zu leicht zu erreichen, weil der Faktor Mensch hierzulande erst so langsam lernt, wie man einem Waschbären etwas verwehren kann. Neben den heimischen Tieren, deren Nester und Wohnhöhlen er plündert, sind wir also auch eine heimische Art, die dem Waschbären reichlich unvorbereitet gegenübersteht und sich oft dementsprechend naiv verhält. Doch dazu später mehr.

Inzwischen haben wir uns einige Kapitel lang mit Tieren in der Stadt beschäftigt. Mit alten und neuen Nachbarn, ihren Besonderheiten und der Frage, was sie in unsere urbanen Zentren zieht. Dabei waren wir aus Platz- und Zeitgründen ziemlich selektiv, und dabei wiederum waren wir sehr ungerecht! Wir haben uns nämlich vor allem Vertreter der groß werdenden, uns vertrauten und meist auch sympathischen Tiergruppen herausgepickt, namentlich Vögel und Säugetiere. Dabei stellen die nicht einmal ein Prozent der weltweit bekannten tierischen Artenvielfalt! Das Gros der Tiere auf dem Planeten Erde ist kleiner, unauffälliger und zumindest oberflächlich betrachtet weit weniger kuschelig. Als Biologe finde ich, dass auch die zu ihrem Recht kommen sollten. Deshalb gehört das nächste Kapitel mal nicht Tieren mit vielen Wirbeln und Rippen, sondern solchen mit vielen Beinen.

DAS GROSSE KRABBELN

Wo sind Sie gerade, liebe Leser, während Sie diese Zeilen lesen? Zu Hause, im Wohnzimmer oder im Bett? In einem Gebäude abseits Ihrer Wohnräume, möglicherweise einem Wartezimmer, Büro oder Café? Oder vielleicht irgendwo draußen, im Garten, im Park oder auf einem Bahnsteig? Ganz egal, wo Sie gerade sind: Sie sind nicht allein. Auch wenn Sie gerade keine Menschenseele und auch kein lustiges buntes Tier sehen, Gesellschaft haben Sie trotzdem. Und damit meine ich nicht die Myriaden von Bakterien, die rund um Sie her, auf und in Ihnen und sowieso überall ihre für uns meist unsichtbare Existenz fristen. Nein, die Rede ist von vielzelliger Gesellschaft. Ob es Ihnen passt oder nicht, in genau diesem Moment sind Sie von Tausenden und Abertausenden richtiger Tiere umgeben. Von mehr oder weniger kleinen Krabbeltieren mit sechs oder mehr Beinen. Für die hat der Spruch «harte Schale, weicher Kern» volle Gültigkeit, denn innen sind sie ziemlich flüssig. Sie würden auslaufen, wenn sie nicht ihren festen, relativ starren Außenpanzer hätten, der aus einem der bedeutsamsten Materialien der Natur besteht: Chitin. Damit sie sich mit diesem sogenannten Exoskelett noch bewegen können, ist es ähnlich wie eine Ritterrüstung aus gelenkig verbundenen Einzelgliedern zusammengesetzt. Auch und gerade an Beinen und Füßen. Deswegen nennt man sie Gliederfüßer. Ihnen gehört dieses Kapitel.

Das haben sie sich auch redlich verdient, wenn man mal ganz ehrlich ist. Denn nach den Bakterien (ohne die natürlich absolut gar nichts läuft) sind Gliederfüßer die heimlichen Herrscher der Erde. Meistens eher klein, dafür aber gerne in großen Stückzahlen und unglaublich vielfältig mischen sie ständig überall mit. Und das schon lange: Die ältesten Fossilien, die sich definitiv Arthropoden (der Fachausdruck für Gliederfüßer) zuordnen lassen, sind rund 540 Millionen Jahre alt. Da er sich damals schon recht vielfältig verzweigt hatte, muss ihr Ast am Baum des Lebens zu jener Zeit schon ein Weilchen existiert haben, wie auch noch ältere versteinerte Trippelspuren bezeugen. Seitdem haben sich einige Hauptgruppen unter den Arthropoden herausgebildet, die sich anhand der Zahl und Gestalt der Beine und Mundwerkzeuge sowie anderer Spezialitäten im Körperbau prima unterscheiden lassen. Wer sechs Beine hat, der ist ein Insekt. Hat man zwei mehr, also acht Laufbeine, dann ist man wohl ein Spinnentier. Als ordentliches Krebstier verfügt man typischerweise noch über mindestens ein Paar mehr, und auf alle Fälle atmet man mit Kiemen. Schon ab acht Beinpaaren darf man sich übrigens, sofern nur der Kopf und das letzte Körpersegment keine tragen, als Myriapode, also Sehrvielfüßer, bezeichnen. Diese besser als Hundert- oder Tausendfüßler bekannten Tierchen, von denen wir im übernächsten Kapitel noch ein ganz besonderes näher kennenlernen werden, lassen sich ja bekanntlich fast überall draußen unter allen möglichen Dingen finden. Aber Krebse in der Stadt? Klar, und wie! Nicht nur in unseren Flüssen als Floh- und Edelkrebse oder Wollhandkrabben, sondern auch an Land. Überall draußen und selbst in unseren Häusern hält sich ein ganz besonderer Schlag Krebse am liebsten gut vor Licht und Trockenheit versteckt: die Asseln. Kellerasseln und Co. sind kleine, sympathische und vollkommen unproblematische Abfallverwerter, die keiner Fliege etwas zuleide tun. Anders als die achtbeinigen Gliederfüßer, denen der letzte Abschnitt dieses Kapitels gewidmet ist. Jetzt widmen wir uns aber erst mal der beinärmsten und zugleich artenreichsten Gruppe der Arthropoden, den Insekten.

Das Imperium der Sechsbeiner

Insekten sind schlicht der Wahnsinn – von den etwa 1,5 Millionen bekannten heute lebenden Tierarten stellen sie gute zwei Drittel! Oft unauffällig, weil klein, nehmen sie verschiedenste Aufgaben in der Natur wahr: vom Verbündeten der Pflanzen bis zum Pflanzenfresser, vom Pflanzenfresserfresser bis zum Verwerter toter Tierkörper, vom Weidegänger über den Jäger und Sammler bis hin zum Landwirt ist wirklich alles dabei. So unglaublich vielfältig wie die Arten, Farben, Formen und Lebensentwürfe der Insekten, so unterschiedlich sind auch die Gründe, derentwegen sie in unsere Städte ziehen. Für sehr viele von ihnen ist das die Natur, die sie hier vorfinden. Vor allem eine abwechslungsreiche Bepflanzung zieht Sechsbeiner ebenso magisch wie unweigerlich an. Den Bestäubern, Pflanzensaugern und Salatknabberern folgen dann andere, um sie zu fressen, und denen wiederum andere, um hinter ihnen aufzuräumen. Und wieder andere, um diese zu fressen. Uff. Ernsthaft über Stadtinsekten zu schreiben würde bedeuten, dass man eine ganze Bibliothek zu füllen hätte. Das kann ich an dieser Stelle leider nicht tun. Deswegen, und weil wir uns in späteren Kapiteln noch anderen Vertretern der geflügelten Krabbelfraktion zuwenden werden, hier nur ein paar wenige ausgewählte Beispiele.

Überall in unseren Städten fliegt der Tod umher. Ein gefräßiges Raubtier, dessen beißend-kauende Mundwerkzeuge seinen Opfern keine Chance lassen. Eines nach dem anderen wird gepackt, zerbissen und verschlungen. Schon im Kindesalter kennt seine Gier keine Grenzen – Tausende müssen brutal ihr Leben lassen, bevor ihr Feind überhaupt erwachsen wird. Und wenn der nichts anderes findet, wird er eben zum Kannibalen. Welch fürchterliche Kreatur! Dieses Monster ist der Marienkäfer. Klein, kugelig, allseits bekannt und beliebt, aber für Blattläuse und andere Pflanzensauger ganz einfach der Tod. Auch deshalb lieben wir Menschen ihn: weil er sich von garstigen Schädlingen ernährt und deshalb als Nützling gefeiert wird. Und eben weil er unverwechselbar und hübsch bunt daherkommt. Deshalb hat man ihm allein im deutschsprachigen Raum weit über tausend lokale und regionale Namen gegeben. Himmelsmietzchen, Muhküfchen und Mutschekiebchen sind nur drei nette Beispiele. Ebenso verbreitet wie die Zuneigung zu Marienkäfern ist die Auffassung, dass sich anhand der Zahl ihrer Punkte ihr Alter ablesen ließe. Leider ganz falsch! Üblicherweise werden Marienkäfer nur ein Jahr alt – die Anzahl der Punkte auf ihren Flügeldecken verrät ihre Zugehörigkeit zu einer der fast hundert in Deutschland vorkommenden Arten. Wenn überhaupt, denn auch innerhalb einer Art sind die kleinen Kügelchen wunderbar variabel, was denjenigen, der sie erkennen und bestimmen muss, regelrecht in den Wahnsinn treiben kann. Was der Marienkäfer allerdings auch mit ganz normalen Menschen schafft, wenn er sich massenhaft vermehrt. Das passiert alle paar Jahre mal, und dann können es unglaubliche Mengen von roten Halbkugeln sein, die sich gerne an warmen Wänden ansammeln. Wie etwa 2009 in Rostock und anderen Städten an der Ostsee. Wer nicht selbst zum Massenlandeplatz werden will, sollte möglichst unauffällig gefärbte Kleidung tragen, riet damals das Rostocker Gesundheitsamt. Und fügte hinzu, dass selbst 25 Millionen Marienkäfer auf fünf Kilometern Strand keine Gefahr für die Volksgesundheit bedeuten. Stimmt genau.

Ein weiterer Käfer, der mitunter massenhaft in deutschen Städten auftaucht, ist der Gerippte Brachkäfer. Seine anderen deutschen Namen, Sonnwendkäfer und Junikäfer, verraten auch, wann er das tut: typischerweise um die Zeit der Sommersonnenwende herum, also im Juni. Dann kann es in der Nähe mancher Gebüsche und Bäume auch mitten in der Großstadt ab dem Einsetzen der Dämmerung nur so wimmeln von den recht großformatigen, unauffällig braunen Verwandten des Maikäfers. Sinn und Zweck dieser Zusammenrottungen ist wie so oft die Fortpflanzung. Die Junikäfer befinden sich im zeitlich abgestimmten Hochzeitsflug, damit die Weibchen möglichst Anfang Juli ihre Eier in die Erde ablegen können. Dort verbringen ihre Engerlinge mindestens zwei Jahre mit Futtern, bevor sie sich verpuppen und eines Sommers selber heiraten. Wer beim Schwärmen der Junikäfer zugegen ist, kann sich oft des Eindrucks nicht erwehren, schon elegantere Flieger gesehen zu haben. Tatsächlich benehmen sich die dicken Brummer ein wenig, als seien sie betrunken. Andauernd kollidieren sie hörbar mit irgendwelchen Gegenständen, um sich dann mühsam zu berappeln und es aufs Neue mit der Fliegerei zu versuchen. Menschen, die gerade in der Stadt recht häufig im Weg stehen und dann eben angeflogen werden, fühlen sich dann schnell gestört. Oder gar verunsichert, wenn sie den Junikäfer nicht persönlich kennen. Doch sie können beruhigt sein: Solange sie weder Blatt noch Blüte noch Käfer sind, bleibt es bei einer kleinen Rempelei.

Eine andere Gruppe fliegender Insekten hingegen löst regelmäßig Panik aus. Allein ihr Anblick genügt, damit viele Mitmenschen in akute Angstzustände verfallen, Stimme und Hände heben und ihres Lebens nicht mehr froh werden, bis die vermeintliche Gefahr vorübergeflogen ist. Die Rede ist natürlich von Bienen und Wespen, diesen gelbschwarzen Stechern, die am allerliebsten um solche Menschen herumzuschwirren scheinen, denen sie damit richtig Angst einjagen. Dabei ist, wie so oft, erstens alles halb so schlimm, und zweitens muss man nur ein wenig genauer hinsehen, um zu bemerken, dass nicht alle «gelb-schwarz» gestreiften Fluginsekten gleich sind. Ganz im Gegenteil! Auch wenn nur wenige Menschen die vielen einzelnen Spezies innerhalb der jeweiligen Verwandtschaft sicher auseinanderhalten können, so sollte doch jeder Mensch mit

Wespe zerpflückt Honigbiene

einem halbwegs ungetrübten Sehvermögen in der Lage sein, die drei hauptsächlichen Gruppen von hell und dunkel quergestreiften Insekten, die bei uns herumfliegen, zu unterscheiden. Da wären einerseits die Bienen. Wohl jeder von uns hat schon mal eine Honigbiene gesehen und kennt somit das Merkmal aller Bienen schlechthin: den pelzigen, geradezu flauschigen Hinterleib, der mehr oder weniger deutlich vom Vorderkörper abgesetzt ist. Mehr bei der Honigbiene und vielen Wildbienen, wesentlich weniger bei den Hummeln, die auch in die Familie der Bienen gehören. Sie sind auch das Paradebeispiel für den Sanftmut, den viele Mitglieder dieser Familie an den Tag legen. Mehr noch als eine Honigbiene kann man eine Hummel bedenkenlos auf sich herumkrabbeln lassen, ja in der Regel sogar ein auf den Rücken gefallenes Exemplar vorsichtig aufheben, ohne gestochen zu werden.

Das würde ich bei einer Wespe lieber nicht ausprobieren. Zum Glück besteht bei genauem Hinsehen keine Gefahr, eine Wespe mit einer Biene zu verwechseln. Denn Wespen sind wesentlich weniger pelzig, bei den allermeisten macht der Chitinpanzer einen glatten und eher harten Eindruck. Insgesamt kommen Wespen in der Regel schlanker und schnittiger daher als Bienen, schmalere Flügel eingeschlossen. Außerdem haben Wespen die sprichwörtliche Wespentaille: Ihr Vorder- und Hinterkörper scheinen durch die dazwischenliegende tiefe Einschnürung fast vollständig voneinander getrennt. Das erhöht die Beweglichkeit des Hinterkörpers und damit die des Stachels. Den kann eine Wespe, anders als unsere Honigbienen, übrigens immer wieder einsetzen. Wenn Sie, liebe Leser, also das nächste Mal von so etwas Ähnlichem wie einer Biene gestochen werden und das Tier fliegt putzmunter davon, dann können Sie ganz sicher sein, dass es eine Wespe war. Fast ebenso sicher können Sie sein, wenn eine vermeintliche Biene im Sommer von Ihrem Tellerchen schnabuliert. Auch das sind fast immer Wespen, und auch hier helfen hektische Bewegungen höchstens, das Insekt in Alarmbereitschaft zu versetzen, also Ruhe bewahren.

Die dritte Gruppe bienenähnlicher Insekten, die bei uns herumschwirrt, kann überhaupt nicht stechen. Selbst wenn sie uns wehtun wollten, gelingen könnte es ihnen in keinster Weise. Und sie wollen es ja auch gar nicht. Vielmehr sind sie sehr darauf bedacht, Ärger zu vermeiden. Indem sie sich gefährlich aussehen lassen, eben wie eine stachelbewehrte Biene oder Wespe.

Schwebfliege

Es sind die Schwebfliegen. Die kommen in den verschiedensten Ausführungen daher, von klein bis ziemlich groß, von nackt bis ziemlich pelzig, von dunkelgelb-hellbraun bis wirklich schwarzgelb gestreift. Man erkennt sie sofort an ihren riesigen Augen, zwischen denen kein Platz für den restlichen Kopf mehr übrig zu sein scheint. Vor allem aber erkennt man sie an ihrem typischen Flugverhalten, dem sie auch ihren Namen verdanken: Schwebfliegen schweben scheinbar ziemlich gerne, jedenfalls können sie es sehr gut und tun es ständig. Wie kleine Hubschrauber, nur wesentlich abrupter, bleiben sie in der Luft stehen, verändern ihre Position in eine beliebige Richtung, bleiben wieder stehen und so weiter. Ganz ohne eine Gefahr für uns darzustellen. Was ja auch für die meisten anderen heimischen Insekten gilt. Wer sich für die im Freien lebende Krabbelfraktion trotzdem noch nicht so recht erwärmen kann, der sollte unbedingt mal eine Folge der Animationsserie «Minuscule – la vie privée des insectes» anschauen. Da lernt man die menschliche Seite der Sechsbeiner kennen. Überaus amüsant, auch wenn man weiß, dass ein Strickleiternervensystem vielleicht nicht ganz so viel Charakter und Emotionalität ermöglicht, wie es die persönlichen Dramen der animierten Hauptdarsteller suggerieren.

Wesentlich weniger plakativ kommt die Insektenfauna der Häuser daher. Deren Mitglieder schätzen die gleichbleibenden Bedingungen, die sie in unseren Wohnstätten vorfinden und die selbst tropischen Arten ein angenehmes Leben ermöglichen. Nicht wenige von ihnen waren traditionell Höhlenbewohner und sind es natürlich auch heute noch, wo sie in unseren selbstgebauten Wohnhöhlen rund um den Globus ein Zuhause finden. Viele der Insekten in unseren Häusern gehören außerdem zu den wirklich alten Kulturfolgern des Menschen. Die meisten von ihnen sind aus gutem Grund ziemlich scheu und lassen sich nur ungern sehen. Zumindest einer lässt aber vielerorts von sich hören.

Heimchen

Vor einiger Zeit verbrachte ich ein Winterwochenende in einem adretten Vier-Sterne-Hotel an der deutschen Küste. Ausspannen, spazieren gehen und sich dazwischen dank Halbpension an einem sagenhaften Buffet erquicken. Letzteres geschah in einem tadellos sauberen und gleichzeitig sehr gemütlichen Speisesaal. Dort war es vor allem abends regelrecht romantisch, denn beim Dinieren hörte man regelmäßig eine Grille zirpen. Ich kannte dieses Zirpen genau, weil sich Kisten voll seiner Erzeuger jahrelang im selben Raum wie mein Doktorandenschreibtisch befunden hatten: *Acheta domesticus*, das Gemeine Heimchen. Oder einfach nur Heimchen, oder gerne auch Hausgrille. Also diejenige Grillenart, die wohl die erfolgreichste Städterin der ganzen Verwandtschaft darstellt. Weil sie in Häusern gute, angenehm temperierte Lebensräume und in menschlichen Vorräten und Abfällen reichlich Nahrung findet, also klassischerweise als typischer Vorratsschädling bezeichnet wird. Ihre Anwesenheit lässt sich im Gegensatz zu der anderer sechsbeiniger Mitesser meist leicht feststellen, weil ihre

117

Männchen eben lautstark zirpen. Das hat ihr auch ihren wissenschaftlichen Namen eingetragen, der sich ziemlich wörtlich mit «häuslicher Sänger» übersetzen lässt. Auch bei uns im sauberen Deutschland ist Heimchengesang gar nicht so selten – achten Sie doch mal darauf! Man kann ihn vor allem sommers vielerorts hören.

Prinzipiell finde ich das auch nicht schlimm. Das Heimchen in der Hotelküche stört mich nicht wirklich. Ich finde es eher tatsächlich ein wenig romantisch. Auf jeden Fall freue ich mich über das kleine bisschen Natur, das es darstellt. Uns Menschen zum Trotz. Außerdem bringt mich der Gedanke zum Schmunzeln, wie viele der menschlichen Anwesenden das romantische Zirpen ebenso gut verstehen und eindeutig zuordnen können wie ich. Und wie viele dem Hotel womöglich auf einschlägigen Websites eine absolut vernichtende Bewertung geben würden, wenn sie nur eine Ahnung hätten, wer sie da in romantische Stimmung versetzt.

Keine Frage, Insekten sind die heimlichen Herrscher der Erde. Sowohl was die Zahl verschiedener Arten anbelangt als auch hinsichtlich der Menge einzelner Tiere. Wenn sie könnten, wie sie wollten, dann würden sie wahrscheinlich die ganze Welt bedecken, meterhoch. Dass das nicht so ist, verdanken wir ihren Fressfeinden. Derer gibt es sehr viele, was angesichts der großen Vielfalt der Insekten ja auch nur verständlich ist. Hinz und Kunz labt sich an Sechsbeinern, von verschlagenen Sechsbeinern selbst bis hin zu fluffigen Vögeln und Säugetieren. Einen ganz besonderen Clan von Gegenspielern haben die Insekten in einer nahe mit ihnen verwandten Gruppe von Tieren gefunden. Diese sind wie die Insekten Gliederfüßer, verfügen aber noch über ein weiteres Beinpaar. Damit können sie sich prinzipiell absolut lautlos fortbewegen und sind dabei extrem geländegängig. Mit ihren klauenförmigen Mundwerkzeugen, den Cheliceren, spritzen sie Gift in ihre Beute, die dadurch schon mal vorverdaut wird und alsbald in verflüssigter Form aufgesogen werden kann. Ganz klar, die Rede ist von Spinnentieren. Da Skorpione und ähnlich exotische Spinnentiergruppen wie Geißelskorpione und Geißelspinnen bei uns natürlicherweise (noch) nicht vorkommen, sind es vor allem Weberknechte und echte Spinnen, vor denen sich heimische Stadtinsekten fürchten müssen.

Die Spinne in der Yuccapalme

Liebe Leser, erinnern Sie sich noch an das hessische Komiker-Duo Badesalz? Für uns in der Umgebung von Frankfurt war deren CD «Nicht ohne meinen Pappa» 1991 eine Offenbarung und Pflicht zugleich. Darauf erfreuten uns die beiden Schlappmäuler unter anderem mit einem herrlichen Dialog über die sprichwörtliche Spinne in der Yuccapalme, die sich sowohl ein Nachbar des einen als auch der Freund eines Bekannten des anderen schon unbemerkt ins Haus geholt hatten. Sie glauben, dass die Hessen uns damals bloß veräbbelt haben? Weit gefehlt, denn ebenso wie kleine Frösche reisen auch Spinnen in Pflanzen-, Obst- und Materiallieferungen aus tropischen Gefilden aus. Die sich daraufhin ergebenden Begegnungen der achtbeinigen Art finden hierzulande fast ausschließlich in Großstädten statt. Denn hier sind die Verkehrsknotenpunkte und damit auch die Umschlagplätze für eine Vielzahl von Waren, die aus aller Herren Länder zu uns kommen. Deshalb kommt es hier zu einer deutlichen Häufung versehentlicher Einschleppungen, ob mit Bananen oder was auch immer.

Vor einigen Jahren stattete ich dem Arachnologen (so die fachlich korrekte Bezeichnung für einen Spinnenforscher) des Senckenberg Forschungsinstitutes einen spontanen Besuch ab. Dr. Peter Jäger ist ein herrlich entspannter und unglaublich umtriebiger Zeitgenosse: Wenn er nicht gerade durch südostasiatische Tropfsteinhöhlen kraxelt und dabei die größte Spinne der Welt oder ähnliche Kuriositäten aufspürt, wirbt er für nachhaltigen Ökotourismus, begründet die inzwischen sechzehnjährige Tradition der «Spinne des Jahres», schreibt an seinem sehr lesenswerten Arachno-Blog (www.senckenberg.de/root/index.php?page_id=5201&id=29) oder untersucht die in Alkohol eingelegten Spinnentiere von der letzten Forschungsreise, um in dem Wust der für uns normale Menschen eigentlich alle gleich aussehenden Achtbeiner immer wieder neue, der Wissenschaft noch nicht bekannte Arten zu entdecken. Die werden dann nach allen Regeln der Kunst wissenschaftlich beschrieben und benannt, wobei Peter Jäger notgedrungen (er findet einfach sehr viele neue Arten) zu den einfallsreicheren Namensgebern unserer Zunft gehört: Er hat schon Spinnenarten nach Nina Hagen, Udo Lindenberg, David Bowie und dem Hausmeister unseres Institutes benannt, und eine trägt als Artnamen den Thai-Ausdruck für «zu viele», um auf die menschliche Überbevölkerung hinzuweisen. Mit neuen Arten hatte mein Besuch aber nichts zu tun. Ich wollte von ihm lediglich die Namen einiger Spinnen, die ich kurz zuvor während einer Expedition auf einer tropischen Insel fotografiert hatte, erfahren. Da besagte Insel sehr isoliert ist und weitab seiner südostasiatischen Schwerpunktländer liegt, hatte ich keine großen Erwartungen (der Mann kann ja nicht jede der zigtausend aus aller Herren Länder bekannten Spinnenarten kennen) und wäre mit der Nennung einer groben Gruppenzugehörigkeit vollkommen zufrieden gewesen. Aber gleich beim ersten Foto gab er mir fast etwas gelangweilt den exakten wissenschaftlichen Artnamen: *Heteropoda venatoria*, eine Riesenkrabbenspinne. Die stammt zwar ursprünglich aus Südostasien, ist aber mit dem Menschen um die ganze Welt gereist und hat sich überall, wo die Temperaturen tropisch genug sind, erfolgreich niedergelassen. Inzwischen sitzt die beeindru-

ckend groß werdende Spinne rund um den Tropengürtel – der Biologe spricht von einer pantropischen Verbreitung – an Hauswänden und unter Dächern. Und sie hat ihre Reiselust nicht verloren: In Obstkisten, Holzstapeln und Ähnlichem kommt sie regelmäßig in aller Welt herum und dabei auch nach Deutschland. Wenn Sie entdeckt wird, ist die Aufregung groß, und nicht selten wird ein Experte zur Identifizierung des bestenfalls unversehrt eingefangenen Tieres bestellt. So kam es, dass unser Spinnenforscher kurz im Nebenraum verschwand und gleich darauf mit einer Plastikbox wiederkam. In der befand sich ein lebendes Prachtexemplar, das er am Vortag vom Frankfurter Flughafen bekommen hatte.

Eben dort hatte nur wenige Wochen zuvor eine andere Spinne für helle Aufregung gesorgt und Schlagzeilen gemacht: in einer Supermarktfiliale am Flughafen war zwischen den Bananen aus Lateinamerika eine Bananenspinne aufgetaucht. Die hat ihren Namen eben daher, dass sie das öfters mal tut. Während die oben vorgestellte Riesenkrabbenspinne (die im deutschen

Sprachgebrauch nicht selten auch als Bananenspinne bezeichnet wird) zwar durch ihre Größe beeindruckt und sicher auch schmerzhaft zubeißen kann, gehören die «echten» Bananenspinnen der Gattung *Phoneutria* zu den wenigen Spinnen dieser Welt, die wirklich mit Vorsicht zu genießen sind. Unter ihnen gibt es diverse Arten mit einem auch für uns Menschen nicht ungefährlichen Gift, das in Einzelfällen sogar zum Tod führen kann. Also: Augen auf beim Bananenkauf!

Aber bevor Sie jetzt in Schnappatmung verfallen, atmen Sie lieber tief durch und machen Sie sich Folgendes klar: Exotische Spinnentiere von Handtellergröße oder darüber, deren Biss für einen Menschen schmerzhaft oder sogar ernsthaft giftig sein kann, sind für die deutsche Volksgesundheit mitnichten relevant. Dafür kommen zu wenige von ihnen bei uns an und werden in aller Regel entdeckt, bevor ihnen Bananen auswählende Hände zu nahe kommen. Und da wir uns vor den tropischen Riesenachtbeinern nicht immer und überall in Acht nehmen müssen, besteht bei uns in puncto Spinnentiere eigentlich überhaupt kein Grund zur Sorge. Denn die mehr als tausend heimischen Spinnenarten sind ohne Ausnahme harmlos für den Menschen! Das gilt selbst für die paar Arten, die in der Lage wären, die menschliche Haut mit ihren Giftklauen zu durchdringen – wozu sie meistens aber erst dann Lust verspüren würden, wenn man sie zuvor durch stundenlanges Ohrfeigen entsprechend erzürnt hätte. Nach einer derartigen Provokation wären sie dann allerdings auch nicht mehr wirklich beißfreudig, sondern längst tot. Jetzt, wo wir das klargestellt haben, können wir unsere Spinnen ganz entspannt als das betrachten, was sie sind: wundervolle Produkte der Evolution, High-End-Beutegreifer mit geradezu unglaublichen Fähigkeiten.

Die Spinne unserer Städte schlechthin wohnt am liebsten im Innenbereich unserer Häuser – mit allergrößter Sicherheit auch bei Ihnen zu Hause. Hier wird sie nicht vom Winde ver-

weht, was draußen ein ernst zu nehmendes Risiko für sie darstellen würde. Denn die Zitterspinne ist ein absolutes Leichtgewicht. Mit ihrem höchstens erbsengroßen Körper und ihren unheimlich langen, dünnen Beinchen kann man sie leicht für einen Weberknecht halten. Oft muss man zweimal hinschauen, um die klare Gliederung in Vorder- und Hinterkörper zu erkennen, die beim Weberknecht fehlt. Die Zitterspinne macht keine Radnetze, wie es etwa die Kreuzspinne tut, sondern webt 3-D-Gespinste. Sie ist die Urheberin der allermeisten «Spinnweben», die wir per Staubsauger aus den Ecken unter unseren Zimmerdecken entfernen. Unter diesen Gespinsten sammeln sich mit der Zeit kleine runde Flecken und Knäuelchen an. Letzteres sind die eingesponnenen und ausgesaugten Futtertiere, Ersteres ganz einfach Spinnenkot.

DIE GROSSE ZITTERSPINNE
(PHOLCUS PHALANGIOIDES) ...

* hat ihren Namen von der Angewohnheit, sich selbst und ihr Gespinst in zitternde Bewegung zu versetzen. Je nachdem, wie schnell sie zittert, ist sie dann für verschiedene Feinde quasi unsichtbar.
* wohnt schon so lange in menschlichen Behausungen, dass niemand wirklich weiß, wo auf der Welt sie ursprünglich zu Hause war.
* stirbt – wie jede andere heimische Spinne auch – auf jeden Fall, wenn man sie mit dem Staubsauger einsaugt. Bei einer Beschleunigung von 0 auf 100 in weniger als einer Sekunde verliert sie umgehend alle Beine und ist bereits vollkommen zerfetzt, bevor sie auch nur den Schlauch erreicht hat.

Ein weiterer Star der häuslichen Spinnenfauna, der schon unzähligen Menschen unnötige Angst eingejagt hat, ist die Hausspinne. Ja, richtig: Das sind diese dunkelbraunen bis schwarzen, haarigen Riesenbiester, die in Kellern und auf Dachböden hausen und erst nachts auch mal offen durch die Wohnung laufen. Wo sie sich dann scheinbar bevorzugt auf weißer Sanitärkeramik befinden, wenn wir das Licht im Bad anschalten. Schockschwerenot! Aber ganz harmlos. Genau wie die ebenfalls große und haarige Kellerspinne, eine Vertreterin der sogenannten Finsterspinnen. Und wie auch die wohl bekannteste Spinne unserer Balkone und Gärten, die Kreuzspinne. Deren Kreuz bezeugt weder besondere Religiosität noch tödliche Giftigkeit, sondern ist einfach ein wertfrei entstandenes Zeichnungsmuster. Immerhin erlaubt es der Mehrzahl der Menschen, sie zu erkennen und beim Namen zu nennen. Mit ihr wären wir auch endlich bei einer Spinne angelangt, die wahre Bilderbuch-Radnetze webt. In denen sie dankenswerterweise meist auch gut zu sehen ist und sich ganz wunderbar dabei zusehen lässt, wie sie ins Netz gegangene Insekten greift, beißt und für die spätere Verwendung zu praktischen Paketen verschnürt. Das tun wenige andere Spinnenarten derart standardmäßig und mit bloßem Auge sichtbar direkt vor unserer Haustür. Aber auch wenn die meisten wenig plakativ sind – so wie es überall um uns her von den verschiedensten Insekten wimmelt, so wuseln auch überall um uns herum die verschiedensten Spinnenarten auf ihre jeweilige Art und Weise. Auf ganz verschiedene Arten und Weisen, und wirklich überall.

Einmal hatte ich eine kleine Spinne zur Untermiete. Das war eine sehr mobile kleine Spinne – wohin es mich in Frankfurt auch verschlug, sie war mit dabei. Nein, ich trug sie nicht auf meiner Schulter mit mir herum, und sie hatte sich auch nicht mit ihrem Kokon unter meiner Haut eingenistet oder irgendetwas in dieser Richtung. Viel einfacher: Ihr Zuhause war nicht wie das manch anderer Spinne in meiner Wohnung, sondern in meinem Fahrrad, mit dem ich so ziemlich alle Wege innerhalb der Stadt zurücklege. Auf einem dieser Wege konnte ich mich während des Winters mal wieder von der differenziellen Vereisungskapazität unterschiedlicher Fahrbahnoberflächen überzeugen, sprich: ich legte mich ziemlich böse mit ebendiesem Fahrrad hin. Danach prangte in der transparenten Kunststoffabdeckung des schnieken, superflachen und mit Standlichtfunktion ausgestatteten LED-Rücklichtes, das ich mir erst kurz zuvor geleistet hatte, seitlich ein kleines, aber feines Loch. Kaum war der Frühling da, bemerkte ich eine weitere Macke in ebendieser Rücklichtabdeckung – rechts unten war die klare Sicht auf den knallroten Reflektor von etwas Weißem getrübt. Bei näherer Betrachtung stellte sich heraus, dass die mangelnde Transparenz nicht von einem zunehmenden Bersten des Plastiks herrührte, sondern von Spinnseide. Da hatte sich doch tatsächlich jemand eine kleine ovale Wohnhöhle in mein Rücklicht gesponnen! Und saß auch darin, ganz ungeniert. Das ist an sich nichts Ungewöhnliches, zumindest habe ich schon in den Gehäusen diverser Fahrradlampen Spinnen, ihre Häutungen oder Konstruktionen aus ihrer Seide gefunden. Allerdings waren die immer im undurchsichtigen Inneren solcher Gehäuse, vor direkter Sonne und allzu neugierigen Blicken geschützt. Meine kleine Spinne aber war angesichts der vollverplexiglasten Höhle zu jedem Zeitpunkt perfekt von außen zu sehen. Instinktiv tat sie mir sofort leid, denn auf der bevorstehenden Fahrt würde ich sie gehörig durchschütteln. Deswegen rechnete ich auch fest damit, dass sie spätestens kurz nach dem Ende der Achterbahnfahrt die Schwächen ihrer Wohnortwahl erkennen und schleunigst das Weite suchen würde. Das tat sie aber nicht und fuhr stattdessen abends wieder mit mir in Richtung Heimat. Auch am nächsten Tag war sie noch da, genau wie am übernächsten. Schlussendlich verlebte sie den ganzen Sommer

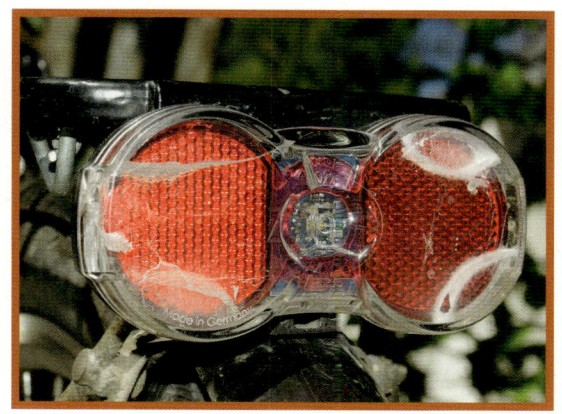

in meinem Rücklicht, fuhr kreuz und quer durch Frankfurt und schaffte es per S-Bahn sogar bis nach Darmstadt, Gelnhausen und in den Rheingau nach Eltville. Nach ein paar Wochen unten rechts spann sie noch eine zweite Wohnhöhle unten links, dann noch eine dritte über der ersten, und irgendwann war sie weg. Außer ihren adretten Gespinsten ließ sie nur eine Exuvie, also eine abgestreifte Außenhaut zurück.

Spätestens seit der Öffnung des Eisernen Vorhangs geschieht bei uns in Deutschland – weitgehend unbemerkt – etwas sehr Spannendes: Verschiedene Tierarten von Format, die wir allerspätestens in der Nachkriegszeit, meist aber schon lange vorher von hier vertrieben haben, leben wieder in der Bundesrepublik. Bei manchen, wie dem Wisent, muss der Mensch gehörig nachhelfen, bis mal eine nennenswerte Anzahl in einem eingezäunten Waldstück zusammenkommt. Andere kehren von selbst zurück. Heimlich, still und leise folgen sie ihrer angeborenen Wanderlust und scheren sich dabei herzlich wenig um Staatsgrenzen. Wozu auch, wo doch beispielsweise an der Ostgrenze des ehemaligen Westdeutschland nun schon seit einem Vierteljahrhundert weder hohe Elektrozäune noch breite Todesstreifen den Weg versperren und noch bestehende Staatsgrenzen entlang weiter Strecken gar nicht zu erkennen sind? Und wenn man über eine derart freie Bahn erst mal in einer Gegend angekommen ist, wo man es sich gutgehen lassen kann, dann bleibt man natürlich. Zumal man heutzutage meist unter Naturschutz steht und deshalb in aller Regel nicht mehr von dem ersten Jäger, dem man aus Versehen vor die Flinte läuft, gleich abgeschossen wird. Zumindest solange dieser Jäger sich an die geltenden Gesetze hält.

So war es für Europas größtes Nagetier, den Biber, recht einfach, sich von der Elbe und Osteuropa aus entlang aller möglichen Wasserläufe wieder über fast ganz Deutschland auszubreiten. Auch in Städte wie Berlin und Frankfurt hinein. Unsere Hilfe in Form von Wiederansiedlungsprojekten, etwa im Spessart und in Bayern, hätte er dazu wahrscheinlich gar nicht gebraucht. Der größte aller Hirsche, der Elch, schaut immerhin schon ab und zu mal in Ostdeutschland vorbei – ich freue mich seit Jahren unbändig auf den Tag, an dem ich wohl in Mecklenburg-Vorpommern mal einen Schaufler zu Gesicht bekomme. Beide genannten Arten können zwar einiges an Problemen verursachen – Biber durch ihre unablässige Bautätigkeit und die damit verbundene Landschaftsgärtnerei, Elche durch ihr gewaltiges Format und die dumme Angewohnheit, im falschen Moment die falsche Straße zu queren, ohne vorher nach links und rechts geblickt zu haben – sind aber an sich nicht wirklich furchterregend. Ganz im Gegenteil, beide sind harmlose Pflanzenfresser, denen es nicht im Traum einfallen würde, einen Menschen anzugreifen und absichtlich zu verletzen oder gar zu töten. Deshalb, und weil beide Arten schon rein äußerlich absolut knuffig daherkommen, sind sie darüber hinaus geradezu ideale Sympathieträger. Die allermeisten Mitmenschen dürften sie irgendwo zwischen ganz nett und interessant, zwischen süß und spektakulär einstufen. Wer beim Gedanken an Elche oder Biber eine Gänsehaut oder gar Angstzustände bekommt, der hat etwas falsch verstanden.

Wenn man sich unbedingt vor wilden Tieren gruseln möchte, dann gibt es doch wesentlich geeignetere Kandidaten. Denn nicht alle größeren Säugetiere sind Vegetarier – irgendjemand muss ja auch dafür sorgen, dass die Grünzeugvertilger nicht überhandnehmen. Deshalb hat die Evolution Raubtiere hervorgebracht, die diese Aufgabe übernehmen. Pardon, das Wort Raubtier ist ja heute nicht mehr zeitgemäß ... Um sich im tierrechtlichen Sinne quasi politisch korrekt zu verhalten und diese fachlich als Konsumenten zweiter Ordnung (weil sie diejenigen erster Ordnung, also die Pflanzenfresser, fressen) bezeichnete Berufsgruppe in der Tierwelt nicht schon durch ihre reine Erwähnung unnötig zu verunglimpfen, spricht der moderne Biologe heutzutage von Beutegreifern. Also, es gibt auch Beu-

LUCHS

tegreifer unter den größeren Säugetieren. Nicht nur die Löwen, Leoparden und Hyänen in Afrika, sondern auch bei uns. Viele Mitbürger sind sich dieser Tatsache gar nicht bewusst, und das ist auch nicht allzu verwunderlich. Schließlich sind die meisten von uns in einem Land ohne wirklich große Beutegreifer aufgewachsen. Denn die Großen Drei – Braunbär, Wolf und Luchs – haben wir mit deutscher Gründlichkeit schon vor langer, langer Zeit ausgerottet. Weil Bauern um ihre Herden fürchteten, Jäger sie als Konkurrenten ansahen und man ihnen nicht nur in Grimms Märchen eine hohe Gefährlichkeit für den Menschen nachsagte. Deshalb waren über lange Zeit Dachse und Füchse das größte, was die heimische Beutegreiferfauna verlässlich zu bieten hatte. Wie auch all den noch kleineren haarigen Raubtieren, also der Wildkatze und verschiedenen Marderarten, half ihnen ihr nicht allzu riesiges Format dabei, den teilweise sehr erbittert geführten Nachstellungen von unserer Seite recht erfolgreich zu entgehen.

Inzwischen hat auf Seiten der fiesesten Killerbestie überhaupt (ein bis etwa zwei Meter großer, aufrecht gehender Affe, der unter diversen Vorwänden alles rund um sich herum platt zu machen pflegt), zumindest in weiten Teilen seiner mitteleuropäischen Populationen, ein gewisses Umdenken stattgefunden. Wir haben die heimische Natur so weit zerstört und zurückgedrängt, dass wir ihr inzwischen ein gewisses Existenzrecht zugestehen. Weil halbwegs ursprüngliche Natur mittlerweile Seltenheitswert hat und wir mehr oder weniger bewusst spüren, dass sie uns fehlt. Viele von uns sehnen sich gar regelrecht nach ihr und neigen dabei zu einem gewissen Maß an romantischer Verklärung. Dieser naturfreundlichen Grundhaltung entsprechend sind zwar nicht alle, aber doch viele Mitmenschen längst über die alte Gewohnheit hinweggekommen, zwanghaft alles zu töten, was sie nicht melken oder streicheln können. Da in den letzten hundert Jahren auch herzlich wenig Großmütter aufgefressen wurden, bezieht diese Toleranz vielerseits auch solche Tiere ein, die von Haus aus andere Tiere fressen und angesichts ihrer Größe auch einen Menschen ernsthaft beschädigen könnten. Die Großen Drei der heimischen Beutegreifer stehen also nicht mehr pauschal auf der Abschussliste. Ganz im Gegenteil, sie sind im Bundesnaturschutzgesetz sowie der Flora-Fauna-Habitatrichtlinie der EU als besonders geschützte Arten aufgeführt und dürfen im Normalfall weder gestört noch verletzt oder getötet werden. Weil somit ein Leben in Deutschland für sie wieder lebenswert sein kann, probieren sie es aus. Sie kommen zurück und finden schnell Gefallen an ihrem neuen Zuhause.

Während Naturschützer und Tierfreunde jubeln und die Rückkehr der Wildnis besingen und sich für Freilandbiologen einige extrem spannende Tätigkeitsfelder auftun, versetzt allein der Gedanke andere Menschen in Angst. Die ist ja auch nicht vollkommen unbegründet: Raubtiere – pardon, Beutegreifer – wurden schließlich von der Natur mit den passenden Waffen und Verhaltensweisen ausgestattet, um andere Tiere zu überwältigen und zu töten. Die Großen Drei könnten das theoretisch auch mit einem Menschen tun. Auch wenn sie es in aller Regel bleiben lassen, kann einen das schon ein wenig ängstlich machen. Ganz sicher aber schmecken ihnen Schafe, andere Nutztiere und notfalls auch die Haustiere des Menschen. Luchs, Wolf und Bär sind also per se sogenannte «konfliktträchtige Tiere», denen zumindest aus Teilen der Bevölkerung eine gehörige Portion Argwohn entgegenschlägt. Das ist den Vertretern aller drei Arten aber reichlich schnuppe, wenn es darum geht, in der Bundesrepublik Deutschland ein Revier zu beziehen. Und das tun sie.

Bisher am wenigsten erfolgreich war der Braunbär. Der ist wohl einfach zu groß, als dass Wissenschaft und Naturschutz ihn gegenüber Landwirten, Politikern und Boulevardpresse wirksam in Schutz nehmen könnten. Schafft es mal einer über die deutsche Grenze, dann wird er überraschend schnell zum «Problembär» erklärt und im Zweifelsfall zeitnah abgeschossen – wie zuletzt 2006 bei Bruno, der sich erdreistet hatte, in Tirol und Bayern zweieinhalb Dutzend Schafe zu reißen und obendrein den für ihn tödlichen Fehler machte, die Scheu vor Menschen zu verlieren. Der letzte Besuch eines wilden Bären innerhalb einer deutschen Stadt dürfte allerdings schon sehr, sehr lange zurückliegen.

Ganz anders verhält sich die Wiedereinbürgerung beim Luchs. Wobei man fairerweise dazusagen muss, dass ihm dabei kräftig nachgeholfen wird. Schon in den Siebzigerjahren des 20. Jahrhunderts hatten Unbekannte einige Luchse illegal im Bayerischen Wald freigelassen. Nachdem vor allem seit den Achtzigern einzelne Tiere im deutsch-tschechischen Grenzgebiet, im Pfälzer Wald und im Schwarzwald nachgewiesen worden waren, startete um die Jahrtausendwende endlich die offizielle Wiederansiedlung. Im Harz, wo anno 1818 der Letzte seiner Art geschossen wurde, wurden seit 2000 immerhin 24 Luchse aus Gehegenachzuchten ausgesetzt. Dank eines umfangreichen Monitoringprogramms wissen wir, dass dort seit 2002 regelmäßig kleine Harzer Pinselöhrchen das Licht der Welt erblicken. Jüngst begann ein ähnliches Projekt im Biosphärenreservat Pfälzerwald.

Meine liebste Rückkehrer-Story aber ist die des Wolfes. Sie ist ein ganz wunderbares Beispiel für die Umtriebigkeit und Regenerationsfähigkeit der Natur, ja für den Sturm und Drang des Lebens selbst. Darüber hinaus ist sie ganz einfach absolut spannend! Denn wir reden hier nicht vom Luchs, der weiten Bevölkerungsteilen gar nicht bekannt ist, oder vom Bären, der aus sicherer Entfernung oder in Kinderbüchern betrachtet schon reichlich kuschelig daherkommt. Nein, wir reden hier vom Bösen Wolf, den wohl jeder von uns schon als Kind zu fürchten gelernt hat. Ob drei kleine Schweinchen, sieben unschuldige Geißlein oder gar die liebe Großmutter – in seiner Gier will Meister Isegrim sie alle fressen und tut es bei der erstbesten Gelegenheit auch. Ohne mit der Wimper zu zucken, vollkommen skrupellos, in mordlüsterner Raserei. Und ausgerechnet dieser Fiesling feiert nun sein überaus erfolgreiches Comeback in Deutschland! Ganz von allein, ohne jegliche Hilfestellung von Zweibeinern. Schon in den 1990er Jahren kamen immer mal wieder einzelne Wölfe, meistens aus Polen, nach Ostdeutschland. Im Jahr 2000 gab es in der sächsischen Lausitz zum ersten Mal Nachwuchs, und fünfzehn Jahre später sind schon mehr als 200 Wolfswelpen in der Bundesrepublik zur

DER WOLF *(CANIS LUPUS)* ...

* ist der Stammvater aller Hunde, vom Mops bis zur Dänischen Dogge, und bildet mit diesen eine einzige biologische Spezies. Klingt komisch, ist aber so.
* trägt seine Rute (Jägerlatein für Schwanz) immer gerade ausgestreckt, wenn er unterwegs ist – nicht gebogen wie ähnlich gebaute Hunde.
* setzt als wilder Über-Hund flüchtenden Tieren im Zweifelsfall ebenso nach, wie es seine domestizierten Artgenossen gerne tun. Wenn man wirklich einmal einem Wolf begegnet, sollte man also keinesfalls panisch davonrennen. Stattdessen Ruhe bewahren, laut werden und sich selbst größer erscheinen lassen ist dann wesentlich angemessener und potenziell erfolgreicher im Sinne des friedlichen Miteinanders.
* kann in wenigen Minuten bis zu zehn Kilogramm Fleisch verschlingen. Die Zukunft ist schließlich ungewiss.
* setzt seine Losung gerne gut sichtbar ab, um damit sein Revier zu markieren.

Welt gekommen. Neben den etablierten Rudeln, deren Reviere bisher vor allem in den östlichen Bundesländern liegen, laufen einzelne Wölfe praktisch im ganzen Land herum. Das liegt ihnen im Blut, denn nachdem ein junger Wolf geholfen hat, seine ein Jahr jüngeren Geschwister aus dem Gröbsten herauszubringen, verlässt er seine Familie. Auf der Suche nach einem eigenen Revier und der zu ihm passenden Wölfin mit Welpenwunsch kann er dann weit herumkommen: Ein besonders umtriebiger Junggeselle hat beispielsweise binnen fünf Monaten gute 1500 Kilometer zurückgelegt. Eigentlich kein Wunder, wenn man bedenkt, dass deutsche Wölfe in einer einzigen Nacht gerne mal über 50 Kilometer weit durch ihr Revier streifen.

Woher wir das alles wissen? Ganz einfach: Weil der Wolfsboom in Deutschland auch einen Boom der Wolfsforschung ausgelöst hat. Dutzende Wissenschaftler und hunderte Mitarbeiter folgen einzelnen Wölfen per GPS-Halsband, interpretieren Fährten, überprüfen Fotonachweise, sammeln und analysieren Proben und führen die Stammbücher der einzelnen Familienverbände. Dank dem Fachgebiet der Wildtiergenetik sind nicht wenige der deutschen Wölfe über ihren genetischen Fingerabdruck persönlich den sie erforschenden Wissenschaftlern bekannt. In meiner Doktorandenzeit bei Senckenberg hatte ich glücklicherweise die Gelegenheit, mehrere mit Wölfen und anderen heimischen Wildtierarten arbeitende Kollegen aus der Senckenberg Forschungsstation Gelnhausen persönlich kennenzulernen. Was die dort am «Nationalen Referenzzentrum für genetische Untersuchungen bei Luchs und Wolf» machen, finde ich unglaublich spannend. Und es ist ein tolles Beispiel für den Segen, den der technologische Fortschritt in der Biologie bedeuten kann: Statt wie früher die Forschungsobjekte fangen zu müssen (einen Wolf? Jippie!), um ihnen Blut oder Gewebe abzunehmen, brauchen die Kollegen heute eigentlich nur noch deren natürliche Hinterlassenschaften: Haare, Kot, Speichel,

Urin. Eine einzelne Hautschuppe täte es auch, ist aber da draußen in der Natur schwer zu entdecken. Diese Hinterlassenschaften werden von Kollegen, Behörden und freiwilligen Helfern deutschlandweit, nein europaweit, gesammelt und nach Gelnhausen geschickt. Dort entlockt man ihren Zellen die DNA und untersucht ganz bestimmte Gen-Abschnitte, die sogenannten Mikrosatelliten. Weil die keine Proteine kodieren, also nicht Teil des Bauplans der Zelle, sondern eher eine Art Lückenfüller sind, können sie es sich erlauben, sich sehr schnell zu verändern. Deshalb sind sie bei jedem Individuum anders, selbst bei Geschwistern. Ein genetischer Fingerabdruck also, der eindeutige Hinweise auf seinen Besitzer liefert.

Dafür nimmt der motivierte Forscher es auch in Kauf, im wahrsten Sinne des Wortes (natürlich nicht mit bloßen Händen, sondern mit Handschuhen und Werkzeug) in der Scheiße zu wühlen. Denn so kriegt man heute ziemlich schnell und kostengünstig heraus, welcher Wolf da seinen Haufen abgesetzt, ein paar Haare am Stacheldraht gelassen oder das Schaf gerissen und dabei naturgemäß ein wenig gesabbert hat. Hin und wieder auch schon mal, dass es gar kein Wolf war, dessen Speichel die Polizei in den Bisswunden des toten Tieres sichergestellt hat. Dann wird der geschädigte Schäfer keine staatliche Entschädigung bekommen – sondern womöglich sogar ernsthaften Ärger, wenn sich herausstellt, dass er im Tatverein mit seinem Hund einen Betrugsversuch unternommen hat. Je mehr Wölfe wir persönlich kennen, umso aufregender wird das Ganze. Denn nach und nach lassen sich die Verwandtschaftsverhältnisse der deutschen Tiere immer besser aufdröseln. Wer wurde wo als wessen Welpe geboren, wer ist aus Lettland und wer aus Italien eingewandert, und so weiter. So wissen wir zum Beispiel, dass meine geliebte Heimat Hessen das erste Bundesland war, in dem nachweislich je ein Wolf aus Osteuropa und einer aus den Abbruzzen gleichzeitig unterwegs waren. Die Gelnhäuser

Kollegenschaft hat sie liebevoll auf die Namen «Reinhard» und «Pierre-Luigi» getauft, und wir alle haben ihren Tod sehr bedauert.

Und nicht nur die Wölfe selbst werden auf diese Weise aktenkundig, sondern über die genetischen Fingerabdrücke in ihren Kotproben auch ihr Speisezettel. Der besteht zur Hälfte aus Rehen und zu einem Viertel aus meist jungen Rothirschen und Wildschweinen. Das verbleibende Viertel machen vor allem kleinere Säugetiere aus, ab und zu ist auch mal ein Fisch dabei. Geißlein, Lämmer und deren Eltern findet ein Wolf offensichtlich nur dann appetitlich, wenn er sich ihretwegen weder mit einem Elektrozaun noch mit einem Hütehund auseinandersetzen muss. Großmütter konnten übrigens bisher noch nicht als Nahrung deutscher Wölfe nachgewiesen werden. Wir stehen einfach nicht auf seinem Speiseplan, und üblicherweise macht der alles andere als draufgängerische Wolf sowieso einen großen Bogen um jeden Menschen, den er wittert.

Andererseits zeigen die Ergebnisse des Wolfsmonitorings aber auch, dass Meister Isegrim sich keineswegs nur in der unberührten Natur wohlfühlt. Ganz im Gegenteil: Er weiß auch die Kulturlandschaft bestmöglich zu nutzen und lässt sich auch sogar in vom Menschen stark beeinflussten Landstrichen nieder, etwa auf alten Truppenübungsplätzen oder im laufenden Braunkohletagebau, wo er notfalls auch unter einem pausenlos ratternden Förderband den Tag verschläft. Seine meist nächtlichen Streifzüge führen ihn auch immer mal wieder in die Nähe menschlicher Siedlungen, und ab und zu sogar in diese hinein.

So machte 2015 die Kleinstadt Wildeshausen in Niedersachsen Schlagzeilen, weil dort ein Wolf in einer Wohnsiedlung auftauchte. In den folgenden zwölf Monaten wurden dann gleich mehrere Wölfe in der Nähe deutscher Metropolen nachgewiesen. Allerdings auf sehr traurige Art und Weise, denn sie wurden auf den Autobahnringen um die jeweiligen Städte überfahren.

Im April 2015 traf es einen Rüden auf der A651 bei Frankfurt, im Februar 2016 erwischte es gleich zwei Tiere auf der A10 südlich von Potsdam. Beide Fälle verhalten sich unterschiedlich, weisen aber in dieselbe Richtung. Der Frankfurter Verkehrstote war ein junger Rüde, der als Sohn des sogenannten Gartower Rudels in Niedersachsen geboren wurde. Der wölfischen Lebensweise entsprechend war er wohl in die weite Welt hinausgezogen, auf der Suche nach seinem Glück in Form der Familiengründung in einem eigenen Revier. Dabei ist er nicht nur ziemlich weit in Deutschland herum-, sondern auch sehr nahe an Frankfurt herangekommen. Denn obwohl die A661 an dieser Stelle, nahe der Ausfahrt Frankfurt-Eckenheim, durch Wiesen und Felder verläuft, befand er sich zum Zeitpunkt seines Todes höchstens 300 Meter außerhalb der bebauten Siedlungsfläche und rein geographisch schon längst auf dem Frankfurter Stadtgebiet, ja sogar zwischen verschiedenen Frankfurter Stadtteilen. Nur weil er sich dabei von einem Auto erwischen ließ, wissen wir überhaupt davon. Wundern sollte man sich darüber nicht, oder besser gesagt nicht mehr. Denn seit der Größte aller Hundeartigen wieder bei uns Fuß gefasst hat, ist ein wandernder Wolf so nah an einer Stadt nichts Außergewöhnliches mehr. Wir empfinden es nur als unglaublich, weil es für viele von uns – mich eingeschlossen – in ihrer Jugendzeit noch undenkbar war. Umso witziger finde ich den Kommentar eines hochrangigen Behördenvertreters, welcher der Presse allen Ernstes zu Protokoll gab, es sei kaum zu erwarten, dass sich so etwas in den nächsten zwanzig Jahren wiederholen werde. Wie bitte??? Wenn diese Aussage nicht auf mangelnder Kenntnis wölfischen Verhaltens beruht, dann könnte man darin glatt eine dreiste Lüge wittern. Denn angesichts des bisherigen Siegeszuges der Wölfe in Deutschland ist genau das Gegenteil der Fall.

Bei den Straßentoten von der A10 liegen die Dinge noch etwas anders. Beides waren junge Weibchen, die erst im Vorsommer zur Welt gekommen waren. Derart junge Isegrimchen gehen üblicherweise noch nicht in die weite Welt hinaus, sondern bleiben hübsch brav in bestimmten Bereichen des elterlichen Reviers. In ihrem Falle war das wohl dasjenige des sogenannten Lehniner Rudels. Wenn wir von der nicht allzu wahrscheinlichen Möglichkeit simplen Ausreißertums mal absehen, lässt ihr Aufenthalt auf der A10 zwischen Ferch und Michendorf also den spannenden Schluss zu, dass dieses Rudel auch dort herumstreift. Weniger als zehn Kilometer von Potsdam und keine 13 Kilometer von Berlin entfernt. Kein weiter Weg für einen Wolf!

Solche Ereignisse zeigen, dass die Anwesenheit großer Beutegreifer innerhalb unserer Städte längst kein Ding der Unmöglichkeit mehr ist. Sowohl den Luchs als auch den Wolf hat es bereits in Ortschaften verschlagen. An sich ist das kein Grund zur Sorge. Bei keiner der beiden Arten ist in absehbarer Zeit damit zu rechnen, dass sie sich plötzlich im zentralen Stadtpark pudelwohl fühlen und sich dort häuslich einrichten. Wobei ich mir da beim offenbar höchst anpassungsfähigen Wolf, ganz ehrlich gestanden, nicht so wirklich sicher bin ... doch Scherz beiseite: Bisher hat sich kein großer Beutegreifer nachweislich längere Zeit im Siedlungsbereich irgendeiner deutschen Stadt aufgehalten.

Und überhaupt, wir hier in Deutschland haben leicht reden: Anderswo verschlägt es auch ab und zu mal Beutegreifer von Format in die Städte. Je nachdem, in welcher Stadt und auf welchem Kontinent man wohnt, könnte man dort ganz unterschiedliche spannende Zufallsbegegnungen machen. In Los Angeles finden Pumas aus den umgebenden Bergen seit einiger Zeit Gefallen daran, zur Abwechslung auch mal durch die Wohngebiete am Stadtrand zu streifen, und den Hyänen rund um Großstädte wie Nairobi oder Addis Abeba geht es schon länger so. Leoparden tauchen vereinzelt in verschiedenen indischen Metropolen auf und wohnen in Mumbai sogar ständig im Sanjay Gandhi Nationalpark, der tief in die Stadt hineinreicht. Eisbären in der Umgebung von Churchill und anderen Siedlungen nördlich des Polarkreises wissen das Nahrungsangebot im Umfeld menschlicher Häuser schon lange zu schätzen und nutzen es regelmäßig aus. Verschiedene weniger haarige Großraubtiere wohnen sogar dauerhaft in großen Städten. In südostasiatischen Metropolen wie Bangkok etwa leben haufenweise Bindenwarane – große Echsen mit bis zu zweieinhalb Metern Gesamtlänge – dauerhaft in ausgewählten Grünanlagen. Vor allem in Gewässernähe müssen sie sich vor den Netzpythons in Acht nehmen, die es dort ebenfalls gemütlich finden. Und der viel zitierte Alligator in der Kanalisation ist längst kein moderner Mythos mehr! Zwar nicht in New York, aber wenigstens in und um Miami haben sich die einheimischen Menschen längst an die ebenfalls einheimischen Mississippi-Alligatoren gewöhnt. Ob diese nun am Swimmingpool liegen, im Vorgarten dösen oder auch mal eine Landebahn auf dem Flughafen blockieren.

Die Welt ist im Wandel. Nicht erst seit Gandalf der Graue nach Isengard reitet, um den weisen Saruman um Rat zu bitten, verändert sich unsere Erde. Das war schon immer so, es gehört ebenso zu ihrer Natur wie die Tatsache, dass sie sich um sich selbst dreht. Auch das Klima auf der Erde war schon immer starken Schwankungen unterworfen. Mal fror bei harten Minusgraden fast der komplette Planet zu, mal herrschte über viele Millionen Jahre hinweg ein tropisches Treibhausklima bis hinauf zu den Polen. Auch wir Menschen könnten ein Lied davon singen, wenn wir es in unserem kollektiven Gedächtnis bewahrt hätten: Die letzten zwei Millionen Jahre, also etwa seit die ersten Menschen Mutter Afrika verließen, waren ein einziges Auf und Ab der Temperaturkurve: Eiszeit, Zwischeneiszeit, Eiszeit, Zwischeneiszeit und so weiter. Hunderttausend Jahre kalt und trocken, fünfzigtausend Jahre wärmer und feuchter. Wir haben es überlebt, und viele andere Arten auch. Man passte sich eben an – oder folgte der Wohlfühltemperatur in andere Gefilde. Beides war in der Regel möglich, weil die Erwärmungen und Abkühlungen, mit all ihren Folgen für Windrichtungen und Niederschläge, unterm Strich doch sehr langsam vonstatten gingen. Man musste nicht gleich morgen weit nach Süden fliehen, sondern hatte hunderte, ja sogar tausende Jahre Zeit dafür.

In letzter Zeit aber geschieht etwas Seltsames auf der Erde. Wie immer ändert sich das Klima, aber es tut das schneller denn je. Seit wir angefangen haben, systematisch und in größerem Maßstab Temperaturen und sonstige Klimagrößen zu notieren, also seit dem vielzitierten Beginn der Wetteraufzeichnungen um 1880, ist der Durchschnitt der gemessenen Temperaturen geradezu rasant angestiegen. Während es heute im globalen Mittel knapp ein Grad wärmer ist, sind es in Deutschland schon fast anderthalb Grad. Das klingt nach wenig, ist aber doch einiges – besonders in dieser kurzen Zeitspanne. Bis zum Ende des 21. Jahrhunderts wird mit einem Anstieg der globalen Durchschnittstemperatur um zwei bis fünf Grad gerechnet. Schuld sind, raten Sie mal, natürlich wir selbst. Die Industrialisierung mit ihrem massenhaften Ausstoß an Treibhausgasen, die Freisetzung unglaublicher Mengen Kohlendioxid aus fossilen Brennstoffen und Methan aus viel zu vielen Kuhdärmen hat dafür gesorgt, dass unsere Erde sich so schnell erwärmt wie sonst nur nach globalen Katastrophen wie dem Ausbruch eines Supervulkans. Auch wenn einige ihn nicht wahrhaben wollen, der menschengemachte Klimawandel ist die nackte Realität und wird diese Welt verändern. Er tut es doch schon: Längst schmilzt das Eis von Gletschern und Polen und katastrophale Wetterphänomene nehmen zu. Wohl dem, dessen Haus nicht direkt auf Meereshöhe steht, denn dort wird es in absehbarer Zeit ziemlich nass werden. Arme Holländer. Doch auch wer küstenfern wohnt, wird einiges erleben: Nach dem derzeitigen Stand der Wissenschaft dürfen wir Deutschen in wärmeren Sommern häufiger Hitze- und Trockenperioden erleben und uns in wärmeren Wintern auf mehr Niederschläge freuen – leider immer seltener in Form von Schnee, dafür vermehrt unwetterartig mit Hochwasserfolge.

Die Senckenberg Gesellschaft für Naturforschung, die unter anderem das Frankfurter Senckenbergmuseum und das dahinter verborgene Forschungsinstitut unterhält, widmet sich seit ihrer Gründung im Jahr 1817 der Erforschung der Biodiversität. Im Jahr 2008 gründete sie gemeinsam mit der Frankfurter Goethe-Uni ein hochkarätiges Joint-Venture: das Biodiversität und Klima Forschungszentrum, kurz BiK-F (to all English native speakers: yeah, I know ...), das 2015 ganz in die Trägerschaft

Senckenbergs übergegangen ist. Hier gehen Wissenschaftler verschiedenster Disziplinen der Frage nach, wie sich Veränderungen des Klimas auf die biologische Vielfalt auswirken könnten. Wie werden Tiere und Pflanzen auf die Erwärmung und die damit einhergehenden, je nach Ort und Ausmaß des Wandels trockeneren oder feuchteren Verhältnisse reagieren? Können sie rechtzeitig in geeignetere Gegenden ausweichen, oder sterben sie eher aus? Und was hat das alles mit uns zu tun? Einen Ausblick darauf, wie sich die heimische Biodiversität im Zuge des fortschreitenden Klimawandels verändern könnte und was das für uns hier in Deutschland bedeutet, bietet der Band «Klimawandel und Biodiversität – Folgen für Deutschland». In diesen Fachbuch-Wälzer haben viele Kollegen vom BiK-F gemeinsam mit namhaften internationalen Experten Unmengen ihrer Erkenntnisse hineingepackt. Und zwar so, dass sogar Politiker es verstehen können.

Insgesamt wird mit dem fortschreitenden Klimawandel auch die Natur gehörig durcheinandergeraten, und zwar quer durch die Bank: Angefangen bei den Pflanzen, deren Wachstums- und Blühzeiträume sich verändern, über die Insekten, die sich darauf einstellen müssen, was wiederum alle von ihnen abhängigen Organismen betrifft, bis hin zu den Arten, die in der künftigen Hitze gar nicht mehr existieren können. Gleichzeitig ist hierzulande auch die vermehrte Einwanderung und Etablierung von Arten zu erwarten, die es wärmer und trockener mögen. Zum Beispiel Arten mediterranen Ursprungs. Manche solcher wärmeliebenden Pflanzen und Tiere sind schon längst bei uns – nämlich in unseren Städten. Da vor allem Großstädte regelrechte Wärmeinseln mit deutlich höheren Temperaturen als ihr Umland sind, lernen wir Städter diese sogenannten «Günstlinge des Klimawandels» oft schon kennen, bevor sie beispielsweise die Mittelgebirge heraufkraxeln oder sich flächendeckend in der Norddeutschen Tiefebene ausbreiten können.

DAS TAUBENSCHWÄNZCHEN
(MACROGLOSSUM STELLATARUM) ...

- ✳ alias Kolibrischwärmer alias Karpfenschwanz ...
- ✳ hat seinen Namen durch seinen auffälligen, federähnlichen «Schwanz» aus verlängerten Schuppen bekommen, den es im Flug zur Steuerung einsetzt.
- ✳ schlägt im Schwirrflug rund 80-mal pro Sekunde mit den Flügeln.
- ✳ legt auf seinen Wanderungen in nördlichere Gefilde auch mal mehr als 2000 Kilometer zurück.
- ✳ kann in einer Minute rund hundert Blüten abklappern.
- ✳ ist sozusagen ein kleiner Cousin des Totenkopfschwärmers, der durch «Das Schweigen der Lämmer» bekannt wurde. Dieser große Nachtfalter mag es noch wärmer und kommt bisher nur in den Sommermonaten zu uns.

Was da teilweise schon bei uns angekommen ist, mag manchmal exotisch wirken. So häufen sich schon seit Jahrzehnten nicht mehr nur entlang des Rheins Sichtungen von Kolibris beim Blütenbesuch. Klitzekleine, orange schimmernde Fluffelchen bugsieren einen langen, geraden Schnabel in verschiedene Blüten, vor denen sie im Schwirrflug schweben. Alles in bester Kolibrimanier. Aber halt – Kolibris gibt es nur in Amerika! Wie Kakteen und Ameisenbären sind sie eine biologische Besonderheit der Neuen Welt jenseits des Atlantiks. Und bisher hat es noch kein Kolibri geschafft, in Mitteleuropa heimisch zu werden. Und tatsächlich ist der kleine Schwirrer bei genauerer Betrachtung (die nicht leicht fällt, solange er fliegt) auch nicht einmal ein Vogel. Der vermeintliche Schnabel ist in Wirklichkeit ein gerade ausgestreckter Rüssel und die Fluffigkeit entsteht nicht durch Federn, sondern durch Haare. Was da wie ein Kolibri daherkommt, ist ein Nachtfalter aus der Familie der Schwärmer. Ein absolut harmloser, vielmehr sehr schmucker und liebenswerter Günstling des Klimawandels: das Taubenschwänzchen, aus naheliegenden Gründen auch Kolibrischwärmer genannt. Anders als in seiner Familie üblich fliegt er tagsüber umher. Früher kam er nur sommers aus seiner eigentlichen Heimat, dem Mittelmeerraum, zu uns geflogen. Inzwischen überwintert er auch in Deutschland und scheint die Hänge mancher Mittelgebirge wesentlich weiter als früher hinaufzuschwärmen.

Ein weiterer Wirbelloser, den wir zukünftig wohl in immer mehr deutschen Städten begrüßen können werden, ist der Spinnenläufer. Ihn wird niemand für einen Kolibri halten, denn in seinem Fall besteht nie und nimmer auch nur die kleinste Verwechslungsgefahr mit irgendeinem putzigen Tier. Wer zum ersten Mal einen Spinnenläufer sieht, dürfte vielmehr ziemlich unsicher sein, in welche Schublade dieses zugegebenermaßen bizarr aussehende Tier hineinzusortieren ist. Deshalb klären wir das jetzt zuallererst: Spinnenläufer gehören zu den Hundertfüßern. Das sind diejenigen Vielfüßer, die nur ein Bein pro Körpersegment haben. Oder, anschaulicher ausgedrückt, diejenigen eher kurz und kräftig gebauten «Tausendfüßler», die man oft unter Steinen und Ähnlichem findet. Die, anders als die mit zwei Beinpaaren pro Segment ausgestatteten und sich gerne einrollenden echten Tausendfüßer, allesamt räuberisch (pardon: beutegreiferisch) leben. Spinnenläufer heißen Spinnenläufer, weil sie ganz anders als andere, normale, herkömmliche Hundert- oder Tausendfüßer nun mal sehr, sehr lange Beine haben. Spinnenartig lange Beine eben, und davon als ordentliche Hundertfüßer zwar nicht wirklich hundert, aber mit dreißig eben auch nicht wenige. Der Läufer im Namen kommt daher, dass Spinnenläufer trotz ihrer vielen langen, dürren Beinchen verdammt schnell laufen können. So flink, dass es einem unheimlich sein kann, solange man nicht felsenfest von ihrer Harmlosigkeit überzeugt ist. Das kann man glücklicherweise sein: Als Mensch hat man vor einem Spinnenläufer absolut nichts zu befürchten. Ganz im Gegenteil, die supersensiblen Jäger nutzen ihre feinen Sinne und flinken Beinchen, um stets einen angemessenen Abstand zu uns zu halten. Deswegen läuft die typische Begegnung zwischen Mensch und Spinnenläufer auch ungefähr wie folgt ab: Mensch geht nachts ins Bad oder ein anderes dunkles Zimmer, knipst dort das Licht an und sieht schemenhaft etwas Längliches weghuschen.

Einer der Gründe, warum der Spinnenläufer lieber nur nachts aus seinem Versteck kommt, wie auch viele seiner nicht ganz so vielbeinigen Verwandten sehr scheu ist und bei der kleinsten Störung das Weite sucht, sind die Mauereidechsen. Die kennt jeder, der schon mal irgendwo am Mittelmeer zwischen Griechenland und Portugal im Urlaub war: schlanke, flinke Eidechsen, die überall herumhuschen. Ganz besonders, da tragen sie ihren Namen zu Recht, auf Mauern. Für sie sind das langgezogene Felsen, und für ein Leben auf Felsen ist man als Mitglied

DER SPINNENLÄUFER
(SCUTIGERA COLEOPTRATA) ...

* alias Spinnenassel ...
* hat insgesamt 30 Beine, die nach hinten länger werden. Das hinterste Beinpaar ist, genau wie die am Kopf sitzenden Antennen, wesentlich länger als der Körper und dient hauptsächlich als Tastorgan.
* wurde vor Jahrzehnten in Deutschland eingeschleppt und hat sich bisher vor allem entlang des Rheins ausgebreitet. Bisher findet man ihn nur an besonders warmen Orten wie dem Kaiserstuhl. Und eben in Städten.
* flitzt mit über 40 cm pro Sekunde umher und gehört damit zu den schnellsten Läufern unter den Wirbellosen. Deshalb sind leere Insektenhüllen als Überreste seiner Mahlzeiten oft das Einzige, was man von ihm zu Gesicht bekommt.
* kann voll ausgestreckt inklusive aller Körperanhängsel 15 cm lang werden, wobei der eigentliche Körper nur ein Fünftel davon ausmacht. Tropische Verwandte werden ein gutes Stück größer.

der Gattung *Podarcis* evolutionär optimiert. Seit Menschen massenhaft Steine zu Wällen und Wänden aufschichten, bieten sie diesen Echsen damit massenhaft zusätzlichen Wohnraum und Jagdreviere. Mauereidechsen sind also ebenfalls Kulturfolger, und sie wohnen auch gern in Städten, sofern es dort warm genug ist und ausreichend Schlupfwinkel vorhanden sind.

Die einzige Vertreterin dieser vielfältigen Gattung in Deutschland ist die Mauereidechse schlechthin, *Podarcis muralis*, «die Podarcis der Mauern». Natürlicherweise lebt sie hierzulande nur in einigen besonders warmen Gebieten des Südwestens, namentlich entlang des Rheins und seiner Nebenflüsse bis rauf ins südliche Nordrhein-Westfalen. Daneben gibt es vielerorts Populationen, die von Menschenhand angesiedelt wurden – teils schon vor fünfzig Jahren, als es noch niemanden wirklich juckte, wenn Herr Maier von nebenan sich ein paar der kleinen Flitzer von der Adria mit nach Hause nahm, um die Tierwelt seines Gartens zu bereichern. Genau wie Taubenschwänzchen und Spinnenläufer gehört die Mauereidechse zu den Tieren, deren Verbreitungsgebiet hierzulande wachsen wird, wenn sich das Klima weiter so entwickelt, wie zu erwarten ist. Sie fühlt sich umso wohler, je wärmer es ist. Sie kann zwar nicht fliegen wie das Taubenschwänzchen und reist wohl eher selten in Gepäckstücken und Waren mit wie der Spinnenläufer, nutzt dafür aber sonnig warme Wanderrouten. Bahnstrecken mit ihrem Schotterbett und Autobahnen mit ihren Lärmschutzböschungen sind für sie geradezu ideale Korridore, über die sie schon manche deutsche Stadt erreicht hat und in Zukunft immer mehr erreichen wird. Im Bereich einiger haben wir ja außerdem schon für die Ansiedlung von Vorposten gesorgt.

Alles in allem sind die bisher vorgestellten Günstlinge des Klimawandels kein Grund zur Sorge. In meinen Augen sind sie schon eher eine Bereicherung. Egal ob fluffig schwirrend, bizarr wuselnd oder schuppig und neugierig, sie schaden niemandem.

Schön, dass es euch gibt, macht es euch ruhig bei uns bequem. Ähnliches gilt auch für viele weitere Arten, die sich im wärmer werdenden Deutschland und seinen Städten auf Dauer einnisten werden. Aber leider nicht für alle. Ein paar schwarze Schafe gibt es bekanntlich immer, und so sind auch einige Profiteure der Erwärmung nicht ganz unproblematisch. Ein besonders heißes Eisen sind die sogenannten Krankheitsvektoren unter den Sechsbeinern: Sandmücken und vor allem Stechmücken, die bei einem Stich Viren oder Einzeller übertragen. Die wiederum lösen im Menschen sogenannte Tropenkrankheiten aus, mit denen nicht zu spaßen ist. Die Stars unter diesen Stechmücken sind die Malariamücken der Gattung *Anopheles* und Vertreter der Gattung *Aedes*, die man je nach Gusto als Tiger- oder Gelbfiebermücken bezeichnen kann. Da sie neben Gelbfieberviren auch das Dengue-Virus übertragen können, wäre Denguemücken auch in Ordnung. Während jeder schon einmal von Malaria und Gelbfieber gehört hat, ist Dengue hierzulande weit weniger bekannt. Da aber jährlich bis zu 100 Millionen Menschen daran erkranken, noch keine Impfung möglich ist und seit 2010 wieder Fälle von lokaler Übertragung in Europa bekannt wurden, wird ein Kennenlernen auch hierzulande immer wahrscheinlicher.

Normalerweise stirbt man an Dengue-Fieber nicht, zumindest solange man nicht die lebensgefährlichen Varianten «Hämorrhagisches Dengue» oder «Dengue-Schock-Syndrom» abbekommt. Meistens genügt es, brav im Bett zu bleiben und fleißig jede Menge Paracetamol zu schlucken, dann hat man die Krankheit nach einer guten Woche ausgeschwitzt. Trotzdem möchte man kein Dengue haben, weil es einfach sehr, sehr unangenehm ist. Ich spreche zwar glücklicherweise nicht aus Erfahrung am eigenen Leib, aber aus eigener Anschauung. Vor einigen Jahren hat es mal einen Kollegen von mir erwischt, während wir in Lateinamerika auf Forschungsreise waren. Er, ein stattlicher Kerl mit deutlich überdurchschnittlichem Leistungsvermögen, Körperkraft und Ausdauer, war ab dem Moment, wo das Dengue die Oberhand über ihn gewann, nicht mehr wiederzuerkennen. Ein Häuflein Elend sozusagen, wackelig auf den Beinen, schwach, unsicher, ständig mit starken Schmerzen kämpfend. Man nennt Dengue auch Knochenbrecherfieber, weil es sich anfühlen soll, als hätte man sich sämtliche Knochen gebrochen. Das konnte er zu seinem Leidwesen vollauf bestätigen. Im englischen Sprachgebrauch kursiert auch der Name dandy fever, weil Denguekranke aufgrund ihrer Schmerzen seltsame Körperhaltungen annehmen und sich schlaksig bewegen. Das war offensichtlich auch bei ihm der Fall. Tatsächlich konnte er rund eine Woche lang das Bett nur unter größten Anstrengungen verlassen, hatte, auch wenn er liegen blieb, ständig starke Schmerzen und musste quasi pausenlos trinken, um die vielen Liter ausgeschwitzter Flüssigkeit wieder reinzuholen.

Dengue-Fieber ist also nichts, was man sich oder seinen Lieben wünscht. Schon deshalb sollte man seine Überträger nicht ignorieren. Wie wichtig diese kleinen Plagegeister für uns werden können, wird einem spätestens klar, wenn man bedenkt, dass Dengue bei weitem nicht die einzige exotische Krankheit ist, die von Stechmücken übertragen wird. Neben den bereits angesprochenen Klassikern wie Gelbfieber und Malaria, die unbehandelt auch durchaus den Tod eines Menschen herbeiführen können, gibt es auch noch diverse den meisten Menschen weniger geläufige Seuchen mit so exotischen Namen wie Sindbis-, Usutu- und Batai-Virus oder West-Nil- und Chikungunya-Fieber. Neuerdings rückt außerdem das Zika-Virus mehr und mehr in das öffentliche Bewusstsein, das sich seit Anfang 2015 rasant über ganz Lateinamerika ausbreitet und offensichtlich die hässliche Eigenschaft hat, Mikrozephalien bei Föten und Neugeborenen infizierter Mütter zu verursachen. All diese Tropenkrankheiten werden nicht auf die Tropen beschränkt bleiben. Und gerade die Stechmücken der Gattung *Aedes* erweisen sich mehr und mehr als «polykompetente Vektoren», also mögliche Überträger verschiedenster Erreger. Wie auch die Malariamücken sind sie längst in Südeuropa heimisch und mit Hilfe der globalen Erwärmung auf dem Vormarsch zu uns. Dummerweise hilft ihnen dabei nicht nur der Klimawandel.

Die Ausbreitung von Organismen – Tier oder Pflanze, groß oder klein – geht natürlicherweise eher langsam vonstatten. Stück für Stück wird da gewandert, ein paar hundert Meter oder wenige Kilometer im Jahr. Für die natürliche Ausdehnung der Verbreitungsgebiete bestimmter Arten im Zuge des Klimawandels gilt das auch. Aber natürlich kann man auch schneller reisen: Man muss sich nur von einem ungeduldigen und deshalb beschleunigt auf dem Weg befindlichen Affen mitnehmen lassen! Seit solche Affen über Motoren verfügen, kann ein mitreisendes Tier in sehr kurzer Zeit gewaltige Strecken zurücklegen. So schnell, dass man zwischendurch keine Gefahr läuft, zu verhungern. Stattdessen kommt man frisch und ausgeruht am Ziel an. Und womöglich trägt man sogar schon Nachwuchs in sich ...

Nehmen wir zum Beispiel mal Giovanni. Er ist Brummifahrer für eine Spedition in Genua. Eines Nachmittags verabschiedet sich Giovanni von seiner Familie, begibt sich zum Firmensitz und übernimmt dort einen Lastwagen mit einer Ladung Konfetti, die nach Köln muss. Mit einem Liedchen auf den Lippen schwingt er sich auf den Fahrersitz und fährt gemächlich los in Richtung Germania. Was Giovanni nicht weiß: Er ist nicht allein in seinem Führerhaus. Denn während der LKW noch auf dem Hof der Spedition stand, ist lange vor ihm noch jemand eingestiegen. Oder besser, eingeflogen: eine kleine Gelbfiebermücke. Nichts Besonderes in Genua, wo Gelbfiebermücken seit 1990 dauerhaft angekommen sind. Eine davon fährt jetzt mit Giovanni durch die Nacht nach Norden, überquert die Alpen und ist im Morgengrauen schon an der deutsch-schweizerischen Grenze. Nach fast zwei Stunden auf der A5 gönnt sich Giovanni eine Pause an der Autobahnraststätte Rastatt. Die Mücke nutzt die Gelegenheit, folgt dem frischen Luftzug und verlässt den LKW. So einfach geht das. Wenn es ein Mister Moskito war, dann ist die Geschichte wenige Tage später zu Ende, wenn er von einer Schwalbe verschluckt, an einer Windschutzscheibe plattgedrückt oder von klebrigen Spinnenfäden festgehalten wird oder einfach ganz alleine in einem Winkel sein sowieso kurzes Leben aushaucht. Bis auf die Tatsache, dass irgendjemand die Nährstoffe aus seinem Körper verwerten kann, bliebe seine Fernreise folgenlos, zudem er als Männchen sowieso niemanden sticht. War es jedoch eine Miss Moskito, womöglich gar voll befruchteter Eier, dann könnte die nächtliche Mitfahrgelegenheit der wenig spektakuläre Auftakt für einen richtigen Thriller gewesen sein.

Denn in diesem Falle würde Miss Moskito ihre paar Dutzend Eier erwartungsgemäß sehr bald am Rande kleiner Wasseransammlungen ablegen. Die daraus schlüpfenden Mückenlarven leben im Wasser und verpuppen sich dort. Sie brauchen dazu keinen Teich oder See, ein klein wenig stehendes Wasser genügt vollkommen. Je nach Temperatur – je wärmer, desto schneller – dauert es einige Tage bis einige Wochen, bis die nächste Mückengeneration schlüpft. Dummerweise kann die bestimmte Erreger wie das Dengue-Virus schon als elterliches Erbe in sich tragen. Dann muss sie gar nicht zuerst einen infizierten Menschen (also in Deutschland beispielsweise einen der jährlich über tausend mit Malaria, Dengue & Co. infizierten Reiserückkehrer) stechen, um selbst zum Überträger zu werden.

Klingt alles reichlich weit hergeholt? Ganz im Gegenteil: Tatsächlich kam der deutschlandweit erste wissenschaftliche Nachweis der Asiatischen Tigermücke *Aedes albopictus* im Jahr 2007 von der Autobahnraststätte Rastatt. Die Geschichte mit Giovanni kann sich also prinzipiell täglich so abspielen. Und sie hat es offensichtlich so oder so ähnlich schon getan: Die 2008 erstmalig bei uns nachgewiesene Asiatische Buschmücke *Aedes japonicus* kommt mit unseren noch nicht wirklich tropischen Temperaturen wesentlich besser zurecht und war bereits 2015 in mehreren Bundesländern mit größeren Populationen zugegen. Die Wissenschaft ist längst auf der Hut. Seit Jahren überwacht die Arbeitsgruppe «Aufkommende und vernachlässigte Tropenkrankheiten» am BiK-F die Mückensituation entlang der A5 und ganz besonders rund um Frankfurt. An Rasthöfen und Parkplätzen entlang der Autobahnen, die die Stadt am Main umgeben – also der A3, A5 und A661 –, unterhalten sie Fallen. Praktische kleine Kinderstuben, die möglichst viele der vorhandenen Mücken zur Eiablage verleiten sollen und das scheinbar auch tun. Lange bevor Heerscharen von stechrüsseltragenden Plagegeistern diesen Gefäßen entsteigen können, wird die Brut entführt und kommt mit ins Labor. Dort verraten dann sogenannte DNA-Barcodes, quasi die genetischen Fingerabdrücke von Tierarten, zu welcher Mückenart die Eier, Larven oder Puppen gehören. Im Falle exotischer Arten können sie sogar Hinweise darauf geben, aus welcher Weltgegend sie hierhergekommen sind. Gleichzeitig wird untersucht, wie sich das Klima auf den Lebenszyklus der kleinen Stecher auswirkt.

TIERISCHE TROUBLEMAKER

Nachdem ich mich lange bemüht habe, unsere tierischen Nachbarn möglichst objektiv vorzustellen und vor allem ihre Biologie und die damit einhergehenden Gründe für ihre Verstädterung zu thematisieren, ist es mir spätestens im letzten Kapitel dann doch endgültig rausgerutscht: Nicht alles an ihnen ist eitel Sonnenschein. Das Phänomen Tier in der Menschenstadt erschöpft sich dummerweise nicht in einer erfreulichen Zunahme lebendiger Vielfalt und bequemen Beobachtungsmöglichkeiten schmunzeln machender Verhaltensweisen. Es bringt leider naturgemäß auch Probleme mit sich. Um jetzt nicht sämtliche Stadtfauna über einen Kamm zu scheren, sei gleich gesagt: Nicht alle Stadttiere machen Ärger. Auch wenn sie damit oft ihre gesamte Verwandtschaft in Verruf bringen, sind es immer nur einzelne Arten aus den jeweiligen Tiergruppen, die der Fachmann als konfliktträchtig bezeichnen würde.

Sachschaden und Sensation

Nicht alle Stechmücken übertragen Malaria, und nach unserem Wissen zerbeißt nur eine der sieben in Deutschland heimischen Marderarten Bremsschläuche. Gleichzeitig können selbst solche Tiere, die das Zeug zu echten Troublemakern haben, in vielen Situationen vollkommen unproblematisch sein und dementsprechend von aller Welt behandelt werden, als seien sie der beste Freund des Menschen.

Mensch – Stadt – Tier:
Hass oder Liebe?

Pack schlägt sich, Pack verträgt sich. Manchmal wirkt das schon ein wenig schizophren: Ein und dieselbe Sorte Tier kann durch Menschenaugen betrachtet höchst verschieden daherkommen. Einerseits empfindet man es als süß, spannend, sensationell oder einfach nur nett. Andererseits kann die Sympathie sich sehr schnell ins Gegenteil verkehren. So sind die an den Menschen weitgehend gewöhnten Wildschweine in Berlin und anderswo seit Jahren zu sehr beliebten Fotomotiven und regelrechten Stars ihrer Streifgebiete avanciert. Man freut sich über den Hauch von Wildnis, den sie ja schon immer noch darstellen, knipst sie unablässig bei allem, was sie so tun, und lässt auch gerne Freunde oder die eigenen Kinder vor nahrungssuchenden Rotten posieren. Und natürlich wirft man ihnen ein paar Leckereien hin, wenn man welche dabei hat. Nachher ist man dann froh bis regelrecht beseelt über solch hautnahe Naturerfahrung, die womöglich sogar die eindrucksvollste Episode des eigenen Berlinbesuches darstellt. Diejenige, von der man später mit leuchtenden Augen erzählt, weil die Frischlinge einfach sooo süß waren und ihre Eltern zumindest nicht unfreundlich.

Begegnungen mit Wildschweinen in der Stadt können aber

auch ganz anders ablaufen. Im Verlauf der Episode, die sich Ende 2015 in Wiesbaden abspielte, dürfte wohl kaum jemand daran gedacht oder die Zeit gehabt haben, den Selfie-Stick auf volle Länge auszuziehen. Folgendes wusste am 9. Dezember die *Frankfurter Neue Presse* in einer Randnotiz zu berichten: «Ein Wildschwein auf Abwegen hat in Wiesbaden mehrere Unfälle verursacht und für helle Aufregung gesorgt. Nachdem es im Stadtteil Dotzheim durch einen Garten gelaufen war, rannte das Tier vor das Auto einer Frau, schlitzte den Vorderreifen auf und beschädigte die Stoßstange. Vor einem Einkaufscenter rammte es einen Kleinbus, ehe es auch noch einem Linienbus in die Quere kam. An dem Einkaufscenter donnerte es mit Wucht gegen eine Fensterfront. Weil der Hintereingang einer Pizzeria in der Nähe offen stand, drehte es noch eine Runde durch die Küche und verschwand spurlos. Verletzt wurde niemand.» Fast schon ein Wunder, dass dabei außer dem Wildschwein (das unterstelle ich einfach mal angesichts der vielen Kollisionen) niemand verletzt wurde. Es geht aber auch anders, wie *Der Tagesspiegel* im Oktober 2012 zu berichten wusste: «Ein 120 Kilo schweres Wildschwein hat am Montagnachmittag in Charlottenburg-Nord nahe Jungfernheide drei Menschen attackiert und leicht verletzt, bevor es ein Polizist mit seiner Pistole erlegen konnte. Laut Polizei war der Keiler vermutlich zuvor im Wohngebiet am Reichweindamm / Ecke Wirmerzeile von einem Auto angefahren und an den Hinterläufen verletzt worden. Er habe sich in ein nahes Gebüsch zurückgezogen und von dort aus einen älteren Mann angegriffen, als dieser vorüberging. Als eine Frau dem Mann zu Hilfe kommen wollte, ging das Tier auch auf diese los. Sie konnte sich offenbar mit einem Sprung auf die Kühlerhaube eines geparkten Wagens retten, erlitt aber ebenso wie der Mann leichte Verletzungen. Auch auf eine herbeigerufene Polizeistreife stürmte der Keiler wenig später zu. Ein Beamter wurde am Bein leicht verletzt.»

Abgesehen von unbeteiligten Dritten, die sich beim Anblick solchen Geschehens aus der Distanz womöglich vor Lachen die Bäuche hielten und fleißig Fotos schossen, dürfte keiner der direkt an diesen Episoden beteiligten Menschen allzu erfreut über die Schwarzkittel gewesen sein. Womöglich legten die amoklaufenden Vierbeiner gar den Grundstein für lebenslange Ressentiments gegenüber ihresgleichen bei den geschädigten Menschen. Beides kann man ja durchaus nachvollziehen. Genau so schnell wie nach einer Kollision mit einem Keiler relativiert sich schnell jegliche Tierliebe, wenn es der eigene Garten ist, durch den die Sauen pflügen, nachdem sie den dazugehörigen Lattenzaun einfach eingerissen haben. In solchen Fällen ist in aller Regel die Aufregung groß, und schnell wird der Ruf nach Entschädigung oder besser noch Vergeltung laut. Wenn dann aber wiederum der Berliner Tiergarten seine Wildschweinfamilie in Ermangelung gangbarer Alternativen erschießen lässt, dann ist die Aufregung schnell ebenso groß: Erboste Tierfreunde laufen Sturm und stellen lauthals Rücktrittsforderungen. Womöglich dieselben, die der Rotte in ihrem Wohnviertel die Pest an den Hals wünschen. Oder ein paar Tage später von einer Sau den Kotflügel verbeult bekommen. Dann ist die Sau schnell wieder böse. Ja was denn nun?!

Natürlich darf man nicht derart pauschalisieren. Wie eingangs gesagt ist es höchst unfair, alle Tiere über einen Kamm zu scheren. Die wenigsten Arten machen Ärger. Und selbst die Angehörigen einer «Problemart» darf man nicht pauschal verurteilen. Stattdessen, und bevor man ihnen schlimmstenfalls noch Boshaftigkeit unterstellt, sollte man sich klarmachen, wie und warum Konflikte zwischen Mensch und Tier entstehen.

DAS WILDSCHWEIN
(SUS SCROFA) ...

- ✸ alias Schwarzkittel, Schwarzwild, Keiler (Eber), Bache (Sau), Frischling (Ferkel) …
- ✸ ist mit bis zu mehr als einem Meter Schulterhöhe und weit über 200 Kilo Kampfgewicht ein echtes Schlachtschiff. Und keinesfalls zu unterschätzen: Wie schon Alfred Brehm wusste, sind seine Bewegungen «wenn auch etwas plump und ungeschickt, so doch rasch und ungestüm».
- ✸ ist der Stammvater unseres Hausschweines und wurde wohl bereits vor 10 000 Jahren erstmalig in Kleinasien domestiziert.
- ✸ war nicht nur die Lieblingsspeise der Gallier, sondern inspirierte einen gewissen Obelix auch zur Entdeckung eines biologischen Dogmas: Während der Pfundskerl um 50 v. Chr. mit Freunden auf Korsika unterwegs war, monierte er wieder-

holt das mickrige Format der dortigen Sauen. Und entdeckte damit unbewusst die unfairerweise nach einem Göttinger Anatomen benannte Bergmann'sche Regel, die heute jeder Biologiestudent lernen muss: Mit zunehmender Größe nimmt die Körperoberfläche (über die Wärme verloren gehen kann) im Verhältnis zum Körpervolumen (in dem Wärme erzeugt und gebraucht wird) immer weiter ab, weshalb gleich warme Tiere wie das Wildschwein in kälteren Gebieten größer werden.

★ wurde laut Homer von der rachelüsternen Artemis höchstpersönlich auf die Erde geschickt, um dort Felder und Weingärten zu verwüsten. Entsprechende Flurschäden wurden beispielsweise schon von Ovid beschrieben und können heute vielerorts auch in deutschen Städten beobachtet werden.

Konfliktpotenziale:
wer, wann, wie und warum?

Eigentlich ist das Grundproblem immer das gleiche: Wir beanspruchen Raum und Ressourcen, und die Tiere tun das auch. Auf dem relativ eng begrenzten Gebiet einer Stadt muss man da früher oder später aneinandergeraten. Dabei sind es oft nicht einmal derselbe Raum und nicht dieselben Ressourcen, die Mensch und Tier für sich beanspruchen. Trotzdem kommt es, gerade wenn die Populationen bestimmter Tierarten eine gewisse Größe erreicht haben, oftmals zu Reibereien. Aber warum überhaupt, wenn die lieben Tierchen uns weder die Pommes direkt vom Teller fressen noch uns aus dem Bett schubsen? Nun, im Prinzip kann man die sich beim Zusammenleben ergebenden Konfliktpotenziale nach ihrer Wirkung auf den Stadtmenschen grob in drei Kategorien einteilen.

Erstens gibt es Konstellationen, in denen sich der Mensch vom Tier einfach nur gestört fühlt. Etwa wenn der Lärm aus einer Krähen- oder Möwenkolonie mit der Zeit doch als Belästigung empfunden wird oder man es leid ist, sich an bestimmten Orten in der Innenstadt durch die Scharen von Tauben jedes Mal regelrecht hindurchkämpfen zu müssen. Ob ein bestimmtes Tier als störend, also quasi als «Lästling» empfunden wird, hängt dabei oft maßgeblich mit dem Ort seines Auftauchens zusammen. Während uns die Küchenschabe in der Kanalisation herzlich egal ist, weil wir sie nicht sehen, widert sie uns an, wenn sie aus selbiger hervorkrabbelt und munter durch unser Badezimmer flitzt. Dieselben Tauben, die wir vielleicht eben noch gefüttert haben, verjagen wir wenig später von unserem Balkon. Nicht selten ist eine solche Haltung mit ästhetischen oder hygienischen Vorbehalten verbunden. Während Erstere eine Frage des Geschmacks und somit individuell verschieden und immer diskutabel sind, können Letztere oft durchaus berechtigt sein – wie etwa in den beiden gerade genannten Fällen.

Zweitens können bestimmte Tierarten unser Hab und Gut in Mitleidenschaft ziehen, ernsthaft beschädigen oder gar vernichten. Bei manchen genügt schon ein einziges Individuum, bei anderen braucht es erst Massen sich ungehemmt vermehrender Tiere, um Sachschäden entstehen zu lassen. So kann schon ein einzelner Waschbär eine Wohnung verwüsten oder Dächer und Dämmungen nachhaltig sabotieren, und eine anständige Sau durchpflügt auch ohne den Rest der Rotte ein Gemüsebeet gleich welcher Größe in kürzester Zeit, wenn ihr gerade danach ist. Hingegen könnte eine einzelne Taube niemals ernsthaft ein steinernes Baudenkmal wie das Freiburger Münster gefährden – dazu braucht es schon ganze Geschwader von Luftratten, die ihre ätzenden Exkremente jahrelang unentwegt auf dieses Meisterwerk gotischer Kathedralenbaukunst regnen lassen. Ob nun Kleidermotten den Lieblingspulli löchern oder Krähen die Gummidichtung vom Autofenster entfernen, Tiere haben in der Regel keine Haftpflichtversicherung und kommen schon aus Gleichgültigkeit selten für die von ihnen verursachten Schäden auf. Das überlassen sie lieber dem Menschen, der dafür mehr oder weniger tief in die Tasche greifen muss. Und beim Geld hört die Freundschaft auf, wie mein Großvater zu sagen pflegte. Nagende, reißende und scheißende Sachbeschädiger verscherzen sich deshalb schnell jegliche Sympathien.

Die dritte Konfliktkategorie ist die schwerwiegendste: Hier kommt der Mensch selbst zu Schaden! Statt Dingen werden Personen in Mitleidenschaft gezogen, sei es durch die Übertragung von Krankheitserregern oder direkte Tätlichkeiten mit Verletzungs- oder gar Todesfolge. In diese Kategorie gehören vor allem sehr kleine Tiere, die uns als Parasiten oder Weidegänger plagen. Natürlich würde ich als Feld-, Wald-, und Wiesenbiologe einen Mückenstich oder Zeckenbiss an sich niemals als Verletzung bezeichnen und empfinde das Vorhandensein von hunderten Milben und sonstigen Mitessern sowie einigen Parasiten am und im menschlichen Körper als natürlich und somit kaum der Rede wert. Wenn sich aber ein kleiner Plagegeist für meine Blutspende mit Dengue- oder Gelbfieber, Borreliose oder Hirnhautentzündung bedankt, dann stört mich das durchaus. Von den Herausforderungen für das öffentliche Gesundheitssystem und mein näheres Umfeld ganz zu schweigen, wäre ich dann schlicht und einfach krank und meine Lebensqualität deutlich eingeschränkt, womöglich gar für immer dahin. Während Kleintiere als Krankheitsvektoren weltweit ein Problem sind und in Deutschland wahrscheinlich zunehmend eines werden, sind direkte Verletzungen durch die Zähne, Krallen oder Schnäbel größerer Tiere glücklicherweise (noch) relativ selten und in der Regel eher ein lokales Problem. In Europa scheinen in dieser Hinsicht witzigerweise unsere gefiederten Freunde zahlenmäßig am stärksten ins Gewicht zu fallen. Manche Vogelarten verhalten sich zur Brutzeit nicht gerade friedlich und verteidigen ihr Nest bzw. ihren Nachwuchs gegen herannahende Lebewesen nach der Maxime «Angriff ist die beste Verteidigung». Wenn solche Vögel dann inmitten einer Großstadt nisten, am besten noch zu vielen in einer Brutkolonie, dann sind die meisten der als mögliche Nest- oder Jungvogelräuber in Frage kommenden Lebewesen eben Menschen. Die müssen sich dann wirklich vorsehen, denn die nähere Bekanntschaft mit Schnäbeln und Krallen mittelgroßer Vögel wie Krähen oder Möwen kann bleibende Eindrücke hinterlassen und ist etwas, das sich niemand wünscht. Anders als bei Alfred Hitchcock enden solche Präventivangriffe aber nicht tödlich. Die finale Konsequenz eines unmittelbaren Ablebens ist dann doch eher Zusammenstößen mit größeren Säugetieren vorbehalten. Anderswo auf der Welt würden Großkatzen, Hyänen und Bären zu den Kandidaten für solche tödliche Begegnungen gehören. In Deutschland haben wir die nicht zu fürchten. Hier führen Wildschwein und Wolf die Liste derjenigen Großsäuger an, auf deren allzu enge Bekanntschaft man lieber verzichten sollte.

Selbstredend sind die Übergänge zwischen diesen drei «Wirkungskategorien» fließend, und manche Mensch-Tier-Konstellation deckt wunderbar alle drei ab. So stören mich Tauben auf meinem Balkon (siehe nächstes Kapitel) eigentlich nur deshalb so vehement, weil sie dort alles vollscheißen. Was einerseits eklig ist, andererseits aber auch meine dort befindlichen Besitztümer und im Zweifelsfall auch meine Gesundheit in Mitleidenschaft zieht. Und die Mücke, die mir möglicherweise gleich eine unaussprechliche Tropenkrankheit verpassen könnte, hat mich mit ihrem Gesirre an meinem Ohr schon lange, bevor sie das getan hat, tierisch genervt.

Ähnlich wie die Wirkung auf uns Menschen können auch die Ursachen für Konflikte mit bestimmten Tierarten mehrschichtig sein. Vor allem aber gibt es ihrer von vornherein mehr. Es scheint, als könne eigentlich alles, was ein Tier im Schilde führt und dementsprechend dann meist auch tut – wohnen, schlafen, fressen, ausscheiden, fortpflanzen, kommunizieren, selbst schon sich ohne böse Hintergedanken von A nach B bewegen oder einfach nur da sein – in bestimmten Fällen zumindest für manche von uns zu einem Problem werden. Das klingt jetzt fies, aber eines dürfen wir unseren tierischen Mitbürgern nicht unterstellen: bösen Willen. Nach dem Dafürhalten der heutigen Wissenschaft gehört Boshaftigkeit nicht zu den grundsätzlichen Charakterzügen von Tieren. Soweit wir wissen, handeln sie niemals aus dem reinen Wunsch heraus, uns zu schaden. Was sie tun, das müssen sie tun, um in ihrem Leben voranzukommen – in Richtung nächster Tag oder in Richtung erfolgreiche Elternschaft. Wenn sie uns dabei in die Quere kommen, tut ihnen das zwar wahrscheinlich nicht besonders leid, ist aber mit Sicherheit genauso wenig böse gemeint.

Zunächst einmal braucht jedes Lebewesen Raum. Bei Pflanzen ist das der Raum, den sie mit ihrem Körper einnehmen. Bei Tieren ist das in der Regel einiges mehr. Denn sofern sie nicht sessil (also irgendwo festgewachsen) sind, wechseln sie ihren Standort hin und wieder. Manche sogar ziemlich oft. Allein schon dieses Unterwegssein kann handfesten Ärger machen, wenn man als Tier dabei den Fehler macht, sich auf Kollisionskurs mit menschlichen Verkehrsmitteln zu begeben. Am stärksten aber macht sich das Raumbedürfnis von Tieren dort bemerkbar, wo sie wohnen. Sei es, weil ihre häufige bis permanente Anwesenheit als störend oder gefährlich empfunden wird, oder weil sie ihrem Wohnort über kurz oder lang auch ihren Stempel aufdrücken. Das tun besonders solche, bei denen Wohnen gleichzeitig auch etwas mit Familiengründung zu tun hat. Gerade Vögel und Säugetiere richten sich zur Fortpflanzung gerne häuslich ein. Dabei ist ein kleines Amselnest in einem Gebüsch im Garten oder selbst im Blumentopf auf dem Balkon wahrscheinlich für niemanden wirklich problematisch. Ein unter den Dachvorsprung geklebtes Schwalbennest hingegen erweckt schon bei weniger Eigentümern oder Mietern Sympathien. Noch größere Imageprobleme haben Säuger, die großräumigere Bauprojekte entfalten. Nicht wenige Gartenbesitzer haben sich bereits von Maulwürfen oder Wühlmäusen bis an den Rand des Wahnsinns treiben lassen. Größere Nager brauchen größere Tunnel, und Bisamratten oder Kaninchen können beispielsweise die Tragfestigkeit der Erdoberfläche oder die Funktionalität von Uferbefestigungen ernsthaft untergraben. Wer sich beim unverhofften Einbrechen in einen oberflächennahen Bau mal den Fuß verstaucht oder gar gebrochen hat, dessen Verhältnis zu den an diesem Unfall ja nicht ganz unbeteiligten Baumeistern wird wahrscheinlich nachhaltig getrübt sein. Der König der Landschaftsformung schließlich ist der Biber. Bäume fällen, Ufer unterhöhlen, Dämme bauen, Wasser stauen – da bieten sich mannigfaltige Reibungspunkte mit Menschen ganz unterschiedlicher Couleur an.

So viel Bautätigkeit macht natürlich hungrig. Aber auch wer weniger schafft, muss essen. Das ist wieder so eine allgemein gültige Regel in der Biologie. Und wiederum eine Eigenschaft von Tieren, über die sie mit uns ins Gehege kommen können. Besonders wenn sie von unserem Essen stibitzen. Dieser Konflikt ist so alt wie die Stadtfauna selbst, denn wie bereits angesprochen sind unter ihren ehernen Klassikern haufenweise Vorratsschädlinge. Direkte Nahrungskonkurrenten, die meist unbemerkt agieren und gleichzeitig auch nicht zwingend förderlich für die Lebensmittelhygiene sein müssen. Die haben es sich natürlich schon lange mit uns verscherzt. Ebenso nervig und nicht weniger eklig kann es sein, wenn jemand tatsächlich direkt von unserem Tellerchen isst – weil er durch lebenslange Erfahrung gelernt hat, dass es da tolle Sachen zu holen gibt und man in aller Regel ungestraft davonkommt. Und selbst für Dinge, die wir nie und nimmer in den Mund nehmen würden, finden sich in der Tierwelt dankbare Abnehmer. Holzwürmer, Kleidermotten und Co. fressen uns zwar nichts weg, aber sie fressen uns etwas kaputt. Schade, wenn es der Lieblingspulli ist. Bei Dingen wie Möbeln oder Fachwerkbalken, die eine tragende Funktion haben, schnell auch ungesund für denjenigen Menschen, der sich auf ihre Tragfähigkeit verlässt. Die Steinlaus lässt grüßen – gerade in Städten mit großen Häfen oder Flughäfen treten auch in Mitteleuropa immer mal wieder Termiten auf den Plan! Meist nicht ganz so tragisch, aber oft sehr ärgerlich kann es ausgehen, wenn jemand durch die ihm eigene, womöglich besonders durchgreifende Art seiner Nahrungssuche auffällig wird. Kein Mensch legt ein hübsches Blumen- oder Gemüsebeet an, um es von einer dahergelaufenen Wildsau vorzeitig abernten und dabei komplett unterpflügen zu lassen. Und da man in Deutschland mehrheitlich der Ansicht ist, dass Abfälle in Tonnen gehören, stören wir uns gewaltig daran, wenn Krähen, Möwen oder Waschbären anderer Meinung sind und den gesamten Inhalt eines Abfalleimers um diesen herum ausbreiten. Wobei sie das wiederum nicht aus Boshaftigkeit tun, sondern rein der Übersichtlichkeit halber, um die leckeren Bestandteile leichter erkennen und einfacher herauspicken zu können. Abfall ist eben nicht für jeden Müll.

Gefressenes wird verdaut. Unverdauliches und Unverdautes muss später wieder ausgeschieden werden. Wieder so ein universelles Gesetz der Zoologie, und wieder ein Quell des Unheils für uns. Die mit bloßem Auge sichtbaren Hinterlassenschaften größerer Tiere stören ganz einfach den Ästheten in uns und können je nach Produzent und Menge ernsthafte Schäden an den verschiedensten Materialien hinterlassen – von der Sandsteinfassade bis zum Autolack. Zudem hat man ja (hoffentlich) schon von seinen Eltern gelernt, dass Stoffwechselendprodukte pfui sind ... und das zu Recht. Natürlich darf gerne jeder, der das möchte, seinen Eigenurin zum Frühstück trinken. Aber der mit Parasiten und Keimen durchsetzte Kot von Tieren verhält sich nicht nur höchst konträr zu den Hygienestandards unserer Zivilisation, sondern ist in aller Regel tatsächlich höchst ungesund. Berühren verboten! Und einatmen sollte man ihn auch nicht, wenn er erst einmal zu Staub zerfallen ist.

Zu allem Überfluss sind frei lebende Tiere nicht nur bewegungs- und bastelfreudig, hungrig und nicht an die Benutzung sanitärer Einrichtungen gewöhnt, sondern manchmal auch höchst mitteilungsbedürftig. Während wohldosierter Vogelsang natürlich alle Herzen höher schlagen lässt, haben unablässig zirpende Grillen, liebestrunken durch die Nacht schallende Frösche, laut schmetternde Nachtigallen und Kolonien krächzender Krähen schon manchen Mitmenschen fast um den Verstand gebracht. Gerade in diesem unserem Zeitalter der multiplen psychischen Belastungen.

All die genannten tierischen Tätigkeiten und Verhaltensweisen werden oft erst dann zu einem offensichtlichen und womöglich handfesten Problem, wenn sie von vielen Individuen ausgeführt werden. Frei nach dem Motto «eine Schwalbe macht noch keinen Sommer» lässt sich wohl mit Fug und Recht behaupten, dass eine Taube allein unmöglich den Kölner Dom zuschanden scheißen kann. Was diese zweithöchste aller deutschen Kirchen in die Bredouille bringt, sind vielmehr die Unmengen an Tauben, die auf ihr Platz finden und sich dort erleichtern. Ein paar vereinzelte Halsbandsittiche würden sicher noch als optische wie akustische Bereicherung empfunden, aber wer von früh bis spät das Gekreische einer ganzen Kolonie auf die Ohren bekommt, der könnte irgendwann mal leicht genervt davon sein.

Dabei muss eines mal ganz klipp und klar gesagt werden: Überbevölkerung ist in aller Regel ein menschengemachtes Problem. Sowohl die menschliche auf diesem Planeten als auch diejenige, die sich bei bestimmten Tierarten in Städten nicht wegdiskutieren lässt. Aktiv oder passiv, direkt oder indirekt sind wir es, die es diesen Tieren ermöglichen, sich über alle Maßen zu vermehren und in eigentlich viel zu großen Bevölkerungsdichten gemeinsam mit uns zu existieren. In der wilden Natur kann sich kaum eine Tierart so ungehemmt vermehren, wie manche es in den Städten vermögen. Weil Ressourcen, insbesondere Nahrung, begrenzt sind und Fressfeinde, Krankheiten und Parasiten ein Übriges tun. In den Städten aber mangelt es häufig an natürlichen Feinden, und wir als möglicher Hauptgegner sind auch ganz friedlich. Was rede ich – wir ernähren die! Mit unseren Vorräten, unseren Abfällen und sogar mit freiwilligen Futterspenden überhäufen wir die Tierwelt der Städte geradezu mit einem nie versiegenden Überfluss an Nahrung. So schaffen wir erst die Grundvoraussetzung für eventuell eintretende Bevölkerungsexplosionen. Aber angesichts der geballten

Konsequenzen ist das Geschrei dann grcß und ein einfacher Sündenbock schnell gefunden: das garstige Viehzeug natürlich. Wer sonst?

KNUDDELN ODER ABSCHIESSEN?

Grau ist alle Theorie. Nachdem wir uns im vergangenen Kapitel grundsätzlich klargemacht haben, wie und warum tierische Nachbarn zu ungeliebten Nachbarn werden können, wollen wir nun ein paar konkrete Beispiele betrachten. Geschichten, die das Leben schrieb. Wenn man so will, Präzedenzfälle aus der nicht allzu fernen Vergangenheit, in denen bestimmte Tiere sich auf die ein oder andere Art und Weise beim Menschen in Misskredit gebracht haben. Wie vor Gericht wollen wir dabei wenigstens versuchen, beide Seiten anzuhören, um ihre Beweggründe zu verstehen und eine möglichst optimale Lösung zu finden.

Tretminen

Ein schönes Beispiel für das ambivalente Verhältnis zu unseren tierischen Mitbürgern sind die bereits vorgestellten Nilgänse, die seit einiger Zeit Deutschland erobern. Durch ihr vergleichsweise farbenfrohes Federkleid sind sie leicht von den anderen bei uns herumschnatternden Gänsen zu unterscheiden und bei den meisten Menschen sehr beliebt, auch wenn ihnen inzwischen vielerorts schon längst nicht mehr der anfängliche Zauber des Exotischen anhaftet. Wie alle Gänse und die nahe verwandten Enten lassen sie sich gerne füttern und werden gerne gefüttert. Dieses gerade in Städten bestehende Überangebot an Nahrung ist ein Grund dafür, dass es ihrer ständig mehr werden. Wer schon länger in Frankfurt wohnt, konnte das über die letzten paar Jahrzehnte live mitverfolgen: Aus einzelnen Nilgänsen in manchen Parks und am Mainufer wurden haufenweise Nilgänse, die sich inzwischen auf nahezu jeder innerstädtischen Grünfläche tummeln. Einzeln, in Paaren oder jedes Frühjahr in Familiengruppen mit erst flauschig-knuffigen, in wenigen Monaten aber auf Elterngröße heranwachsenden Küken watscheln sie gemütlich über die Wiesen und halten sie mit dem Schnabel kurz. Weil sie wie alle Tiere nach dem Prinzip «hier was rein, da was raus» funktionieren, finden wir, wo auch immer eine Nilgans kurz vorbeigeschaut hat, etwas von dem «was raus». Will heißen, Frankfurter Grünflächen sind gesprenkelt mit Gänsekot – manche mehr, manche weniger.

Das Epizentrum der Frankfurter Nilgänse ist traditionell der Palmengarten im Westen der Stadt. Hier ist die Nilgans längst die häufigste von vier regelmäßig anzutreffenden Gänsearten, und jedes Jahr ziehen diverse Elternpaare ihren Nachwuchs in dieser grünen Oase groß. Schon seit Jahren sollte man beim Gang durch den Palmengarten aufpassen, wohin man tritt, denn so eine Gänsewurst ist kein Spatzenschiss, sondern ein Exkrement von Format. Typischerweise etwa daumen- bis kinderfaustgroß, dunkelgrün mit Weißanteil, und bei Berührung eine sehr schmierige, nicht allzu wohlriechende Angelegenheit. Da Gänse, wie die meisten Tiere, nun mal kacken, wann und wo es ihnen in den Sinn kommt, machen sie auch keinen Unterschied zwischen Liege-, Spiel- und sonstigen Wiesen oder zwischen Gebüsch und Wasserspielplatz. Das Ganze hatte bis 2010 derartige Ausmaße angenommen, dass der Direktor des Palmengartens öffentlich konstatierte: «Die scheißen uns den Garten zu» und laut über eine Regulierung der Gänseplage durch Abschuss nachdachte. Ein Fehler, wie ihn der öffentliche Aufschrei sofort lehrte. Schon ein paar Jahre vorher hatte sich der damalige Direktor des Frankfurter Zoos viele Sympathien verscherzt, als herauskam, dass im Zoo auf Nilgänse geschossen worden war.

Um einer Tötung zuzustimmen, ist die Frankfurter Bürgerschaft dann doch noch nicht genervt genug, auch wenn alle naselang Beschwerden von Bürgern bei den Behörden eingehen. Und das nicht nur über den Kot der Gänse, sondern auch über ihr Verhalten. Nilgänse sind überaus selbstsichere Zeitgenossen, die ungerührt auf Fahrradwegen wie Hauptverkehrsstraßen herumgammeln. Außerdem stehen sie im Ruf, recht rabiat zu sein. Selbst mancher Vogelkundler bezeichnet sie als penetrant und biestig, was ich persönlich vollauf bestätigen kann. Gerade mit Küken im Gepäck gehen erwachsene Exemplare nicht nur andere Wasservögel heftig (bis hin zur Todesfolge) an, sondern auch Menschen. Natürlich ist so ein Gänseschnabel kein Wolfsgebiss, aber weh tut es trotzdem, wenn er mal richtig zuschnappt. Nicht wenige Frankfurter können das aus eigener Erfahrung bestätigen. Zuletzt fressen die Tiere nicht nur Gras und Brot, sondern auch ganze Felder kahl. So musste jüngst ein Unternehmen, das großflächig die unverzichtbaren Küchenkräuter für Frankfurts Nationalgericht (die Grüne Soße) anbaut, massive Ernteausfälle hinnehmen. Und nun, was tun? Was macht man mit solch garstigem Federvieh? Die direkte Regulierung durch Jagd oder Wegnahme der Eier scheitert bisher daran, dass die Tierliebe in der Bevölkerung unterm Strich immer noch gegenüber der Empörung über die Gänse überwiegt. Entsprechende Genehmigungen wurden deshalb angesichts der «emotional behafteten Thematik» seitens der Behörden bisher nicht erteilt. Deshalb bleibt es vorerst bei einer Bekämpfung der Symptome. Die Obrigkeit rät ihren Bürgern zu Vorsicht im Umgang mit den Tieren, und im Palmengarten wird der Gänsekot regelmäßig aufgesammelt – wenigstens dort, wo er optisch besonders stört oder hygienisch besonders bedenklich ist. Wobei ich persönlich finde, dass man ihn aus didaktischen Gründen an bestimmten Stellen liegen lassen sollte: nämlich vor den vielen «Nicht Füttern!»-Schildern, deren unmittelbare Umgebung mir ironischerweise oft besonders zugeschissen vorkommt. Sehr elegant will übrigens der Zoo mit der Gänseproblematik umgehen. Dort plant man, sie beispielsweise in Führungen als lebendes Beispiel für eine invasive Art einzubinden. Chapeaux!

Kotschleudern

Ich habe wirklich nichts gegen Vögel. Ehrlich. Ich mag sie sogar ausgesprochen gerne, so wie ich überhaupt die meisten Tiere toll finde. Einerseits in meiner Eigenschaft als generell naturverbundener Mensch, aber viel mehr noch als Biologe, der sich mit der Evolution der Lebewesen und der unweigerlich dabei entstehenden biologischen Vielfalt beschäftigt, kann ich prinzipiell eigentlich allen Lebewesen etwas Positives abgewinnen. Zumindest respektiere und bewundere ich sie für das, was sie naturwissenschaftlich betrachtet nun mal sind – unglaublich komplizierte, gekonnt mit höherer Chemie jonglierende, höchst verwundbare, aber doch wie geschmiert funktionierende organische Gebilde, die ohne Pause Stoffe und Energie umsetzen und eigentlich nur darauf hinarbeiten, schnell noch wenigstens ein Abbild von sich selbst erzeugen, bevor es sie hinwegrafft. Wow. Wenn Lebewesen dann noch mit dem bloßen Auge sichtbar sind und obendrein auch nicht allzu abstoßend, umso besser. Und wenn sie dann noch irgendetwas tun, wobei man ihnen zuschauen kann: perfekt. Deshalb mag ich gerade Vögel ziemlich gerne. Doch bei aller Naturverbundenheit und Tierliebe, bei allem Respekt bin ich auch nur ein Mensch. Deswegen höre ich schnell damit auf, bestimmte Tiere zu mögen, wenn sie mir tierisch auf die Nerven gehen. Bei sehr kleinen Tieren werden derlei Konfliktsituationen nicht selten durch den gewaltsamen Tod dieser Tiere zu meinen Gunsten entschieden. Bei kleinformatigen Vielbeinern ist das für mich – wie wohl für die meisten Menschen – weder ethisch-moralisch noch technisch oder motorisch ein Problem. Bei größeren Plagegeistern mit weniger Beinen hingegen schon. Einerseits hat man da zumindest als Bürger einer Industrienation von vornherein eine höhere Hemmschwelle, und andererseits greifen spätestens, sobald ein Tierchen Knochen hat, auch gewisse Gesetze, deren Übertretung sogar mit Freiheitsstrafe geahndet werden kann.

Hauptsächlich aus dem letztgenannten Grund musste ein früherer Nachbar von mir vor gar nicht allzu langer Zeit einen langen, erbitterten Kampf gegen einige Tauben führen. Über Wochen und Monate. Irgendwann kam man nämlich in Taubenkreisen auf die Idee, dass sein Balkon ein prima Nistplatz sei. Ist er ja auch: Blumentöpfe und ein kleines Regal schaffen verschieden große und unterschiedlich weit offene Nischen an einer Felswand. Wie ein Neubaugebiet mit verschiedenen Musterhäusern für Felsenbrüter. Dort einzuziehen, das hatte sich ein Taubenpärchen offensichtlich fest vorgenommen. Jedenfalls ließen sie sich nicht wirklich davon abbringen. Das erste Nest – wobei Nest doch ein sehr großes Wort für das ist, was unsere Ratten der Lüfte üblicherweise zusammenbasteln – entstand binnen eines Tages im obersten Regalfach. Als mein Nachbar heimkam und auf den Balkon trat, erschrak er fast zu Tode, als die dort schon mal probesitzende Taube unvermittelt aufflog und ihn dabei fast berührte. Nach der Rückkehr zum Ruhepuls wanderte das Häuflein zweigigen Elends, das unter Tauben als Nest gilt und um die hundert weitere Arten sehr viel kleinerer Tiere beherbergen kann, direkt in die Tonne. Glück im Unglück, wenigstens hatte er keine ungeborenen Tauben ihrer Zukunftsaussichten berauben müssen. Indes, die Nestbauer ließen sich von dieser rigorosen Zwangsräumung nicht im Geringsten beeindrucken. Als hätten sie bereits einen Kaufvertrag unterzeichnet und die Anzahlung geleistet, kamen sie wie selbstverständlich wieder und begannen abermals, dürre Ästchen nach unergründlichen Gesichtspunkten zu arrangieren. Mein Nachbar wurde abermals zum Spielverderber. Am nächsten Morgen das Gleiche. Und als er abends heimkam, schon wieder. Leicht genervt beschloss er nach Rücksprache mit mir, das Fach so weit zu füllen, bis es uninteressant für plumpe Tauben sei. Da wichen sie auf das Fach darunter aus. Und als auch das verrammelt war, eben in immer offenere Ecken seines Balkons. Selbst als er ein tagsüber gelegtes Ei entfernt hatte, wollten sie sich ihre Fehleinschätzung der in Wahrheit höchst ungünstigen Wohnlage offenbar nicht eingestehen, sondern bauten und legten munter weiter, und wie zum Trotz immer schneller. Ungeachtet (oder vielleicht gerade wegen?) der mittels Lärm, Nestsabotage und Eierklau offen zur Schau getragenen Feindseligkeit des rechtmäßigen Balkoninhabers wurden sie immer dreister, vielleicht auch einfach gleichgültiger. Es reichte längst nicht mehr, dass er sich in die Balkontür stellte, um eine von ihnen zu verjagen. Nur wildes Herausstürmen mit Geschrei und Geklatsche hatte noch die erwünschte Wirkung. Übrigens auch auf mich, der ich einen Balkon darüber jedes Mal zusammenzuckte. Das Ganze ging so weit, dass die grauen Gurrer sogar in seine Wohnung kamen und fröhlich auf dem Wohnzimmerteppich herumspazierten, wenn die Balkontür nicht verschlossen war.

Bei alledem hinterließen sie überall Federn. Federn voller kleiner Lebewesen, die mein Nachbar genauso wenig wie die Federn selbst in seiner unmittelbaren Nähe haben wollte. Und natürlich hinterließen sie auch die typisch taubigen Hinterlassenschaften. Glücklicherweise (danke, liebe Tauben, für so viel Rücksichtnahme!) nicht auf seinem Wohnzimmerteppich, dafür aber wahllos überall auf seinem Balkon, und gerne auch auf meinem, wenn sie dort mal kurz Platz nahmen. Kleinvieh macht auch Mist, sagt ein altes deutsches Sprichwort, und es könnte durchaus durch die Beobachtung von Tauben inspiriert worden sein. Denn wie man unweigerlich feststellen durfte, verlieren schon zwei Tauben ziemlich viel ätzende Schmiere aus ihren Hinterausgängen. Ständig. Und offenbar am liebsten dort, wo sie sich häuslich niederlassen wollen oder der Meinung sind, es bereits getan zu haben. Dabei kommt es ihnen keinesfalls in den Sinn, darauf zu achten, was genau sie gerade besudeln. Boden, Stühle, Grillrost – die Taube von Welt scheißt schlicht auf alles. Und weil Tauben nicht gerade die kleinsten Vögel sind, produzieren sie auch nicht die allerkleinsten Vogelschisse. Im frischen Zustand ist Taubenkot wirklich alles andere als appetitlich und kaum mit einem Wisch zu entfernen. Wenn so ein Flatsch dann einmal getrocknet ist, müffelt und glitscht er zwar weniger, staubt dafür aber umso mehr. Einatmen sollte man das besser nicht.

Dieser Riesenspaß zog sich über einige Wochen hin. Jeden Morgen verjagte mein armer Nachbar die Tauben mit größtmöglicher Grobschlächtigkeit, nur um sie wenige Minuten später wieder auf dem Balkon oder in der unmittelbaren Nähe vorzufinden. Kam er abends nach Hause, hatten sie ihn offensichtlich bereits vollkommen vergessen und es sich längst wieder gemütlich gemacht. Also wieder klatschen und rufen. Und zehn Minuten später noch mal. Die beiden kamen einfach immer wieder und regten ihn irgendwann nur noch auf. Wie auch mich, denn immer öfter landeten sie auch auf meinem Balkon und schienen ihn schon mal als mögliches Ausweichquartier zu inspizieren. Also wurde Taubenverscheuchen gezwungenermaßen auch für mich zur nervigen Routine. Was rede ich, ab einem bestimmten Zeitpunkt bekam ich selbst schon regelrechte Zustände, wenn ich nur den Flügelschlag einer Taube im Landeanflug hörte.

So lieferte man sich einen Balkon unter meinem mit diesen beiden Tauben ein langwieriges, für beide Seiten unvorteilhaftes Kräftemessen. Bis mein Nachbar endlich eine Lösung fand: Er kaufte kurzerhand mehrere Päckchen langer, hölzerner Schaschlikspieße. Mit denen garnierte er dann, abgesehen vom nackten Boden, so ziemlich alles, worauf eine Taube sich jemals setzen wollen würde. Ich tat es ihm kurzerhand gleich. Mit Erfolg: Zwar landen hin und wieder noch Tauben auf unseren Balkonen, aber die unangenehme Stacheligkeit der allermeisten Oberflächen hat sie seitdem von weiteren Besiedlungsversuchen abhalten können. Und nebenbei auch bewirkt, dass ich mich dort nicht mehr gedankenlos irgendwo anlehne.

Natürlich, so ein monatelanges Hin und Her muss sicher nicht sein. Aber was hätte mein Nachbar sonst machen können? Natürlich hätte er gleich von Anfang an zu ganz anderen Mitteln greifen können, um unerwünschtes Federvieh von seinem Balkon fernzuhalten. Nicht zu Körperverletzung oder Totschlag, denn das wäre ja gegen das Tierschutzgesetz. Aber sofort sämtliche Landeplätze mit Spikes oder gespannten Drähten unbrauchbar machen wäre eine Möglichkeit gewesen. Vielleicht auch ein Netz um den gesamten Balkon herum aufhängen. Oder eine Krähenattrappe aus Kunststoff am Balkongeländer anbringen. Das taten aber weder er noch ich, weil wir eben nicht gleich sämtliche Vögel ausladen wollten – es ging uns tatsächlich nur darum, dass keiner von uns ein Taubennest wünschte. Kurze Besuche von Tauben sind mir nach wie vor recht, und die von anderen Vertretern der Vogelzunft wünsche ich mir sogar. Auch als Familienwohnsitz würde ich meinen Balkon jederzeit zur Verfügung stellen – nur nicht den alles großflächig vollscheißenden Tauben. Kleinere Vogelarten wie Amsel oder Rotkehlchen würde ich regelrecht willkommen heißen. Denen scheint mein Balkon aber nicht zuzusagen. Meine Schwester macht da irgendetwas anders und offensichtlich wesentlich besser als ich. Bei ihr brüten die beiden zuletzt genannten Vogelarten und neuerdings auch Blaumeisen, von Tauben keine Spur. Womöglich liegt es an der Wahl ihres Wohnortes – direkt am Stadtrand mit Blick ins Grüne statt in den Schluchten eines Kunstfelsmassivs.

Putzige Panzerknacker

Die Ratten der Lüfte können ganz schön nervtötend sein, da sind wir uns wohl einig. Aber Waschbären sind süß – oder? Nun, aus der Ferne betrachtet oder auf dem Cover eines Buches sind sie das mit Sicherheit. Wenn man es aber direkt mit ihnen zu tun bekommt, kann es schnell passieren, dass man sie etwas differenzierter betrachtet. Meine erste ausgiebige Begegnung mit Waschbären hatte ich vor einigen Jahren nicht in einer Großstadt, sondern dort, wo der Siegeszug der putzigen Panzerknacker durch Europa begann: am nordhessischen Edersee. Da musste ich auf die harte Tour lernen, dass Waschbären ernst zu nehmende Gegner sind. Dabei hätte ich das als Biologe eigentlich schon längst wissen sollen, als einige Freunde und ich auf einem herrlichen Campingplatz direkt am See unsere Zelte aufschlugen. Vor allem hätten wir die Warnungen beim Einchecken ernst nehmen sollen: ALLE Lebensmittel in eine Kiste, Schloss dran und in die Küche, oder direkt in den dortigen abschließbaren Kühlschrank. Während Letzterer unsere verderblichen Fressalien aufnahm, fanden wir Pappkartons und Packsäcke für das «Trockenzeug» wie Nudeln, Kaffee und Zucker gut genug – und lagerten diese ganz relaxed in unseren Zelten. Vor allem in meinem. Schon in der ersten Nacht näherten sich Waschbären. Noch ganz vorsichtig und sehr zurückhaltend spähten sie uns immer mal aus einem anderen Gebüsch an und zogen ängstlich Leine, sobald wir sie anleuchteten. In der zweiten Nacht war ihnen unser Licht egal, sie kamen immer wieder aus den Büschen, und wir konnten ihnen zuprosten und sie aus für alle sicherer Entfernung ausgiebig betrachten. Es sind ja wirklich unglaublich knuffige kleine Kerlchen: der buschige Ringelschwanz, die Zorro-Maske, und dann wirken sie noch so sympathisch pummelig! Flauschige Knutschkugeln, fanden wir alle, und wünschten uns, dass sie doch ein wenig näher kämen.

Am nächsten Tag machten wir einen längeren Ausflug. Zurück auf dem Campingplatz wurde der allgemeine Beschluss gefasst, dass es Zeit für Waffeln und ein Käffchen sei. Doch daraus wurde nichts: Die Knutschkugeln hatten zugeschlagen! Geschickt und kräftig, wie sie sind, hatten sie mein Innenzelt kurzerhand angekaut (wie der reichlich vorhandene Speichel verriet) und dann aufgerissen, sodass ein ordentliches Loch darin klaffte. Scheinbar war ihnen das Zeltinnere doch zu heikel gewesen – statt einzusteigen hatten die kleinen Scheißer den vielversprechendsten Karton etwas an das Loch herangezogen und dann komplett zerlegt. Will heißen: den gesamten Inhalt in meinem Zelt verteilt. Das Ganze erinnerte mich stark an das Krümelmonster, bei dem die Kekse bekanntlich zur Gänze in der näheren Umgebung verstreut werden und meines Wissens niemand je gesehen hat, wie auch nur ein Kekskrümel in seinen Verdauungstrakt eintritt. Ob die Waschbären tatsächlich etwas gefressen oder mitgenommen hatten, konnten wir schwer beurteilen, denn keiner hatte Lust, aus der den Zeltboden bedeckenden Masse an Krümeln, Pulvern und Fetzen die Menge handelsüblicher Verkaufseinheiten zu rekonstruieren. Vor allem ich, dessen Schlafsack nun an mehreren Stellen mit wenig appetitlichen Krusten aus Kekskrümeln, Zucker und Waschbärspeichel (ich rede mir bis heute ein, dass es sicher nur Speichel war ... ganz bestimmt) überzogen war, hatte vielmehr Lust dazu, diese Mistviecher auf der Stelle zu erwürgen. Oder gegen die nächste Wand zu klatschen, oder im Edersee zu ertränken, irgend so was halt. Als die erste Wut verraucht war und der schnell nachgekaufte Kaffee endlich dampfte, wurde meine Wut auf die Waschbären zunehmend vom Zorn über die eigene Dummheit verdrängt: Ich Vollpfosten hatte diese zielstrebigen wie geschickten, opportunistischen wie hartnäckigen Pelzträger einfach unterschätzt! Natürlich hatten sie die originalverpackten Waffeln, den Kaffee und alles andere, was in meinem Zelt lagerte, von Anfang an gerochen. Natürlich ist eine Zeltplane kein Hindernis für ein Raubtier aus der Familie der Kleinbären. Die Ängstlichkeit am ersten Abend war sicher reines Kalkül gewesen. Die Possierlichkeit am zweiten ebenso. Und wahrscheinlich (so stellte ich es mir damals zumindest vor) hatten sie morgens im Busch nebenan nur gewartet, bis wir ausflogen, und an der Menge des von uns eingepackten Proviants erkannt, dass wir einige Stunden wegbleiben würden. Berechnende kleine Biester!

Natürlich ist ein Zweimannzelt kein Wohnhaus und ein Campingplatz am Edersee keine Großstadt. Trotzdem lässt sich mein kleines Waschbärerlebnis ohne weiteres auf die Stadt übertragen: Auch hier sind Waschbären hungrig, auch hier sind Waschbären neugierig. Auch und gerade in der Stadt gibt es Menschen, die interessante und vor allem leckere Dinge in ihren Unterkünften haben. Das bekommt man als Waschbär mit. Oder man möchte einfach herausfinden, was sich hinter diesem oder jenem Fenster, einer Luke oder Tür befindet – vielleicht die Singlewohnung für einen selbst oder ein Zuhause für den anstehenden Nachwuchs? Womöglich Futter? Oder Spielzeug? Es gibt nur einen Weg, um das herauszufinden: Man muss da hinein! Und darin sind Waschbären wahre Meister! Auch wenn sie ziemlich pummelig und plump aussehen, sind sie doch beinahe katzenartig geschmeidig und passen auch durch viel zu eng erscheinende Öffnungen problemlos hindurch. Anders als menschliche Einbrecher erreichen sie solche Einstiegsmöglichkeiten oft auch dann, wenn diese weit weg vom Boden in den oberen Stockwerken liegen: vom Nachbardach, die Regenrinne oder das Blumenspalier hoch, bei sehr rauen Außenwänden mit ausgeprägtem Relief womöglich sogar entlang dieser Wände selbst.

Die kongeniale Kletterakrobatik der Waschbären wird eigentlich nur durch ihre Geschicklichkeit übertroffen. Zwei fähige Hände, eine Schnauze mit tollen Zähnen und ein cleveres Gehirn, das aus diesen Werkzeugen das Maximum rausholt. Gegen diese Kombination aus Cleverness und Geschick kann kaum ein heimisches Tier anstinken. Was ihm beim Überleben hilft, stellt uns vor große Herausforderungen. Denn der Waschbär ist ein tolles Beispiel für ein Multiproblemtier. Schon im Zuge seines Kletterns und Eindringens verursacht er Schäden an Gebäuden. Sobald er es hinein geschafft hat, geht es drinnen weiter. Vorräte werden geplündert, Einrichtung beschädigt und im Raum verteilt, Kamine verstopft und Dämmungen gefleddert. Sein Urin und Kot sind alles andere als wohlriechend, und mit Letzterem verteilt er den Waschbär-Spulwurm, der sich in der Folge auch mit anderen Tieren oder Menschen als Wirt begnügen kann. Auch außerhalb von Häusern stiftet der knuffige Kleinbär Chaos, besonders wenn er Mülltonnen plündert. Und frei laufende Haustiere tun gut daran, sich nicht mit der kompakten Kämpfernatur anzulegen. Sonst ist das schnell das Letzte, was sie tun.

Was wir in puncto Waschbär tun können, das zeigen uns die Kasseler. Hier, in der Hauptstadt der Waschbären, wo pro Quadratkilometer fünfzig erwachsene Tiere leben, musste man sich notgedrungen schon früher als anderswo in Deutschland mit dem grauschwarzen Gesindel befassen. Von den Lektionen, die die Nordhessen dabei lernen mussten, kann nun der Rest der Republik profitieren. Lektion Nummer eins: Mülltonnen sichern. Entweder durch Anschaffung spezieller Modelle oder durch Beschweren des Deckels mit einem großen Stein oder Ähnlichem. Lektion Nummer zwei: Häuser sichern! Alle möglichen Einstiege müssen dichtgemacht werden, oft zum Leidwesen verschiedener Felsenbrüter und Höhlenbewohner. Außerdem muss den Kletterkünstlern der Aufstieg an Fassaden verwehrt werden. Hier erweisen sich ganz besonders Manschetten aus Metall oder Kunststoff als hoch wirksam. Bäume, Regenrinnen und sonstige Kletterhilfen, die mit ihnen auf ausreichender Länge glatt und unumgreifbar gemacht wurden, sind selbst für den geschicktesten Waschbären unerklimmbar. Außerdem können spezielle Elektrozäunchen helfen, den gesamten Dachbereich zu schützen. Einiges an Aufwand, aber einmal vorbeugen ist besser als immer wieder heulen.

DER WASCHBÄR
(PROCYON LOTOR) ...

* trägt seinen Namen aufgrund der Angewohnheit, potenzielle Nahrungsgegenstände ausgiebig unter Wasser zu betasten. Mit Hygiene hat das aber nichts zu tun. Statt den Gegenstand zu waschen, will der Waschbär ihn lediglich besser kennenlernen: Da die Hornhaut seiner Pfoten im Wasser aufweicht, funktioniert sein sowieso sehr feiner Tastsinn dann noch besser.

* kann einen Baum mit dem Kopf voran hinabklettern - das schafft sonst kaum ein Tier in dieser Größenordnung!

* wurde in Deutschland 1934 noch vor dem Beginn von Hermann Görings Amtszeit als «Reichsjägermeister» erstmals offiziell ausgewildert. Der spätere Chef der Luftwaffe hatte also, anders als englischsprachige Boulevardblätter gerne behaupten, nichts damit zu tun, und die deutschen Waschbären sind auch keine Nazis.

* hat auch Japan schon komplett erobert: Die überaus beliebte Anime-Serie «Rascal, der kleine Waschbär» weckte ab 1977 in so vielen Japanern den Wunsch, auch so ein kleines Kerlchen zu haben, dass zeitweise gut 1500 Jungtiere pro Jahr importiert wurden. Wie in der Serie entließen viele Besitzer sie in die Freiheit. Inzwischen sind gut 80 Prozent der historischen Tempel und Schreine des Landes durch Waschbärkrallen, -kot und -zähne ernsthaft beschädigt.

* nimmt in den Sagen nordamerikanischer Ureinwohner oft die Rolle ein, die der Fuchs in unseren Fabeln hat: ein listiger und verschlagener Schlaukopf, der die übrige Tierwelt austrickst.

Dreiste Diebe

Wer sich im Frankfurter Palmengarten auskennt, der kennt auch die Liegewiese. Neben der Spielwiese ist sie die einzige Rasenfläche des Gartens, die rund ums Jahr von jedermann betreten werden darf. Und da sie eben die Liegewiese ist, kann sie während der warmen Jahreszeit mit reihenweise Liegen aufwarten, auf denen der erholungssuchende Bürger sich ausstrecken kann, ohne mit Enten- und Gänsekot in Kontakt zu kommen. Doch grün-braun-weißliche Würstchen sind nicht die einzige Gefahr, die hier von Mitgliedern der Anseriformes, also der Ordnung der Gänsevögel, ausgeht. Die können nämlich noch mehr als nur koten, und irgendwo muss der Rohstoff für die Tretminen ja auch herkommen. Das tut er natürlich ausnahmslos durch die Vorderluke, aber bei weitem nicht nur in Form des natürlichen Pflanzenfutters. Auch das Trockenbrot, das immer noch viel zu viele Menschen allen anderslautenden Hinweisschildern zum Trotz an die breiten Schnäbel verfüttern, ist diesen nicht genug. Ganz besonders auf der Liegewiese sehen sie zu, dass sie wann immer möglich auch mal etwas kulinarisch Hochwertigeres abbekommen.

Dabei sind sie keineswegs wählerisch, sondern probieren im Zweifelsfall alles, was so an Picknick und kleinen Snacks mitgebracht wird und offen sichtbar herumliegt. Rohkost, Wurst, belegte Brote oder Schokoriegel, man gönnt sich ja sonst nichts. Auf der Jagd nach solchen Leckereien ist insbesondere den Stockenten nichts heilig: Ohne sich die Schwimmhäute abzuputzen, watscheln sie auf Picknickdecken herum und scheren sich wenig um die darauf befindlichen Menschen. Auch auf die Liegen wird schnell mal heraufgehopst, um dann wie selbstverständlich etwas Essbares zu stibitzen. Wenn man sich dann erdreistet, sein Essen retten zu wollen, oder sie nach bereits

vollzogenem Mundraub zurechtweist oder gar verjagt, dann blicken sie einen höchst vorwurfsvoll an. Wirklich verjagen lassen sie sich indes nicht – spätestens nach ein, zwei Metern unterbrechen sie ihre Flucht erst mal, um die Lage neu zu beurteilen. Und im Zweifelsfall postwendend zurückzukommen.

Ihre größeren Verwandten, Gänse und Schwäne, gehen noch ein wenig weiter. Sie fordern «ihr» Futter regelrecht ein. Klingt vielleicht komisch und sieht von weiten auch so aus, ist es aber nicht! Das Ganze hat vielmehr Züge eines Raubüberfalls: Unerschrocken, breitbeinig und gerne auch unfreundlich klingende Fauchgeräusche ausstoßend marschiert das dreiste Federvieh zielstrebig auf den verdutzten Menschen zu, den es sich als Opfer auserkoren hat. Ohne jegliche Scheu oder Vorsicht, als wären die Verhältnisse bereits eindeutig geklärt. Nicht wenige Leute lassen sich von der selbstsicheren, direkten Art dieser Vögel auch wirklich einschüchtern. Freiwillig geben sie Leckerei auf Leckerei heraus, bevor die Schnäbel ihnen zu nahe kommen. Oder sie lassen gar alles stehen und liegen und räumen fluchtartig das Feld, offenbar erleichtert, mit dem Leben davongekommen zu sein. Da sich solche Szenen mit großer

Regelmäßigkeit überall im Garten abspielen, habe ich schon länger den Eindruck, dass diese Vögel ihre Wirkung auf den durchschnittlichen Zweibeiner genau kennen und skrupellos ausnutzen. Wahrscheinlich ist das auch so, und durch die Brille der Evolution betrachtet ja auch absolut sinnvoll. Die Wasservögel haben nicht nur Menschen als Futterspender entdeckt, sondern auch gelernt, wie sie jederzeit quasi nach Belieben das Maximum an Futter aus ihnen herausholen können. Sie wären blöd, wenn sie es nicht täten! Im Prinzip verhalten sie sich bestmöglich.

Das Fehlverhalten liegt definitiv auf Seiten der Menschen. Sie lassen sich in die Defensive drängen und schaffen durch ihren Mangel an Standhaftigkeit erst die Voraussetzung dafür, dass derartige Abzocke zur Tradition wird. Solange die Gans nicht in die Schranken gewiesen wird, macht sie einfach weiter wie bisher. Wie all die ach so süßen Mias und Finns, die im Senckenbergmuseum mit aller Kraft gegen die historischen Vitrinen treten, während ihre Eltern in bester Erziehung-ohne-Grenzen-Tradition ein wenig entfernt stehen und das Ganze lieber filmen, statt einzuschreiten. Natürlich läge der Fall mit dem Mundraub ganz anders, wenn es statt Gänsen und Schwänen Wildschweine oder Wölfe wären. Da würde ich, ähnlich wie bei einem bewaffneten Raubüberfall in der Bronx, sofort alles hergeben, um selbst möglichst heil wieder aus der Sache rauszukommen. Aber gegenüber den weitaus weniger wehrhaften Wasservögeln würde ich definitiv das genaue Gegenteil empfehlen. Also, liebe Picknicker im Palmengarten und anderswo, lasst euch bloß nicht einschüchtern! Ihr seid größer und stärker – jede Gans und selbst der Schwan hätten in der Wildnis allen Grund, ein Wesen wie euch zu fürchten. Macht euch das klar und verhaltet euch entsprechend, indem ihr das auch denen klarmacht! Tierliebe hin oder her – eine Gans, die offensiv nach mir schnappt, um Futter zu ergattern, wird ganz sicher

keines von mir bekommen. Viel eher noch bekommt sie dafür
eine gewischt, im Idealfall schon bevor sie mich erwischt hat.
Das ist das Recht des Stärkeren, so läuft es nun mal in der Natur.
Zu dumm, dass die meisten Stadtmenschen das offensichtlich
vergessen haben. Wieder einmal manifestiert sich hier unsere
weitgehende Entfremdung von unser natürlichen Umwelt.

Hin und wieder hat man aber auch gar keine Zeit, über die
richtige Strategie nachzudenken. Weil alles blitzschnell geht. So
wie neulich in Warnemünde, an dem kleinen Bilderbuchhafen
gleich neben der S-Bahn-Endhaltestelle. Maritim, ein bißchen
nordisch, fast schon holländisch mutet der schmale Wasserweg
an, entlang dessen sich Boot an Schiff und Kahn an Schalup-
pe reiht. Von dem einzigen schmalen Brückchen aus seewärts
bedienen die schwimmenden Schönheiten, besonders die am
landwärts sowieso schon von Restaurants, Cafés und Bouti-
quen gesäumten Westufer, vor allem touristische Bedürfnisse: Ausflugsboote möchten einen mit auf die Ostsee nehmen,
angebliche Belgier wollen einem frittierte Kartoffelstäbchen
verkaufen, und ziemlich authentisch aussehende Nordlichter

versuchen dasselbe mit dem, was eben ihr Ding ist: Fisch. Ich liebe Fisch, in jeder Zubereitungsform, das war schon immer so. Aber seit ich seit einem knappen Jahrzehnt ziemlich viel Zeit an der Ostsee verbringe, bin ich wieder voll auf das Fischbrötchen gekommen. Heutzutage habe ich wirklich ernste Schwierigkeiten, an einem vorpommerschen Fischbrötchenverkäufer mit leeren Händen vorbeizugehen. So auch damals in Warnemünde. «Udo's Fischbrötchen» stand auf dem Kutter, und die Matjesbrötchen sahen reich belegt aus. Sofort wechselte eines davon den Besitzer und befand sich nun in meiner Hand. Erst mal den nachdrängenden Kunden Platz machen und dann – mmmh, Matjes ... Während der erste Bissen in meinem Mund ein Feuerwerk der Glückseligkeit entzündete, begann ich, hochzufrieden und regelrecht beglückt in Richtung Strand zu schlendern. Um mich möglichst nicht mit der tatsächlich reichlich aufgetragenen Remoulade zu bekleckern, hielt ich das fast noch vollständige Brötchen etwas seitlich von mir weg, während der erste Happen noch auf meiner Zunge schmolz. Das war ein großer Fehler. Flügelsausen, Lufthauch, ein Ruck an meiner Hand – und ich sah die Möwe von hinten, wie sie mit meinem Matjesbrötchen in den Fängen kreischend davonflog. Ich muss ziemlich dumm aus der Wäsche geschaut haben, jedenfalls lachte meine Begleitung sich neben mir schlapp. Mir war nicht zum Lachen zumute, ich fühlte mich ganz im Gegenteil am Boden zerstört. Kurz nicht aufgepasst, mal eben an nichts Böses gedacht, und sofort ausgenommen worden – von einer blöden Möwe! Mein Stolz wurde in diesem Moment ernsthaft verletzt und hat sich immer noch nicht ganz erholt. So ein verschlagenes Vieh. Und überhaupt – mein schönes Matjesbrötchen! Wenigstens meinen Gaumen konnte ich trösten – und Udo hat sich gefreut. Genau wie die Möwe über den dämlichen Wessi. Ob die beiden zusammenarbeiten? So oder so lag der Fehler wiederum auf der menschlichen Seite, bei mir. Für die gewitzte

Möwe muss die Art, wie ich mein Fischbrötchen hielt, geradezu wie eine Aufforderung zur Selbstbedienung ausgesehen haben. Sicher hatte sie bereits lange vorher gelernt, Menschen aus der Hand zu fressen. Wahrscheinlich sogar, weil ihr manche Leckerbissen von tierlieben Zeitgenossen am ausgestreckten Arm angeboten wurden. Ein derartiges Anfixen wäre allerdings nicht wirklich nötig gewesen, denn Möwen sind berüchtigt dafür, sich ihre Nahrung von allen möglichen gefiederten und behaarten Lebewesen zusammenzuklauen. Und gerade in den letzten Jahren mehrt sich auch ihr zweifelhafter Ruhm für die Verursachung von handfesten Verletzungen ...

Hacker-Attacken: Hitchcock lässt grüßen

Wohl jeder kennt den 1963er Hitchcock-Klassiker «Die Vögel», wenigstens dem Namen nach. Für diejenigen, bei denen das nicht der Fall ist, darum geht's: Verschiedene Vogelarten, darunter allen voran Krähen und Möwen, verändern ihr Verhalten und gehen aggressiv auf Menschen los, wobei es auf beiden Seiten Verletzte und sogar Tote gibt. Eine längst absolut klassische und unzählige Male aufgegriffene Horrorvorstellung mit absolutem Gänsehautfaktor: Die Natur wendet sich gegen uns, und ausgerechnet unsere gefiederten Freunde werden zu wahren Todesengeln. Unvorstellbar, reine Fiktion? Nein! Zwar kenne ich keine Berichte über wahrhaftig hitchcockeske Möwenschwärme, die sich ohne erkennbaren Grund in reiner Vernichtungsabsicht auf friedliche Bürger stürzen, aber Vorfälle mit Möwen werden in Europa immer zahlreicher. Vielerorts ziehen Möwen in Großstädte, um vom dortigen Nahrungsangebot zu profitieren und auf Friedhöfen oder Dächern zu brüten Neben ihrem

Lärm und ihren übelriechenden Exkrementen fallen sie dabei zunehmend auch durch aktive Körperverletzung auf. Entweder in der Nähe ihrer Nester, die sie eben so proaktiv wie vehement verteidigen, oder bei der Nahrungsbeschaffung, wenn sie sich ihr Essen von den Tischen und aus den Händen von Zweibeinern greifen. So eine Möwe ist kein Spatz, sondern mit oft über einem Meter Spannweite schon ein stattlicher Vogel. Zumal ihre Schnäbel nicht mit denen von Enten oder Gänsen zu vergleichen sind, sondern im Lauf der Evolution für das Eindringen in Tierkörper optimiert wurden. Bei der ihnen angeborenen und sich ja auch immer wieder als höchst effektiv erweisenden, sehr raubtier- und rowdyhaften Art der Nahrungsbeschaffung bekommt das Opfer schnell blutige Finger oder Schlimmeres. Kleinformatigere Säugetiere werden mitunter selbst zur Nahrung: Aus England wurden bereits Fälle bekannt, in denen Möwen Haustiere kurzerhand töteten und sich sogleich an den Verzehr derselben machten. Und was glauben Sie, warum der Papst neuerdings Luftballons statt weißer Tauben über dem Petersplatz steigen lässt? Genau, weil Letztere 2014 vor den Augen Seiner Heiligkeit und unzähliger Gläubiger von Möwen attackiert und teilweise auch getötet wurden! Neben ihrem Teilzeitjob als Mundräuber sind Möwen eben ganz einfach Raubtiere. Auch ohne Essen in der Hand sollte man Möwen nicht unbedingt zu nahe kommen. Denn wer partout nicht einsehen möchte, dass sein Balkon oder irgendein anderer Ort nun eben ein Möwenbrutplatz ist, der wird im Zweifelsfall durch gezielte Schnabelhiebe in die Schranken gewiesen. Das kann schnell mal ins Auge gehen.

In Sachen Brutverteidigung macht in Deutschland noch ein anderer Vogel von sich reden: Die Rabenkrähe, also die Krähe schlechthin, die in teils großen Kolonien auf Bäumen brütet. Vielerorts auch in innerstädtischen Grünflächen. Wie im Prinzip alle Rabenvögel sind Krähen bewundernswert schlaue,

DIE LACHMÖWE
(LARUS RIDIBUNDUS) ...

* ist die häufigste Möwe Deutschlands und mit bis zu einem Meter Spannweite wesentlich kleiner und zierlicher als die hierzulande bekannteren Großmöwen (etwa die Silbermöwe *Larus argentatus*).

* ist an ihren dunklen Augen und dem eher dünnen, rötlich braunen Schnabel auch ohne Größenvergleich immer deutlich von den heimischen Großmöwen (helle Augen, kräftiger gelber Schnabel mit rotem Fleck bei Altvögeln) zu unterscheiden, selbst wenn sie ihr Frühjahrs-Prachtkleid mit einheitlich braunem Kopf abgelegt hat.

* unterhält anders als die Großmöwen, die erst neuerdings immer zahlreicher in küstenferne Gefilde vordringen, schon lange große Kolonien im Binnenland.

* hat ihren deutschen Namen entweder von ihrem spöttisch lachenden Ruf (da kommt jedenfalls der wissenschaftliche her) oder der Tatsache, dass sie gerne an Binnengewässern («Lachen») brütet.

gelehrige und in ihrem Verhalten dementsprechend flexible Tiere. Von all unseren Stadtvögeln gehören sie zu den heißesten Anwärtern auf den Titel der absoluten Intelligenzbestie. Manchmal aber gewinnt dann doch ihr Instinkt die Oberhand vor der Gelehrsamkeit. Vor allem während der sogenannten Ästlingsphase, also wenn die Jungtiere das Nest bereits verlassen haben, aber noch in dessen Nähe bleiben und dort von ihren Eltern gefüttert werden, reagieren Letztere oft sehr rabiat auf Eindringlinge. Denn obwohl kaum eine heute lebende Krähe entsprechende Erfahrungen gemacht haben dürfte, sehen sie in ihnen nahe kommenden Menschen eine drohende Gefahr für ihre Küken. Wie bei den Brutkolonien von Möwen und überhaupt bei sämtlichen Elterntieren mit ausgeprägtem Beschützerinstinkt hilft hier vor allem eines: respektvoll Abstand halten. Die Stadtverwaltung von München rät außerdem, in der Nähe von Krähenkolonien nicht alleine unterwegs zu sein und bestenfalls einen Schirm oder Gehstock offen sichtbar zu tragen. Beides flößt den Rabenvögeln wohl Respekt ein. Sollten die hochintelligenten Tiere den Bluff doch durchschauen, dann bliebe als letzter Vorschlag der Münchner Behörden noch das Tragen einer widerstandsfähigen Kopfbedeckung. Oder eben wieder Abstand zu gewinnen.

Garstige Spinner

Am Montag, dem 13. September 2011, ging es am Frankfurter Helmholtz-Gymnasium hoch her. Fast zweihundert Schüler klagten über starken Juckreiz, der sie urplötzlich überkommen hatte, und waren mit roten Pusteln übersät. Einige wurden sogar ins Krankenhaus eingeliefert, die Schule vorerst geschlossen. Bei der folgenden Begehung wurde die Wurzel des Übels entdeckt: Nester des Eichenprozessionsspinners, einer Schmetterlingsart. Dessen Raupen schlüpfen im April und Mai und durchlaufen dann bevorzugt auf Eichenbäumen sechs Larvenstadien. In spektakulären, bis zu zehn Meter langen Prozessionen wandern sie auf ihrem Baum herum – daher der Name. Ab dem dritten Stadium bilden die Larven zur Feindabwehr giftige Brennhaare. Die setzen sich auch beim Menschen in Haut und Schleimhäuten fest und bewirken dort bestenfalls nur Juckreiz und Brennen, können schlimmstenfalls aber auch schwerere allergische Reaktionen hervorrufen. Die älteren Raupen spinnen sich bis zu fußballgroße Nester im unteren Bereich ihrer Bäume, in denen sie sich später auch verpuppen. Mit einem solchen Nest hatten einige Schüler am besagten Montag Fußball gespielt und so, ohne es zu wissen, mal eben für zwei Tage schulfrei gesorgt, während derer die Gespinste fachmännisch abgesaugt und entsorgt wurden. Der Schulhof im Frankfurter Ostend steht nicht alleine da: Immer wieder werden Nester der kleinen Brennhaarschleudern auch im Stadtbereich gefunden. Mitarbeiter von Grünämtern, aber auch von Schulen und Kindergärten werden vielerorts entsprechend geschult.

Was wir da beim Eichenprozessionsspinner erleben, ist eine allergische Reaktion. Sie kann zwar in Einzelfällen bedrohliche Ausmaße annehmen, geht aber relativ schnell wieder vorüber. Solange man nicht allzu nah an die haarigen Raupen herangeht, kommt sie auch nicht wieder. Andere Tierarten aber geben uns Dinge mit auf den Weg, deren ebenso unerwünschte wie unschöne Wirkung wesentlich länger anhalten kann. Im dümmsten Fall für immer, ein Leben lang. Dass manche dieser Dinge unser Leben auch drastisch verkürzen können, kann da wohl kaum als Trost herhalten. Was das für Dinge sind, ist von Fall zu Fall unterschiedlich. Manche Tiere schenken uns Parasiten, die man mit bloßem Auge sehen kann, andere wiederum solche, die mikroskopisch klein sind und sich deshalb unserem

Blick entziehen. Diese von Tieren erhaltenen Parasiten, aber auch nicht parasitisch lebende Tiere selbst können ihrerseits eine Reihe verschiedener Krankheitserreger übertragen, von denen nicht wenige auch in uns ihre schädliche Wirkung entfalten. Solche Krankheiten, die von Tieren auf uns (und gerne auch umgekehrt) übertragen werden können, bezeichnet man ganz allgemein als Zoonosen.

Vor ein paar Jahren fand ich einmal am helllichten Tag ein Igelchen. Nicht in einem Versteck und auch nicht in einem gebüschreichen Park, sondern auf dem Weg von der U-Bahn nach Hause kam es mir am Rand des Bürgersteiges entgegen. Es war ein ziemlich kleines Igelchen, das erst wenige Monate zuvor das Licht der Welt erblickt hatte. Womöglich war es seine kindliche Unerfahrenheit, die es zu dieser Zeit dort auf offener Straße herumlaufen ließ. Oder der Hunger, denn das Igelchen war recht schmächtig für die Jahreszeit und würde noch ordentlich zulegen müssen, um den Winter überstehen zu können. Genau dafür war es aber gerade in der absolut falschen Richtung unterwegs, nämlich weg von den nur etwa dreihundert Meter entfernten Kleingärten und schnurstracks in Richtung des historischen Ortskerns von Bornheim. Auch wenn das zweifelsohne einer der schönsten und freundlichsten Frankfurter Stadtteile ist, hat sein altes Zentrum für einen Igel herzlich wenig zu bieten: Häuser dicht an dicht, die wenigen winzigen Gärtchen kaum der Rede wert. Nennenswerte Mengen von Schnecken oder Regenwürmern? Fehlanzeige. Weil mir bei seinem Anblick das Herz aufging, tat ich etwas, was ich als Wissenschaftler eigentlich sehr ungern und dementsprechend auch nur äußerst selten tue: Ich griff aktiv in den Lauf der Dinge ein und manipulierte erheblich an der näheren Zukunft des kleinen Kerlchens herum. Will heißen: Ich nahm den Igel in die Hände und trug ihn schnurstracks in die Richtung zurück, aus der er gekommen war. Zu den Kleingärten am Bornheimer Hang, wo er nach dem Dafürhalten der Biodiversitätsforschung zwischen all den Hecken, Komposthaufen, Gemüsebeeten und Gebüschen ein wesentlich vielfältigeres und reichhaltiges Nahrungsangebot vorfinden würde. Und obendrein wesentlich weniger wahrscheinlich innerhalb der nächsten halben Stunde unter die Räder geraten dürfte. In meinen Augen heiligten diese beiden Zwecke das Mittel der handfesten Störung durchaus. Schließlich war ich quasi die Rettung für diesen kleinen Igel, sozusagen sein Schutzengel für diesen Tag. Während ich mir den Kleinen so betrachtete, konnte ich mich des Eindrucks nicht erwehren, dass sich in seinem Fell am Grunde der Stacheln irgendetwas bewegte. Und tatsächlich, ich hatte weit mehr als nur ein Tier in der Hand. Schon nach wenigen Schritten hüpfte etwas vom Körper des Igels auf meinen Arm: ein Floh! Ich erkannte ihn sofort als solchen, weil er der wohl größte Floh war, den ich je gesehen habe. Geradezu unverschämt groß war dieser Floh. Und wie Flöhe nun mal sind, machte er nach wenigen Sekunden einen weiteren Satz. Wohin, das konnte ich nicht klar sehen. Ich hoffte einfach, dass er mich verfehlt haben möge. Während des kurzen Weges in das Igel-Schlaraffenland bedankte sich der Gerettete noch mehrmals in Form kleiner Insekten, die seinem Stachelkleid entsprangen. Auch bei denen war ich mir nicht sicher, wo sie landeten, und wurde danach noch eine ganze Weile das Gefühl nicht los, dass es mich hier und da plötzlich juckte.

Auch wenn sich meine Befürchtung in den folgenden Tagen nicht bestätigen ließ, war die Sorge, dass die Igelflöhe auf mich übergesprungen seien, nicht unbegründet. Der Name Igelfloh bezieht sich nämlich auf den bevorzugten Wirt dieses kleinen Insekts und bedeutet keinesfalls, dass dieses nur an Igeln saugt. Das Gleiche gilt auch für Katzen- und Hundeflöhe. Wie auch viele Zeckenarten können sie munter zwischen einem und dem anderen Pelzträger hin- und herwechseln. Letztlich sind ein paar Floh- oder Zeckenbisse an sich ja nichts Schlimmes. Sie jucken lästig, mehr auch nicht. Gefährlich werden können sie trotzdem. Denn genau wie Malaria- und Denguemücken können auch diese kleinen Blutsauger Bakterien oder Viren, die uns krank machen, auf uns übertragen, wenn sie ihren blutgerinnungshemmenden Speichel beim Stechen in uns hineinspucken. Gerade Zecken sind hierzulande längst berühmt-berüchtigt für ihre Fähigkeit, uns Borreliose und Frühsommer-Meningoenzephalitis (kurz FSME) zu verpassen. Während man sich gegen Letztere impfen lassen kann, ist der einzig wirksame Schutz gegen Borreliose, sich nicht von übertragenden Zecken beißen zu lassen. Auch eine der bekanntesten Krankheiten überhaupt wurde von kleinen Blutsaugern massenhaft verbreitet: die Pest. Hier waren es Rattenflöhe, die das Pestbakterium an einen Großteil der europäischen Bevölkerung weitergaben. Vor allem in Städten, wo Ratten und Menschen eng zusammenlebten. Da hatte ein Floh es nie schwer, zum nächsten Säugetier zu hüpfen.

Heutzutage ist die Pest bei uns schon lange kein Thema mehr. Noch nicht ganz so lange gilt das auch für eine andere geradezu prominente Zoonose. Wer erinnert sich noch an die Schilder mit der Aufschrift «Wildtollwut!», über die man seit den Achtzigerjahren in vielen Waldgebieten Deutschlands stolperte? Meine Eltern warnten mich damals eindringlich davor, wilden Tieren zu nahe zu kommen. Besonders bei zutraulichen Exemplaren, die nicht wegliefen, sollte ich den größtmöglichen Abstand halten. Schließlich ist die terrestrische oder Fuchstollwut in den meisten Fällen tödlich. Heute besteht diesbezüglich kein größerer Grund zur Sorge mehr: Seit 2008 ist Deutschland offiziell tollwutfrei. Doch auch wenn die Tollwut hierzulande inzwischen weitestgehend ausgerottet ist, so ganz verschwinden wird sie nie aus dieser Welt. Weil Wildtiere wandern und sie auch von sonst woher mitbringen können. Und weil wir unmöglich alle Wildtiere impfen können oder alle infizierten Tiere erlegen können, bevor sie die Krankheit weitergeben. Und so ganz verschwunden ist sie auch gar nicht. Zwar ist Deutschland frei von der «klassischen» terrestrischen Tollwut, die uns von Fuchs, Hund und Co. überlassen wird aber dafür scheint eine spezielle Form an Fahrt zu gewinnen: die Fledermaustollwut. Ausgerechnet die kleinen, flauschigen Jäger der Nacht sind momentan der bedeutendste Tollwutherd in Deutschland. Sich nicht zu infizieren scheint indes durchaus machbar: Lassen Sie sich einfach von keiner Fledermaus beißen. Zum Glück ist das nicht allzu schwierig, solange Sie keine in die bloße Hand nehmen. Und überhaupt: Die «ganz normale» Tollwutimpfung schützt auch vor Fledermaustollwut.

Noch einmal zurück zum Fuchs: Es scheint fast so, als würde Meister Reineke seinen Ruf als Krankheitsreservoir genießen und Wert darauf legen, dass gesundheitsbewusste Menschen sich seinetwegen sorgen. Dass die «Vorsicht! Tollwut!»-Schilder in deutschen Forsten langsam ausbleichen, bringt ihn nicht großartig ins Hintertreffen. Denn anstelle der Tollwut gibt es längst ein anderes ernstzunehmendes Gesundheitsproblem im Zusammenhang mit Füchsen: den Fuchsbandwurm. Er ist ein Schreckgespenst für viele Naturliebhaber, denn seit dem Ende des letzten Jahrhunderts breitet er sich über ganz Europa aus, und im Prinzip kann man ihn sich überall einfangen. Zumindest dort, wo Füchse ihr großes Geschäft verrichten. Denn der Kot infizierter Tiere enthält Eier des Bandwurms, die dann aus Versehen zusammen mit pflanzlicher Nahrung von den sogenannten Zwischenwirten aufgenommen werden. Üblicherweise sind das Nagetiere, die durch die Krankheit derart geschwächt werden, dass sie eine leichte Beute für den Fuchs sind – und schwups ist die nächste Generation Bandwürmer dort, wo sie hinwollte. Wir Menschen sind dementsprechend Fehlwirte, erkranken aber auch lebensgefährlich an den wenige Millimeter langen Würmern. Ob das ein Grund ist, keinerlei niedrig wachsende Pflanzenkost mehr zu sich zu nehmen, möchte ich an dieser Stelle nicht diskutieren. Auf jeden Fall sollte man alles, was man aus niedriger Höhe gepflückt hat – wie Erdbeeren, Pilze und Heidelbeeren – vor dem Verzehr gut waschen. Und die pflückenden Hände ebenfalls. Durch Kochen sterben die Wurmeier übrigens erst recht ab.

Alles in allem kann man klar sagen: Es gibt durchaus ein reelles Risiko, sich bei zu engem Kontakt mit einem Tier oder seinen Hinterlassenschaften so manche fiese Krankheit einzufangen. Die Liste der wissenschaftlich bekannten Zoonosen wird laufend länger, während die überwiegende Mehrzahl den meisten Menschen unbekannt ist. Das ist vielleicht auch besser so, denn in Anbetracht der vielfältigen Erreger, Überträger und Krankheitsbilder würde manch feinfühliger Mitmensch wahrscheinlich seines Lebens nicht mehr froh und könnte nie wieder ein Tier in seiner Nähe ertragen. Es reicht ja schon, dass ein paar prominente Zoonosen in aller Munde sind. Natürlich nur im übertragenen Sinne.

Rotkäppchen reloaded?

Schweden im April 2011: Bei der Kleinstadt Norrtölje genießt eine junge Mutter ihren Sonntagsspaziergang. Mit von der Partie sind der Familienhund und die kleine Tochter, die friedlich im Kinderwagen schlummert. Plötzlich tauchen zwei Wölfe auf. Einer schnappt sich den Hund im Nacken und verschwindet wieder im Wald, der andere interessiert sich eher für den Kinderwagen. Lautes Geschrei und wildes Gestikulieren seitens der Mutter bewegen ihn schließlich dazu, seinem Jagdgenossen zu folgen.

Deutschland im Februar 2016: Eine Mutter in Begleitung des Familienhundes schiebt ihr Baby im Kinderwagen durch

Breloh, einen Ortsteil von Munster in Niedersachsen. Plötzlich steht ein Wolf vor ihr. Die Dame kehrt um und begibt sich schnurstracks nach Hause. Der Wolf erwartet sie dort. Ähnlichkeiten mit den Vorkommnissen in Schweden sind natürlich rein zufällig. Nun ja, nicht ganz. Gerade in Niedersachsen sind in jüngerer Zeit immer wieder Wölfe in Wohngebieten gesichtet worden. So tauchte zwischen Oldenburg und Vechta womöglich ein und derselbe Isegrim gleich in mehreren Ortschaften auf und trieb sich auch in der Nähe eines Waldkindergartens herum. Von Scheu war bei diesem Tier keine Spur. Auch in anderen Bundesländern werden Wölfe nicht nur in der Nähe von Städten überfahren, sondern hin und wieder ebenfalls in Siedlungsbereichen gesichtet.

Natürlich sind viele Menschen angesichts solch unerwarteter Präsenz unseres größten Beutegreifers höchst verunsichert. Die öffentliche Debatte um den Wolf wird hitziger und spitzt sich zu. Während Naturschützer und Wolfsfreunde die natürliche Vorsicht und Scheu des Wolfs betonen und mit gesicherten Fakten und empirischen Daten zu beschwichtigen suchen, wo immer es geht, schlägt ihnen seitens besorgter Eltern und sonstiger Bürger die von Viehzüchtern und Jägern bereits wohlbekannte, hochemotionale Skepsis und Ablehnung entgegen. Der weitere Verlauf der Diskussion um das tatsächlich nicht vollkommen unproblematische Großraubtier Wolf bleibt abzuwarten. Ich bin diesbezüglich sehr gespannt, stehe aber als Naturwissenschaftler grundsätzlich eher auf Seiten der Wolfsbefürworter. Nach allem, was wir wissen, ist der Stammvater unserer bellenden Freunde tatsächlich kein draufgängerischer Aggressor, sondern ein vorsichtiges und zurückhaltendes Tier. Dass Wölfe in großer Zahl in Städte eindringen und dort nicht nur Tiere reißen, sondern auch Menschen angreifen, so wie es jüngst in Russland geschehen ist, passiert höchstens ausnahmsweise in sibirisch strengen Wintern. Bei uns ist so etwas nicht zu erwarten. Die letzten Begegnungen der niedersächsischen Art deuten allerdings darauf hin, dass einzelne Wölfe hierzulande durchaus eine gute Portion ihrer Scheu vor Menschen ablegen können. Diese Tiere müssen dann besonders beobachtet werden, damit notfalls entsprechend gehandelt werden kann. Indem man ihnen die Angst vor Menschen mittels Gummigeschossen und Platzpatronen wieder beibringt oder sie in letzter Konsequenz eben auch entfernt. Denn völlige Angstfreiheit gegenüber uns darf bei den deutschen Wölfen ebenso wenig zur Tradition werden wie übertriebene Angst vor ihnen unsererseits.

Bei allen hochkochenden Emotionen muss man sich eines ganz nüchtern klarmachen: Großraubtiere in der Stadt sind in aller Regel Irrgäste. Was wir erleben, sind Kurzbesuche von Einzeltieren, keine Invasion der langen Eckzähne. Wie bereits angesprochen, geschieht dasselbe anderswo auch schon mal mit Leoparden, Pumas und Bären. Ungeachtet der Tatsache, dass gefährliche Zusammenstöße mit solchen Tieren angesichts ihrer angeborenen Wehrhaftigkeit nicht ganz auszuschließen sind, zeigt die Erfahrung vor allem eines: Wenn beim Stadtbesuch eines großen fleischfressenden Vierbeiners jemand verletzt wird oder gar sein Leben verliert, dann ist das in aller Regel der verirrte Vierbeiner. Unsereins wird hierzulande wesentlich wahrscheinlicher im Straßenverkehr zu Tode kommen. Wie heißt es doch so schön: Homo homini Lupus – der Mensch ist des Menschen Wolf. Nicht der Wolf! Manche Raubtiere haben bestimmte Städte sogar zu ihrem Lebensmittelpunkt erkoren und machen keine Anstalten, sie wieder zu verlassen. Im Falle der asiatischen Warane und Pythons oder der Mississippi-Alligatoren in Florida sind es sogar solche mit erheblichem Verletzungspotenzial – ausgewachsenen Vertretern der genannten Arten sollte man keinesfalls zu nahe kommen. Gerade diese drei Beispiele zeigen aber auch ganz wunderbar, dass ein Zusammenleben mit ihnen im urbanen Lebensraummosaik durchaus möglich ist, ohne dass eine der beiden Seiten nennenswerte Verluste beklagen müsste. Denn solange wir Menschen ihnen nicht direkt ins Maul laufen, können sie sich ganz wunderbar mit unseren Abfällen und den wesentlich mundgerechteren Vertretern ihrer eigentlichen Futtertierarten begnügen.

LEBEN UND
LEBEN LASSEN

Auf den letzten Seiten konnte man es ja hier und da geradezu mit der Angst zu tun bekommen angesichts der vielfältigen üblen Dinge, die uns Menschen so von Tieren widerfahren können. Unrat, Krankheit, Trübsal und Tod bringt dieses Viehzeug über uns. Sollen wir uns das gefallen lassen? Wäre es nicht besser, die Verantwortlichen per Präventivschlag in ihre Schranken zu weisen? Derlei garstige Problemtiere sämtlich zu erledigen und auszulöschen, bevor sie es mit uns tun? Schließlich geht Selbstschutz vor Tierliebe, und die Wahl zwischen Malaria oder tausend toten Mücken wird selbst eingefleischten Tierschützern nicht allzu schwer fallen.

Gekommen, um zu bleiben

Aber halt – auch wenn es in einigen wenigen Fällen vielleicht tatsächlich wünschenswert wäre, eine gangbare Option ist die absolute Ausradierung nicht. Denn in den meisten Konstellationen ist es absolut aussichts- und damit auch vollkommen sinnlos, eine Tierart auch nur an einem Ort komplett auslöschen zu wollen. Warum? Nun, einerseits stehen wir uns selbst im Weg. Denn Vernichtungsfeldzüge, die sich nicht gerade gegen ekliges Krabbel- oder Fliegegetier wie Kakerlaken oder Malariamücken wenden, stoßen heutzutage und hierzulande ohne Frage auf den höchst energischen Widerstand von Natur- und Tierschützern. Vor allem aber sind solche Vorhaben mit einem immensen Aufwand und gigantischen Kosten verbunden, denn selbst wenn die Tierfreunde stillhalten, lassen sich Tierarten nur in wenigen Einzelfällen einfach «wegwischen».

Eigentlich klappt das absichtliche Ausrotten nur dann richtig gut, wenn die Auszurottenden einerseits groß und damit gut sichtbar und andererseits nicht zu viele sind. Problembär Bruno lässt grüßen: Bei seinem Format musste er auffallen und war, sobald er auch verhaltensauffällig wurde, eine ziemlich leichte Zielscheibe. Und eben nur eine einzige Zielscheibe: Schuss, Treffer, Problembär tot. Problem Bär erst mal erledigt! Die heute in Deutschland lebenden Wölfe durch Jagd wieder loszuwerden wäre schon um ein Vielfaches schwieriger, schließlich sind sie kleiner, unauffälliger und viele, viele mehr als nur ein Bär. Wahrscheinlich wären einige Jahre intensiver Nachstellung nötig, um auch den letzten zu erwischen – und nie wirklich zu Ende, weil ja immer mal wieder neue Tiere von anderswo einwandern. Eine Sisyphusarbeit also, bei der man sich schon fragen muss, ob der verfolgte Zweck die Verwendung der hierfür nötigen öffentlichen Mittel rechtfertigt. Bei noch kleineren und noch zahlreicheren Tieren stößt man dann schnell an die Grenzen des Machbaren. So haben selbst wir gründlichen Deutschen den Fuchs niemals auch nur ansatzweise ausrotten können, auch wenn wir ihm zeitweise sehr übel mitgespielt haben.

Ein weiteres tolles Beispiel aus dieser Größenklasse ist wieder mal der Waschbär. Dem stellen wir nun schon seit vielen Jahren aktiv nach, weil er eben ein invasives Neozoon mit erhöhtem Konfliktpotenzial ist. Nach Angaben des Deutschen Jagdverbandes wurden im Jagdjahr 2014/2015 in Deutschland über 116 000 Exemplare der pelzigen Panzerknacker erlegt. Eine gigantisch anmutende Zahl, etwa doppelt so viele, wie meine Heimatstadt Bad Homburg Einwohner hat. Aber werden die Waschbären in Deutschland deswegen weniger? Nein, überhaupt nicht! Wie viele andere Tierarten auch betreiben sie nämlich, ganz im Gegenteil zu uns Deutschen, bei der Fortpflanzung eine gewisse Überproduktion. Eine Waschbärmutter bringt mehr Junge zur Welt, als es bräuchte, um die Waschbärenzahl konstant zu halten. Wenn einige davon sterben, bevor sie selbst Kinder bekommen können, ist das nicht weiter schlimm für die Waschbären an sich. Das passiert ja ständig da draußen in der Wildnis, wenn sich beispielsweise Raubtiere mal eine Waschbärmahlzeit gönnen oder ein unvorsichtiger Waschbär doch mal vom Baum fällt. Doof für denjenigen, den es erwischt, aber unerheblich für den Fortbestand der Art. Andere werden den Platz des Pechvogels einnehmen und sich an seiner Stelle fortpflanzen. Wenn wir Raubtiere und Betriebsunfälle durch deutsche Jäger und Autofahrer ersetzen, ändert sich die Sache nicht grundsätzlich. Einzelne Waschbären sterben, andere überleben und übernehmen die Reviere und Futterquellen der Toten. Womöglich haben diejenigen überlebt, die vorsichtiger oder sonst wie cleverer waren, und so werden diese Schlauberger mittelfristig einen immer höheren Anteil der Waschbärenbevölkerung stellen. Und noch mehr: Man hat festgestellt, dass die Waschbären auf erhöhten Jagddruck reagieren, indem sie ihrerseits in Sachen Fortpflanzung einen Gang höher schalten! Dort, wo sie gejagt werden, werden die Weibchen früher geschlechtsreif – mehr Nachwuchs als Antwort auf Ausfälle.

Selbst wenn sie möglich wäre: die nachhaltige Vernichtung vieler Tierarten würde außerdem auch noch ganz andere, höchst gravierende Konsequenzen haben. Wer beispielsweise Malariamücken oder ähnliche geflügelte Krankheitsvektoren flächendeckend auslöschen will, der würde dazu traditionsgemäß eben großflächig Insektizide ausbringen. Also an sich giftige Substanzen, die nur in den wenigsten Fällen ausschließlich für denjenigen giftig sind, den sie vergiften sollen. Im Gegenteil, die allermeisten herkömmlichen Schädlingsbekämpfungsmittel wirken mindestens gegen die gesamte Tierklasse, zu der

der Zielorganismus gehört. Also zum Beispiel gleich gegen alle Insekten. Neben den Malariamücken oder sonstigen «Schädlingen», von denen man wahrscheinlich sowieso nicht jede einzelne abtötet, würde man dummerweise auch massenweise «Nützlinge», etwa Blütenbestäuber, in Mitleidenschaft ziehen. Außerdem müsste jeder hungern oder Gift fressen, der sich von diesen Tieren ernährt. Gerade im Falle der Insekten wären das sehr, sehr viele Tierarten. Auch solche, denen wir keinesfalls schaden möchten, putzige Vögelchen etwa. So oder so brächte man die natürlichen Gleichgewichte gehörig durcheinander – mit unabsehbaren Folgen.

Etwas wesentlich Eleganteres, was die Wissenschaft in dieser Hinsicht heutzutage anzubieten hätte, wären hingegen speziell designte Krankheitserreger. Viren zum Beispiel, die man biotechnologisch so zurechtgebastelt und programmiert hat, dass sie an einen ganz bestimmten Zelltyp in einem ganz bestimmten Zielorganismus andocken können, um diesen zu zerstören. Nur diesen Zelltyp, nur in dieser einen Organismenart. So etwas gibt es im Prinzip schon – genau wie spezielle Bakterien, die nur Mitglieder ausgewählter Tiergruppen befallen. So bekämpft man nicht nur in Frankfurt den Eichenprozessionsspinner durch das Versprühen von «Dipel ES». Dahinter verbirgt sich ein Bakterium namens *Bacillus thuringiensis kurstaki*, das von den Raupen beim Fressen mit aufgenommen wird und in ihnen angekommen verhindert, dass sie sich weiterentwickeln. Andere Unterarten dieser Bazille bewirken das Gleiche in anderen Insektengruppen. Man beachte dabei den Begriff «Gruppen», denn artspezifisch wirksam sind diese natürlich evolvierten Bakterienunterarten nicht. Theoretisch ließe sich aber durchaus für jede Spezies unliebsamen Getiers ein perfekt passendes Killervirus oder Bakter-Biozid maßschneidern. Allerdings ist man damit auch schon wieder mittendrin in dem Bereich der Biotechnologie, in dem der Mensch Gott spielt.

Abgesehen von der ethischen Debatte, inwiefern so etwas überhaupt moralisch vertretbar wäre, bewegt man sich auch biologisch auf sehr dünnem Eis. Denn niemand kann garantieren, wie eine solche Wunderwaffe sich im Lauf der Zeit verhält. Die jährliche Grippeschutzimpfung, gelegentliche Meldungen von Vogelgrippe-Infektionen bei Menschen und multiresistente Krankenhauskeime lassen grüßen: Auch Viren und Bakterien entwickeln sich schließlich weiter und können dabei unter anderem lernen, den Feinderkennungsmechanismen ihrer Wirte zu entgehen oder zur Abwechslung einfach mal jemand ganz anderen zu befallen. Obendrein gibt es solche Mittelchen natürlich auch nicht geschenkt.

Ein bisschen weniger drastisch kommt eine andere von vielen Fachleuten favorisierte Strategie daher, die ohne direkte Beseitigung der Störenfriede auskommt. Stattdessen hindert man sie an der Fortpflanzung, sorgt also dafür, dass keine neuen Störenfriede nachwachsen. An sich ein alter Hut, denn schließlich ist die Sterilisation von herrenlosen Hunden und Katzen schon lange eine etablierte Methode von Tierschützern und Behörden. Da es zugegebenermaßen extrem aufwendig wäre, alle Exemplare einer betreffenden Art einzufangen und auf den OP-Tisch zu legen, wäre in vielen Fällen wohl eher eine hormonelle Geburtenkontrolle die Methode der Wahl. Quasi die Pille für die Taube. Man müsste nur genügend entsprechend präparierte Köder auslegen und dann hoffen, dass möglichst jedes Mitglied der Zielpopulation sich daran gütlich tut. Prinzipiell könnte man so einer weiteren Bevölkerungsexplosion etwa der Waschbären recht effektiv entgegenwirken oder die bereits bestehende Überbevölkerung von Arten wie der Straßentaube Stück für Stück reduzieren. Ob das in der Realität dann auch wie geplant funktioniert, steht auf einem anderen Blatt. So oder so muss man sich eingestehen, dass zum mittelfristigen Erzielen und langfristigen Aufrechterhalten der gewünschten Wirkung ebenfalls ein gigantischer Aufwand nötig wäre. Schließlich müssten alle naselang neue Hormonköder ausgebracht werden. Einerseits um die Hormonspiegel der Zielorganismen auf dem gewünschten Niveau zu halten, und andererseits, um die stetig von anderswo zuziehenden Neuankömmlinge schnellstmöglich ihrer Fruchtbarkeit zu berauben. Als Mensch nimmt man die Pille ja auch regelmäßig. Und überhaupt: Auch mit dem Einbringen von Hormonen pfuschen wir wieder aufs Gröbste in unseren Ökosystemen herum. Zwar nicht so eklatant, dass direkt überall Leichen herumliegen, dafür aber subtil und schleichend. Denn wer kann garantieren, dass die Hormonpräparate nur von denen gefressen werden, die sie fressen sollen? Und nur auf diejenigen wirken, die wir damit treffen wollen? Tatsächlich besteht aller Grund zu der Annahme, dass derartige Hormonschwemmen unabsehbare Folgen für eine ganze Menge von Lebewesen nach sich ziehen würden. Zumindest zeigen die Ergebnisse vieler ökotoxikologischer Untersuchungen ganz klar, dass von uns in die Umwelt eingebrachte hormonähnlich wirksame Substanzen – von Medikamentenrückständen in unseren Abwässern bis hin zu Schutzanstrichen an Schiffen und dergleichen – durchaus teils drastische Auswirkungen auf alle möglichen Organismen haben können. Uns Menschen nicht ausgeschlossen.

Also, so leid es mir tut: Alles deutet darauf hin, dass uns derzeit zumindest gegen die allermeisten unserer tierischen Mitbewohner kein Allheilmittel zur Verfügung steht. Wir müssen uns eingestehen, dass wir viele unserer tierischen Nachbarn schlicht und einfach nicht mehr loswerden können. Stattdessen werden wir uns wohl oder übel mit ihnen arrangieren müssen. Wie heißt es doch so schön: Der Klügere gibt nach. Und auch wenn einem angesichts mancher gesellschaftlicher Zustände diesbezüglich schon mal Zweifel kommen können, der Klügere sind eigentlich immer wir. Die Menschen. Denn so schlau

Waschbären und Füchse, Krähen und Sittiche auch sein mögen, wir dürfen (und müssen – schließlich definieren wir uns darüber) uns selbst als noch ein wenig intelligenter ansehen. Gelehrsamer auf jeden Fall, denn wir haben die Wissenschaft. Die kann Probleme durch Beobachtungen sachlich erfassen, ihnen durch gezielte Experimente auf den Grund gehen und dann mit ein wenig Nachdenken meist auch passende Lösungswege aufzeigen. Einen wichtigen Schritt zur guten Nachbarschaft mit vielen Tierarten hat sie schon identifiziert. Diese Maßnahme ist kein Allheilmittel, kann aber immerhin entscheidend dazu beitragen, einen ganzen Haufen unterschiedlicher Konfliktpotenziale zu entschärfen. Man muss dabei nicht einmal etwas tun, viel einfacher: Man muss einfach etwas ganz Bestimmtes sein lassen:

Bitte nicht füttern

Auch wenn ich wirklich kein Moralapostel sein möchte und ganz bestimmt kein Freund von erhobenen Zeigefingern oder starren Verhaltensregeln bin, diese simple Regel muss ich Ihnen dennoch mit allem Nachdruck ans Herz legen. Das absichtliche Verteilen von Futter ist ein wirklich heikles Thema, das viele Menschen und verschiedene Tierarten in unseren Städten betrifft. Vielleicht sogar das heikelste im Zusammenspiel von Stadtmensch und Stadtfauna. Denn ähnlich dem wohlgemeinten Mitnehmen von Findeltieren wie verloren wirkenden Vogelküken, die in Wahrheit keinerlei Hilfe bedürften, ist das Füttern ein Musterbeispiel für falschen Umgang mit der Stadtnatur. Dafür, wie wir Menschen durch unsere Handlungen ein Problem überhaupt erst erzeugen oder es zumindest entscheidend verstärken können. Manche tun es jeden Tag, manche haben es zu-

letzt als Kinder getan, aber ganz bestimmt hat es jeder von uns irgendwann schon einmal gemacht: die Enten im Park füttern, die Schwäne auf dem Schlossteich oder die Tauben in der Fußgängerzone. Hautnahe Tierbeobachtung und das Gefühl, etwas Gutes zu tun. So schön es auch sein mag, der zeitweilige Mittelpunkt einer bunten Vogelschar zu sein und sich an ihrem drolligen Getümmel zu erfreuen, eines muss ganz klar sein: Größere Mengen Brot oder sonstige Lebensmittel an freilebende Tiere zu verteilen gehört zu den dümmsten Dingen, die man im Zusammenhang mit Stadtfauna überhaupt anstellen kann. Je öfter und je mehr man füttert, umso Schlimmeres richtet man damit an.

Mal ganz nüchtern unter ökologischen Gesichtspunkten betrachtet, geschieht dabei Folgendes: Wir bringen zusätzliche Nährstoffe in das Ökosystem ein und stören damit seine Gleichgewichte. Mehr Nährstoffe, mehr Wachstum. Da Organismen von der Evolution in etwa so eigennützig programmiert wurden wie Finanzjongleure von ihrer Gier (oder halt, ist das gar andersherum – offenbart sich im Bereicherungswahn der Broker etwa das essenzielle Erbe der Evolution?), nutzen sie den vorhandenen Überfluss in aller Regel rücksichtslos aus. Mehr essen, mehr essen, mehr Wachstum, mehr Wachstum. Wie auch auf den Finanzmärkten platzt irgendwann die Blase. Ein sich maßlos aufblähendes System muss einfach eines Tages zusammenbrechen.

Denn das Überangebot an Nährstoffen verteilt sich nicht gleichmäßig auf alle Mitspieler im Ökosystem, sondern nützt meist nur einigen wenigen. Denjenigen, die sie entweder als Erstes erhaschen oder aber besonders gut verwerten können, oder beides. Die neigen dann bei guter Nahrungsversorgung dazu, übermäßig zuzunehmen. Körperlich wie zahlenmäßig. Wenn eine Ente (oder eine Taube, oder ... der Name der Tierart ist hier nahezu beliebig austauschbar) immer mehr als genug Brotkrumen quasi in den Schnabel geworfen bekommt, dann wird sie schneller groß und stark und bringt mehr und besser ausgestattete Nachkommen zur Welt als eine, die sich ihre magere Pflanzenkost mühsam zusammensuchen muss. Eine direkte Folge der Überfütterung ist also ein Bevölkerungszuwachs auf Seiten der Gefütterten. Dass die übermäßige Vermehrung bestimmter Arten schnell Probleme hervorrufen kann, das hatten wir ja schon. Eines dieser Probleme ist die Weitergabe der Nährstoffe aus der Fütterung.

Denn mehr und besser genährte Enten fressen mehr und scheiden mehr aus. Mit dem, was nach der Tour durch ihren Verdauungstrakt vom Brot übrig ist, düngen sie ihren Lebens-

raum. Vor allem in Gewässern kann ein hoher Nährstoffeintrag (der Fachmann spricht von Eutrophierung) katastrophale Folgen haben. Mikroskopisch kleine Algen vermehren sich explosionsartig und rufen sogenannte Algenblüten hervor. Abgesehen davon, dass manche von ihnen auch Giftstoffe produzieren können, verbrauchen sie allesamt nachts, wenn sie keine Photosynthese betreiben, den Sauerstoff im Wasser. Gerade kleinere Teiche und Weiher können dann im Sommer leicht «umkippen», wenn aller Sauerstoff aufgezehrt ist. Es erübrigt sich zu sagen, dass das nicht gesund für die übrigen Bewohner sein kann. Und dass der schleimige Schmodder aus sichtbar großen fädigen Algen, der ebenfalls erst durch Eutrophierung entstehen kann, ganz einfach unansehnlich ist, das wissen wir alle aus eigener Anschauung. Und über die Problematik überall herumliegender Exkremente muss an dieser Stelle wohl nichts mehr gesagt werden.

Vielleicht noch ein rechtlicher Hinweis: Die Fütterung von Wildtieren stellt eine Ordnungswidrigkeit dar und kann mit einem Bußgeld belegt werden. Außerdem kann das regelmäßige

Füttern derselben Wildtiere juristisch als Inbesitznahme dieser «herrenlosen Gegenstände» gewertet werden. Im Prinzip können dem Fütternden dann Verpflichtungen aus dem Eigentumsrecht erwachsen – etwa Schadensersatzforderungen. Füttern ist dementsprechend nicht nur ökologisch, sondern auch rechtlich heikel. Man sollte unsere wilden Nachbarn also besser einfach als Wildtiere akzeptieren und eine gewisse Distanz wahren. Schon allein damit sie wild bleiben.

Denn auch in anderer Hinsicht ist die Fütterung wilder Tiere nicht empfehlenswert. Schließlich sind die nicht blöd, am allerwenigsten, wenn es ums Fressen geht. Sie merken sich, wo, wann und wie es was zum Futtern gibt. Kommt die Nahrung von uns, werden wir in ihren Augen schnell zu Futterspendern. Die Aura der Gefahr, die uns große und laute Wesen aus Sicht der allermeisten Tierarten natürlicherweise umgibt, verpufft vollkommen. Oder anders ausgedrückt: Aktiv und direkt von uns gefütterte Tiere verlieren ihre natürlichen Instinkte und verlernen im schlimmsten Fall gar die Fähigkeit zur Futtersuche. Und was für unsereins viel schwerer wiegt: Sie verlieren ganz besonders ihre Hemmungen uns gegenüber! Vom vollen Bäuchlein bestätigt, merken sie sich recht schnell und vor allem dauerhaft, dass es beim Menschen leicht und im Zweifelsfall immer was zu holen gibt. Vormals vorsichtige und distanzierte Tiere verlieren schnell alle Scheu, und viele gehen irgendwann so weit, dass sie Futter von uns regelrecht verlangen. Und es sich einfach nehmen, notfalls mit Gewalt. Bei den Enten, die mir im Palmengarten Kekse aus meiner Hand klauen wollen, finde ich das fast noch ein wenig amüsant. Bei einem Wildschwein oder Wolf hingegen fände ich es höchst bedrohlich und das wäre es ja auch! Dabei ist es schon im Falle der Enten kein bisschen witzig, sondern zeigt nur klar und deutlich, wie unnatürlich ihr Verhalten durch unsere Überfütterung geformt wurde. Durch Fütterungen, die absolut unnötig sind.

Denn letztlich können all diese Feder- und Fellträger auch ohne unsere milden Gaben prima leben. Als wilde Tiere sind sie allesamt in der Lage, sich selbst auf dem ihnen angestammten Weg ihr natürliches Futter zu besorgen. Unser Futterangebot nehmen sie aus reiner Bequemlichkeit und lernen es zu schätzen, weil es die maximale Sättigung bei minimaler Verausgabung bedeutet. Ohne würden sie keinesfalls eingehen, nur käme die natürliche Selektion in Form von begrenzten Nahrungsressourcen wieder stärker zum Zuge, und ihre Stückzahlen würden sich hier und da etwas verringern. Weniger Enten, weniger Tauben. Weniger fassadenfressende Taubenschisse, weniger faulig stinkendes Weiherwasser, weniger anmaßende Enten. Wenn Sie unbedingt Vögel füttern wollen, dann belassen Sie es lieber bei der Winterfütterung am Vogelhäuschen. Die wirkt sich, solange sie wohldosiert und zeitlich beschränkt vorgenommen wird, längst nicht so weitreichend aus wie das Brotstreuen.

Und überhaupt: Wir füttern diese Tiere doch sowieso schon ständig! Die hohen Populationsdichten, die manche Arten in unseren Städten erreichen, wären gar nicht möglich ohne die menschliche Zivilisation. Denn die füttert sie auch ohne Brotgeben durch: mit Abfällen aller Art und sonstigen Hinterlassenschaften. Auch sonst tun wir ihnen ganz nebenbei schon genügend Gutes, indem wir ihnen den Lebensraum Stadt mit all seinen Vorzügen überlassen: der Wärme, den Unterschlupfen, dem Jagdverbot, und immer wieder Futter, Futter, Futter. Ein schlechtes Gewissen gegenüber der Stadtfauna braucht also wirklich niemand zu haben. Sie profitiert von uns, Tag für Tag. Da wäre es ja eigentlich nur gerecht, wenn wir auch etwas von ihr hätten, oder? Oder zumindest keine Scherereien wegen ihr. Aber auf ein Entgegenkommen von tierischer Seite sollten wir diesbezüglich besser nicht warten. Andersherum: Wir sind am Zug, es liegt an uns.

Stadtfauna im Wandel

Wir haben die Welt verändert und ihr unseren Stempel aufgedrückt. Der Rest der Welt musste und muss sich notgedrungen damit abfinden – friss oder stirb aus. Diejenigen, die uns bisher überlebt haben, folgen dem «Immer weiter»-Kurs des Lebens, und viele finden Wege, trotz uns immer neue Generationen hervorzubringen. Gleichzeitig sehen wir – zumindest in den Industrieländern – die Natur und die Tierwelt inzwischen zunehmend mit anderen Augen. Sie ist nicht mehr der mächtige Feind in einem ewig harten Kampf ums Dasein, sondern etwas Gutes, Erlebens-, Erstrebens- und Schützenswertes. Jahrhundertelang haben wir die Natur im Verlauf unser Zivilisationsentwicklung, der Industrialisierung und des damit verbundenen Bevölkerungswachstums immer weiter zurückgedrängt, als wollten wir sie komplett loswerden. Aber kaum hatten wir Städter es uns in unserer ziemlich unnatürlichen Lebenswelt gemütlich gemacht, fehlte uns etwas. Inzwischen können wir es uns leisten, unberührte Natur zu einem romantischen Idealbild zu verklären. Wir sehnen uns danach und freuen uns über jedes Quäntchen Wildnis, das wir zu Gesicht bekommen. Was wir früher verdrängt und bekämpft haben, heißen wir jetzt gut und oft auch dann willkommen, wenn es vor unserer Haustür auftaucht.

Dementsprechend – und speziell natürlich angesichts der weiter oben aufgeführten Gründe – scheint es heute undenkbar und ist obendrein unmöglich, die Stadtnatur und ihre immer vielfältigere Tierwelt wieder abzuschaffen. Regulierung durch Geburtenkontrolle, Wegfang oder gar Tötung kann höchstens in sehr, sehr wenigen Einzelfällen eine gangbare Möglichkeit sein. Stattdessen stehen die Zeichen auf Anpassung und Schadensbegrenzung, auf Umdenken und den richtigen Umgang mit der

Stadtwildnis. Nachdem sich unsere tierischen Nachbarn über die Jahre, Jahrhunderte und Jahrtausende mit uns arrangiert haben (oder genauer: sich wohl oder übel arrangieren mussten), sind es nun wir, die lernen müssen, mit ihnen zu leben. Für ein möglichst angenehmes Zusammenleben von Menschen und anderen Tieren in großen Städten kommt es jetzt zur Abwechslung einmal auf die Anpassungsfähigkeit des Menschen an. An und für sich ja kein Problem: Glücklicherweise ist der weise Mensch (denn ziemlich genau das bedeutet unser wissenschaftlicher Artname *Homo sapiens*) in der Lage, komplexe Zusammenhänge zu erfassen, vorausschauend zu planen und dementsprechend planvoll zu handeln. Zumindest theoretisch. In der Realität sind wir ungeachtet unser Begabung zum vernünftigen Handeln aber auch immer noch Gefühlswesen, deren Grundhaltung, Entscheidungen und Handlungen oft eher von Emotionen als von Vernunft bestimmt werden. Und von der Bequemlichkeit, den Weg des scheinbar geringsten Widerstandes zu gehen und einfach weiterzumachen wie bisher.

Die Macht der Gewohnheit macht die Abkehr von Gewohntem schwer. Wer jahrzehntelang die Enten am Parkteich oder die Tauben auf dem Marktplatz gefüttert und ihnen neben der Bäckertüte womöglich auch noch sein Herz ausgeschüttet hat, wird sich wohl nur widerwillig von dieser liebgewonnenen Routine trennen. Oft verhindern schlicht Unwissen oder gefährliches Halbwissen die Einsicht, warum man etwas Bestimmtes tun oder lassen sollte, und können so etwas ganz und gar Unerwünschtes bewirken. Die manchmal nicht unglimpflichen Konsequenzen können dann schnell die Freude über den durchaus vorhandenen Lerneffekt trüben. Wer etwa als durchdigitalisierter Mensch zwar seine Passwörter für sieben soziale Netzwerke kennt, aber nicht um den Beschützerinstinkt von Wildschweineltern weiß und für ein Foto (heutzutage natürlich ein Selfie mit dem Rücken zur Rotte) zu nah an die putzigen Frischlinge herangeht, der wird seitens der Muttersau bei Unterschreitung einer bestimmten Distanz möglicherweise ohne jegliche Rücksicht auf Verluste und ganz analog in die Schranken gewiesen werden. Wer den ach so armen, da draußen ja sicher hungernden und frierenden und deshalb zweifelsohne bedauernswerten und hilfsbedürftigen Waschbären nachts ein paar Leckerlis auf die Fensterbank legt, der wird sich bald über deren durch ein offen gelassenes Fenster ermöglichten Besuch mitsamt der daraus erwachsenden Wohnungsplünderung freuen dürfen. Dabei wären in beiden angesprochenen Szenarien die zu erwartenden Sach- oder gar Personenschäden ganz leicht vermeidbar! In den allermeisten Fällen genügt es tatsächlich schon, über die jeweils um einen herum vorkommenden Tiere ein klein wenig Bescheid zu wissen und ihre grundlegenden Bedürfnisse und Verhaltensweisen grob zu kennen. Mit solcherlei Wissen kann der weise Mensch ernstem Ärger mit seinen tierischen Nachbarn in aller Regel elegant aus dem Weg gehen.

Die Behörden diverser Metropolen haben diese Herausforderungen erkannt und längst damit begonnen, ihre Bürger zu informieren. So können beispielsweise Berliner und Münchener auf den Webseiten ihrer Kommunen die wichtigsten der potenziell problematischen Arten anhand kurzer Steckbriefe kennenlernen. Rechtliche Hinweise und Tipps für den richtigen Umgang mit ihnen runden das Angebot ab. Die Stadtverwaltung von Neapel hat angesichts der zunehmenden Möwenplage jüngst sogar den weltweit ersten Möwen-Notdienst mit kostenloser Bürger-Hotline eingerichtet. Und es bleibt nicht bei Callcentern. In vielen Großstädten gibt es längst spezielle Wildtier-Beauftragte, die auch im Außendienst tätig sind. Sie gehen Meldungen über Tierschäden oder verhaltensauffällige Tiere nach, schalten gegebenenfalls die zur Situation passenden Behörden ein, beruhigen aufgebrachte Besitzer durchgerüsselter Gärten und verscheuchen auch schon mal selbst einen allzu zutraulichen Vierbeiner. Vor allem aber tun sie eins, wo immer sie auftauchen: informieren, informieren, informieren.

Denn Maßnahmen, die letztlich nur als Reaktion auf problematische Verhältnisse entstehen, werden der Tragweite des Themas tierische Mitbürger nicht gerecht. Sie können nur der Anfang sein. Was wir angesichts der scheinbar immer größeren Vielfalt der teils sehr exotischen und manchmal sogar gefährlichen Wahl-Städter vielmehr brauchen, ist ein umfassenderes Verständnis in weiten Teilen der Bevölkerung. Sprich: Jeder sollte wenigstens ungefähr wissen, mit wem alles er da zusammenlebt, wie die alle so drauf sind und mit wem sich welche Probleme ergeben können. Das braucht einiges an Aufklärung, die idealerweise nicht erst im Sachkundeunterricht der Grundschule (der längst auch Tierarten wie Waschbär und Wolf behandeln müsste) begänne, sondern viel früher. Bei Mama, Papa und den freundlichen Erzieherinnen und Erziehern in der Kindertagesstätte. Das tut sie ja meistens auch, zumindest was die alteingesessenen Tierarten betrifft. Beim Spaziergang im Park lernt man die Wasservögel kennen und in der Stadt, dass Tauben pfui sind. Aber wenn es um diejenigen Arten geht, die nicht schon zu Großmutters Zeiten zum Stadtbild-Standard gehörten, sind viele Erziehungsberechtigte selbst etwas ratlos. Hat der Fuchs jetzt Tollwut, wenn er nicht wegläuft? Wie nah kann ich mein Kind an ihn herangehen lassen? Und wie ist das bei einem knuffigen Frischling, einem Waschbären oder einer Nilgans? Bekommt mein Max automatisch Fuchsbandwurm, wenn er auf der Wiese spielt? Die heutigen Generationen von Eltern und Großeltern brauchen klare Antworten auf solche Fragen, um sich angemessen verhalten zu können. Und ganz besonders um zukünftigen Generationen ein fundiertes Verständnis und sinnvolle Verhaltensstandards mit auf den Weg zu geben. Dazu muss entsprechendes Wissen breit gestreut werden. Jeder sollte zu diesem Themenfeld informiert werden. Ich persönlich fände es ja einen guten Anfang, wenn die Bundesregierung dieses Buch entsprechend oft anschaffen und an alle deutschen Haushalte verteilen würde.

Bei alledem besteht aber immer noch kein Grund zu allzu großer Besorgnis. Es ist ja nicht so, als wären wir heute zum ersten Mal mit Tieren in unseren Städten konfrontiert und müssten alles von der Pike auf lernen. Mit vielen Tierarten unserer Städte haben wir uns ja längst arrangiert. Wir sind mit ihnen aufgewachsen und wissen, wie wir ihnen begegnen sollten. Niemand von uns würde sich das Stück Kuchen in den Mund stecken, auf dem gerade eine dreiste Wespe nagt. Auch dass Tauben alles vollkacken und man sie deshalb tunlichst nicht mitten über der eigenen Haustür brüten lässt, ist eine Selbstverständlichkeit. Ebenso, dass Eichhörnchen voll süß sind und man ihnen ruhig mal ein paar Nüsse hinlegen kann, ohne gleich befürchten zu müssen, dass sie samt Familienbande bei einem einsteigen und die ganze Wohnung verwüsten. Wenn jetzt aber plötzlich Waschbären auf den Plan treten, dann muss man seine Hörnchen-Fütter-Gewohnheiten eben noch einmal überdenken und wird es wohl spätestens nach der ersten Wohnungsheimsuchung auch tun. Eigentlich kein Problem, das sich nicht mit gesundem Menschenverstand lösen ließe. Und meist genügen ja schon klitzekleine Veränderungen im eigenen Verhalten, um tierische Konflikte zu entschärfen.

Je nachdem, wie unsere Welt sich weiter entwickelt, müssen wir uns im Zweifelsfall aber auch auf ein paar drastischere Veränderungen in unserem Alltagsleben gefasst machen. Ein gutes Beispiel hierfür sind wiederum die sogenannten Tropenkrankheiten, die von Mücken übertragen werden. Momentan leben wir Deutschen ja noch in dem Luxus, Mücken hier bei uns lediglich nervig zu finden. Kleine Plagegeister, aber nichts Weltbewegendes. «Das stört keinen großen Geist», hätte Karlsson vom Dach dazu gesagt. Wer hingegen dort wohnt, wo Mücken lebenserschwerende Krankheiten wie Dengue oder lebensbedrohliche wie Malaria übertragen, der sieht die kleinen Stechrüssel mit ganz anderen Augen. Wie wir ja möglicherweise auch bald. Dann wird es uns sehr zugute kommen, dass man anderswo schon Erfahrungen im Umgang mit ihnen gesammelt hat. Zum Beispiel in Panama. Dort habe ich für meine Forschung an tropischen Reptilien in den letzten Jahren viel Zeit verbracht. Meist wohnte ich in einem kleinen Dorf nahe der Provinzhauptstadt Davíd. Anders als im dichtbewaldeten Grenzgebiet zu Kolumbien im Osten Panamas gibt es dort, im äußersten Westen des Landes, praktisch weder Malaria noch Gelbfieber. Allerdings kommt es immer wieder zu regelrechten Epidemien von Dengue-Fieber, während derer die Zahl der Neuerkrankungen binnen kurzer Zeit sprunghaft ansteigt. Auch wenn diese Ausbrüche meist nur innerhalb kleiner Gebiete wüten, wie etwa der Stadt Davíd und ihrer näheren Umgebung, stellen sie das dortige Gesundheitswesen und verschiedene Behörden doch vor immense Schwierigkeiten. Ich war während mindestens einer ernstzunehmenden Dengue-Episode dort und konnte mich aus nächster Nähe davon überzeugen.

In Davíd steht das «Mosquitómetro», also das Moskitometer. Es grüßt einen vom Mittelstreifen aus, wenn man auf der Hauptzufahrt in die Innenstadt fährt. Eine einfache Säule mit einer simplen Skala von vier Abstufungen, von denen die jeweils gültige mit einem großen Zeiger ausgewiesen wird. Unten geht es in Grün los mit «Comunidad Sana», also der gesunden Gemeinde, darüber prangen «Medio Riesgo» und «Alto Riesgo», also mittleres und hohes Risiko. Ganz oben kommt schließlich in Tiefrot «Epidemia», was man wohl nicht übersetzen muss.

DIE ASIATISCHE TIGERMÜCKE
(AEDES ALBOPICTUS) ...

* gehört wie die Asiatische Buschmücke (*Aedes japonicus*), die «klassische» Gelbfiebermücke alias Ägyptische Tigermücke (*Aedes aegypti*) und viele weitere Arten zur Stechmückengattung *Aedes*, was auf Altgriechisch so vie wie «lästig» oder «unangenehm» bedeutet.

* ist noch auffälliger schwarz-weiß gemustert als andere Vertreter der Gattung – daher der Name Tigermücke und das lateinische *albopictus*, also «weiß gezeichnet».

* hält beim Stechen und Ruhen meist ihr hinteres, ebenfalls schwarz-weiß gestreiftes Beinpaar nach oben gebogen vom Untergrund weg.

* juckt uns wie alle Stechmücken nur, wenn sie ein befruchtetes Weibchen ist: Denn nur dann braucht sie Proteine aus Wirbeltierblut zur Herstellung ihrer Eier. Die Männchen (zu erkennen an den buschigeren Fühlern) begnügen sich mit Nektar.

* legt im Laufe ihres Lebens ein paar hundert Eier einzeln ab, die notfalls monatelange Trockenheit überstehen können. Die bei Regen schlüpfenden und sich im Wasser entwickelnden Larven brauchen bei einer Temperatur von 20 °C gut zwei Wochen, bis sie bereit zum Zustechen sind – bei 30 °C schaffen sie es schon in nur neun Tagen.

Schon wenn das Dengue-Meter die zweitoberste Stufe erreicht, steht ganz Davíd kopf. Aus mehreren Gründen: Einerseits haben sich, schon Tage bevor die Behörden den Zeiger dorthin schieben, bereits Tausende von Bürgern Dengue eingefangen. Die kämpfen nun mit Fieber, Schwäche, Schweiß und Schmerzen und sind vorübergehend zu überhaupt nichts mehr zu gebrauchen. Im Gegenteil, sie zu pflegen und ihnen die Qualen zu erleichtern erfordert die Hilfe einer ähnlich großen Menge Menschen und bindet auch diese. Andererseits laufen spätestens jetzt die behördlichen Gegenmaßnahmen auf vollen Touren. Das ist vor allem die beliebte Fumigación, das Sprühen: Trupps vom Gesundheitsamt ziehen mit Unterstützung von Polizeibeamten durch die Straßen und sprühen alles ein. Nicht nur auf der Straße, sie gehen auch in die Haushalte und sprühen dort alles ein. Dabei ist «alles» durchaus wörtlich zu nehmen: Wirklich alles, was nicht rechtzeitig Reißaus nimmt, wird mit einem mir namentlich nicht bekannten, aber sicher nicht unbedenklichen Insektenvernichtungsmittel überzogen, und das nicht zu knapp. In Lateinamerika gelten eben vielerorts eben noch die Devisen «viel hilft viel» und «si es Bayer, es bueno» – dafür aber ganz sicher keine europäischen Gefahrstoffstandards. Diese Praxis wäre hier bei uns, selbst unter Verwendung des freundlichsten und harmlosesten Insektizids, absolut unvorstellbar. Kein deutscher Politiker würde es wagen, so etwas anzuordnen, wenn er auch nur im mindesten mit einer Wiederwahl liebäugelt oder auch nur die kleinste Scheu vor Schadensersatzklagen hat.

Letztlich ist dieses vehemente Giftsprühen auch keinesfalls die Methode der Wahl, um Bürger vor einer Dengue-Infektion durch Stechmücken zu schützen. Es ist nichts weiter als ein verzweifelter Versuch, das längst ausgeuferte Problem behelfsmäßig einzudämmen. Weil es außerdem nur die Symptome bekämpft, statt die Ursache anzugehen, wird die Gemeinde Davíd ihr Dengue allein auf diesem Weg niemals los. Glücklicherweise ist die Fumigación aber nicht alles, was von offizieller Seite unternommen wird. Denn parallel wird auch versucht, das Übel bei der Wurzel zu packen. Indem man die Brutstätten des Bösen ausfindig macht und beseitigt. Denn ein solcher Ausbruch entsteht nur dann, wenn sich die *Aedes*-Mücken massenhaft vermehren. Massen von Mücken stechen auch massenweise Leute, sodass die zuerst nur in einzelnen Menschen und einzelnen Moskitos vorhandenen Dengue-Erreger nach dem Kettenbriefprinzip immer schneller in immer mehr Vertreter beider Arten gelangen. Bald sind so viele Mücken unterwegs, die von so vielen Leuten Dengue-Viren aufgesaugt haben, dass es schon fast unmöglich scheint, bei einem Mückenstich nicht infiziert zu werden. Damit dieser Schneeball gar nicht erst ins Rollen kommt, lautet das oberste Gebot: Die Bevölkerungsexplosion der Moskitos darf nicht stattfinden. Ihre übermäßige Vermehrung muss verhindert werden.

Dazu muss man vor allem vor der eigenen Haustür kehren. Denn zynischerweise stellen ausgerechnet wir den gefährlichen Plagegeistern Unmengen von idealen Kinderstuben zur Verfügung! Die Rede ist von kleinen Wasseransammlungen in menschgemachten Gegenständen. Hä? Ganz einfach: Vieles, was wir Menschen so herumliegen und -stehen lassen, kann als Gefäß herhalten. Will heißen, es ist irgendwo anders als an der Unterseite offen und kann ein paar Milliliter Wasser aufnehmen, von dem in Panama während der Regenzeit täglich mehr als genug vom Himmel fällt. Richtige Gefäße wie Wannen und Geschirr, aber auch Gebrauchsgegenstände wie zusammengefaltete Planen, Gummistiefel und Schaufeln, und ganz besonders Müll. Typischer Abfall, der nicht nur in Panama vielerorts herumliegt: leere Flaschen und Dosen, alte Schuhe, Sperrmüll und Schrott, Kunststoffgehäuse, Plastiktüten und ganz besonders alte Autoreifen. Das Tolle an all diesen Dingen ist, dass das

Wasser meist nicht aus ihnen versickert wie aus natürlichen Pfützen und dass die kleinen Mengen, die hineinpassen, sich leicht erwärmen und so eine schnelle Entwicklung der Mückenbrut begünstigen. Und weil solche Brutstätten oft nicht weit von der nächsten menschlichen Behausung entfernt sind, hat die frische Brut meist keinen weiten Weg bis zum ersten Stich. Das Paradies für Moskitos! Und schnell die Hölle für uns.

Deshalb die zweite, wirkungsvollere Maßnahme der panamaischen Obrigkeit: die Aufklärung der Bevölkerung und das amtliche Verbot solcher Brutstätten. Zu Aufklärungszwecken bedient man sich der üblichen Maßnahmen wie Flugblätter, Plakate, sonstige Medienbeiträge und Schulbesuche. Netterweise wird auch das Moskitometer höchst auffällig von einem großen LKW-Reifen gekrönt, aus dem zwei Mückenmodelle herauszufliegen scheinen. Was die Umsetzung dieses essenziellen Wissens anbelangt, ist jeder Bürger gesetzlich verpflichtet, seinen Haushalt, Grund und Boden absolut frei von derartigen Wasseransammlungen in Gegenständen zu halten. Tut man es nicht, drohen empfindliche Strafen. Leider wird die Einhaltung dieser Regel nicht wirklich wirksam kontrolliert, solange das Dengue-Meter auf der untersten Stufe verweilt. Dabei wäre das die beste Möglichkeit, den Zeiger für immer dort unten festrosten zu lassen!

Wenn *Aedes*, *Anopheles* oder andere Mücken mit Tropenkrankheiten im Gepäck sich dauerhaft bei uns niederlassen (was einige ja schon tun) und dabei auch noch Schützenhilfe von Seiten der globalen Erwärmung erhalten (dito), dann werden wir darauf reagieren müssen (was wir derzeit noch nicht tun). Im Zweifelsfall jeder Einzelne von uns. Dann stehen ähnliche Maßnahmen wie in Panama auf der Tagesordnung, ob es einem passt oder nicht. Alles mit Insektiziden einsprühende Sondereinsatzkommandos deutscher Gesundheitsämter kann ich mir zwar immer noch nicht so recht vorstellen, lasse mich aber gerne bei der ersten echten Epidemie eines Besseren belehren. Damit es gar nicht erst so weit kommt, wäre zu hoffen, dass wir im Land der Dichter und Denker rechtzeitig den Empfehlungen kompetenter Experten folgen und den Kampf gegen die Brutstätten aufnehmen. Dann muss jeder, dessen Balkon, Garten oder Hinterhof nicht picobello sauber ist, erst mal ordentlich aufräumen. Und mancher wird sich umgewöhnen müssen. Schluss mit der Vogeltränke im Garten, der halbvollen Gießkanne und der offenen Regentonne. Schluss mit Blumenvasen im Freien, es sei denn, man wechselt täglich das Wasser. Da nur die wenigsten Grabpfleger täglich auf den Friedhof gehen, wäre das auch das Aus für die typischen Friedhofsvasen und offene Grablichter. Auf Schrottplätzen und Müllhalden müsste sich ebenfalls einiges tun. Und zwar nicht nur einmal. Angesichts der weit reichenden Konsequenzen wird die Vermeidung von Brutstätten uns quasi in Fleisch und Blut übergehen müssen.

Außerdem wäre es höchst lohnenswert, darüber nachzudenken, sich ernsthaft und konsequent vor Mückenstichen zu schützen. Also im Zweifelsfall nachts unter einem Moskitonetz schlafen und Mückengitter vor die Fenster. Draußen kann man sich mit Repellents schützen, wobei das auch so eine Sache ist: Gerade in der warmen Jahreszeit schwitzt man sich schnell davon frei, und um Gelbfieber- und Malariamücken wirksam abzuschrecken, sind statt der familienfreundlichen Sensitive-Ausgabe schon eher die harten Hämmer mit viel DEET gefragt. Bei denen man sich wiederum fragen sollte, mit wie viel von dieser als Nervengift wirksamen Substanz man sich unbedingt selbst einsprühen möchte. Wesentlich hautfreundlicher ist da schon das Tragen von langer, weiter Kleidung. So schwer einem das an warmen Sommertagen auch fallen mag, aber lange Hosen und Ärmel lassen den kleinen Stechrüsseln einfach viel weniger Angriffsfläche als Shorts und T-Shirt.

Lange Ärmel und Hosenbeine bei der Grillparty im August, Moskitonetze über unseren Betten und immer ein Auge auf mögliche Brutstätten – das wären schon deutliche Veränderungen in unserem Alltagsleben. Sehr gewöhnungsbedürftig für viele, aber im Zweifelsfall für alle notwendig. Ob es dazu kommt, bleibt vorerst abzuwarten. Derzeit kann niemand wirklich sagen, wohin die Reise geht. Weil kein Mensch genau weiß, wie sich unser Klima im Detail verändern wird, wie Pflanzen und Tiere darauf reagieren und wer uns im Zuge all dieser Veränderungen wann welches Problem wohin bringen wird. Sicher ist jedoch, dass wir einen Großteil der bereits bestehenden wie auch der sich zukünftig möglicherweise ergebenden Konflikte durch recht simple Maßnahmen oder Unterlassungen leicht begegnen können. Wir müssen nur wissen, wie. Und uns ernsthaft überlegen, in welchen Fällen es sich überhaupt lohnt, von einem Problem zu sprechen. So ein paar Sittiche, die herumkoten und lärmen, sind letztlich nicht wirklich der Rede wert. Keinesfalls rechtfertigen sie den Aufwand, der nötig wäre, wenn man sie wirklich ratzekahl flächendeckend aus Deutschland ausradieren wollte. Die Inder kommen ja auch prima mit ihnen klar. Warum sollten wir das nicht ebenfalls schaffen? Natürlich gibt es Fälle, in denen die Dinge anders liegen. Wenn Menschen ernsthaft in Mitleidenschaft gezogen werden, dann muss das vermieden werden. Das ist Selbstverteidigung und sowohl ethisch-moralisch als auch biologisch-evolutionär betrachtet vollkommen legitim.

Gerade in solchen Härtefällen hilft Panikmache genauso wenig wie Ignorieren. Forschung ist die beste Medizin: Was genau ruft das Problem hervor, wo muss man ansetzen, und was kann man tun oder was sollte man lassen? Wenn sich schon jemand als ernstzunehmender Gegner unserer Gesundheit qualifiziert, dann sollten wir unseren Gegner kennen. Deshalb ist es gut und wünschenswert, dass wir die Tier- und Pflanzenwelt der Städte im Blick behalten. Jeder Einzelne, um auf dem

Laufenden zu bleiben und nicht eines Tages unangenehm überrascht zu werden. Aber vor allem darf die Wissenschaft nicht aufhören, sich ernsthaft mit der Stadtnatur auseinanderzusetzen. Frankfurt ist ein leuchtendes Beispiel: Schon seit 1985 untersucht die Arbeitsgruppe Biotopkartierung des Senckenberg Forschungsinstituts im Auftrag des Umweltamtes die Natur des Stadtgebietes. Und zwar flächendeckend. So haben die Kollegen nicht nur herausgefunden, wen es hier alles gibt, sondern auch wie Pflanzen und Tiere sich innerhalb der Stadtgrenzen verteilen – und wie sich die Artenzusammensetzung über die Jahrzehnte ändert. Aus ihren Befunden erarbeiten sie Gutachten und Empfehlungen für die weitere Stadtentwicklung. Ihnen ist es zu verdanken, dass der Stadtnatur ein hoher Stellenwert bei der Stadtplanung eingeräumt wird. So haben sie bereits entscheidend dazu beigetragen, die Vielfalt der Frankfurter Stadtnatur möglichst nachhaltig zu bewahren. Und das ist gut so, denn von einer höchstmöglichen Biodiversität in unseren Städten profitieren nicht zuletzt auch wir selbst.

Vielfältige Stadtnatur – Chance für uns alle

Denn die natürliche Vielfalt nützt uns allen. Selbst solche für den Nichtbiologen kaum bekannte, schwer verständliche und wenig sympathische Vielfalt wie die der Krabbelviecher, von denen sich ein Großteil der Bevölkerung eher genervt als bereichert fühlt. Aber letztlich wird ein Tier doch erst dann zum Lästling, wenn ein Mensch sich belästigt fühlt. So gesehen täte uns allen ein entspannterer Umgang mit der Stadtfauna gut. Selbst wenn sie uns manchmal suspekt ist, ist sie nicht prinzipiell unser Feind.

Letztlich müssen wir uns doch ehrlich fragen, in was für einer Welt wir leben möchten. Da die Mehrzahl von uns jetzt schon in Städten lebt und die «Städter-Quote» der Weltbevölkerung auch weiterhin eher steigen als fallen wird, könnten wir uns ebenso gut fragen, in was für einer Stadt wir leben möchten. Wäre das ein vollkommen künstliches, komplett kontrollierbares Konstrukt, ganz aus steinernen, gläsernen und stählernen Oberflächen? Sauber, abwaschbar, bestenfalls gar keimfrei, dem Taubenschiss keine Chance, Sagrotan City? Vielleicht auch mangels kollektiven Putzfimmels nicht ganz so sauber, sondern eher verraucht und verrucht, Gotham City? Warum nicht gleich alles menschliche Treiben in vor Wetter, Dreck und Mücken gut geschützte, klimatisierte Innenbereiche verlegen, Indoor City? Wäre da etwas für Sie dabei? Oder hätten Sie als Heimatort doch lieber etwas mit Grün, mit Platz für Natur, frische Luft, Schatten, Morgentau, Vogelsang und Schmetterlinge, Green City?

Für die meisten wäre es wohl eher Letzteres, zumal für viele Menschen in Industrienationen die Stadt derjenige Ort ist, an dem sie ihre ersten, prägenden und oft auch allermeisten Naturerfahrungen machen. Da ist eine gesunde Stadtnatur mit viel Grün essenziell. Denn gerade Grün scheinen Menschen zu mögen. Nicht nur das, sie scheinen es vielmehr zu genießen. Doch damit nicht genug, offensichtlich brauchen sie es gar. Diverse Studien konnten schon Zusammenhänge zwischen dem Vorhandensein von Grünzeug und dem menschlichen Wohlbefinden nachweisen. Wir fühlen uns ganz einfach besser, wenn wir aus unserem Fenster auf einen Park statt auf einen Parkplatz blicken. Die meisten hätten sogar lieber ein paar Bäumchen vor ihrem Haus als nur eine schnöde Rasenfläche. Schon ein kurzer Spaziergang zwischen vielen Bäumen, also im Wald, senkt erhöhten Blutdruck und sämtliche Stresslevel gleich mit. Wer öfters mal durch die Natur wandelt, der hat ein signifikant geringeres Risiko, depressiv zu werden. Außerdem filtern Pflanzen massenweise Schadstoffe aus der Luft, binden das garstige Treibhausgas Kohlendioxid und sorgen für ein angenehmeres Klima im Kleinen wie im Großen. Grün ist also super, wir lieben es und brauchen es in unserer Nähe, um gesund und glücklich zu sein. Je mehr davon, desto besser für uns.

Und auch für die Tierwelt, denn mit dem Grünzeug kommen automatisch Viecher. Auch die lieben und brauchen Grün, es zieht sie magisch an. Und das Grün braucht sie: als Bestäuber und Bodenaufbereiter, als Düngerproduzenten und Verbündete im Kampf gegen allzu gefräßige Genossen. Wenn wir uns Grünzeug holen, holen wir uns auch Viecher. Schon mit der klitzekleinen Topfpflanze, erst recht mit der Pflanzenpracht auf dem Balkon oder im Garten. Und auch das ist gut so! Ob unbewusst oder bewusst, wir genießen auch die tierische Vielfalt. Sie komplementiert die Pflanzenwelt und macht Natur erst richtig erlebenswert. Der singende Vogel, der flatternde Falter, die emsig wuselnden Ameisen und das putzige Eichhörnchen lassen unser Herz aufgehen. Sie sorgen für die kleinen Überraschungen und Glücksmomente, die das Leben erst lebenswert machen. Und sie sorgen dafür, dass die Natur funktioniert. Je vielfältiger die Lebewesen in einem Ökosystem sind, umso stabiler sind seine Kreisläufe und Wechselwirkungen. Und umso mehr haben auch wir davon, die wir letztlich nur ein Teil des Ganzen sind. Dabei profitieren wir nicht nur seelisch und emotional, sondern auch in anderer gesundheitlicher Hinsicht und sogar wirtschaftlich.

Den Wert der biologischen Vielfalt genau zu beziffern ist nicht leicht. Wenn man sich nicht eingehend mit ihrem Nutzen auseinandersetzt, kann es sogar schwer sein, ihn überhaupt zu erkennen. Schließlich verdient niemand einen schnellen Euro daran, wenn es im Park nebenan fünf Vogelarten mehr gibt. Da unsere Welt aber vom Geld regiert wird, sind handfeste wirtschaftliche Vorteile oft das einzige Argument, um die hauptsächlich finanzbestimmten Entscheidungsträger unserer

Gesellschaft vom Wert der Vielfalt zu überzeugen. Das geht manchmal am besten, wenn man vorrechnet, welche Einsparungen die natürliche Vielfalt ermöglicht. Was würde es kosten, die gefühlten Temperaturen in einer sommerlichen Großstadt so ganz ohne Bäume und Grünflächen auf einem erträglichen Niveau zu halten? Welche Summen würde eine ununterbrochene Bodenaufbereitung verschlingen, wenn sie nicht mehr frei Haus von Regenwürmern geliefert würde? Und wie viele Mindestlöhne müssten gezahlt werden, wenn statt Bienen, Hummeln & Co. wir selbst unsere Nutzpflanzen bestäuben sollten? Für letzteres Beispiel gibt es sogar eine offizielle Zahl. Laut einem UN-Bericht von 2011 beträgt allein der Wert der Bestäubung durch Insekten weltweit rund 153 Milliarden Euro. Jedes Jahr. Wow, Vielfalt ist tatsächlich teuer – wenn sie wegfällt. Solange sie da ist, spart sie uns bares Geld. Und viel, viel Ärger.

Dazu noch ein letztes Beispiel. Vor einigen Seiten hatten wir uns mit Stechmücken beschäftigt und mit den Krankheiten, die sie in Zukunft wahrscheinlich auch hierzulande übertragen werden. Dabei kam die Rede auch auf mögliche Maßnahmen, um sich vor ihnen zu schützen: Trockenlegung von Brutstätten, chemische und mechanische Abwehr der Mücken selbst. Alles aufwendig und teilweise auch richtig teuer. Dabei ist das allerwirksamste Mittel gegen die kleinen Blutsauger ein ganz anderes: lebendige Vielfalt! Tatsächlich ist eine möglichst hohe Artenvielfalt jederzeit und überall der Königsweg, um das Überhandnehmen einzelner Arten zu verhindern, seien es nun Lästlinge, Schädlinge oder knallharte Krankheitsvektoren. Da sind unsere Moskitos ein prima Beispiel, denn sie stehen bei einer kaum enden wollenden Reihe unterschiedlichster Tiere als Futter hoch im Kurs. Je mehr Mauersegler tagsüber im Luftraum um Ihr Wohnhaus patrouillieren, liebe Leser, desto mehr Mücken werden abgefangen, bevor sie auch nur in die Nähe Ihrer Wohnung kommen. Und wenn die Segler ab der Dämmerung schlafend segeln, übernehmen Fledermäuse die Nachtschicht. Wer diesen Jagdfliegern entgeht, landet vielleicht in den Schnäbeln der Hausrotschwänzchen und Rotkehlchen, die hoffentlich auf Giebeln und Büschen in nächster Nähe Wache halten. Und wer selbst an denen vorbeikommt, auf den warten schon die Spinnen. Unermüdlich, Tag und Nacht: Je mehr Kreuzspinnennetze vor dem Fenster, auf dem Balkon oder im Garten und je mehr Gespinste von Zitterspinnen unter der Decke, desto unwahrscheinlicher wird es, dass irgendein Moskito es tatsächlich bis zu Ihnen schafft. Und all diese Verteidigungslinien um Ihre Wohnstätte kosten Sie, anders als Moskitonetze und Repellents, weder Zeit noch Geld, noch einen einzigen müden Gedanken. Sie sehen: Die Stadtfauna selbst ist unser bester und kostengünstigster Verbündeter gegen die vereinzelten schwarzen Schafe in ihren Reihen. Je vielfältiger, desto verlässlicher. Es lohnt sich also, die Biodiversität in unseren Städten zu fördern.

Denn letztlich ist lebendige Vielfalt vor allem eines: Lebensqualität! Es kommt nur darauf an, wie wir mit ihr umgehen. Furcht, Angst, Ekel und Unsicherheit, aber auch Hass, Mordlust und Vergeltungssucht sind definitiv fehl am Platze, wenn man sich in seiner Haut wohlfühlen will. Aber genau das möchte man doch eigentlich tun und sollte es auch. Gerade an seinem Wohnort, so als freier Mensch in einem freien Land und noch dazu im 21. Jahrhundert. Statt sich also ständig vor möglichen Konflikten mit tierischen Mitbürgern zu gruseln und dauernd auf der Hut zu sein, macht es viel mehr Sinn und auch viel mehr Spaß, den Dingen etwas Gutes abzugewinnen. Weil Tiere – ausnahmsweise mal ganz verallgemeinernd gesprochen – prinzipiell toll sind, muss das glücklicherweise nicht allzu schwer fallen. Es ist tatsächlich sogar recht einfach, die städtische Fauna regelrecht zu genießen! Davon handelt das nächste Kapitel.

ENTDECKEN, ERLEBEN, GENIESSEN!

Es gibt unzählige Wege, sich in positiver Art und Weise mit der Tierwelt unserer Städte auseinanderzusetzen. Manche davon sind so naheliegend, dass wir sie leicht übersehen, über andere haben wir vielleicht noch nie ernsthaft nachgedacht. Lohnenswert sind sie alle, denn sie bieten echtes Naturerlebnis ohne großen Aufwand, direkt vor unserer Haustür oder sogar dahinter. Deshalb nun ein paar Anregungen für Möglichkeiten, der Stadtfauna das Bestmögliche abzugewinnen – und sich dabei selbst etwas Gutes zu tun.

Mal eben ins Grüne ...

Bereits in und an unseren Häusern und in dicht bebauten Straßen unserer Wohn- und Geschäftsviertel leben jede Menge Tiere. Die dort vorhandenen Nischen, Höhlen, Löcher oder das Grün der Balkone und Randstreifen reicht vielen schon vollkommen. Wesentlich mehr Stadtfauna hält sich allerdings in der Regel dort auf, wo sich deutlich mehr «Natur» findet. Dort, wo der Boden nicht von Asphalt versiegelt ist und eine andere Farbe als Grau die Oberhand gewinnt: grün. Je nachdem, wie sich eine Stadt historisch entwickelt hat, also etwa was und wie viel von ihr wann und unter welchen Gesichtspunkten geplant wurde, schließt ihr Hoheitsgebiet einen mehr oder weniger großen Anteil an Grünflächen ein. Unversiegelten Boden also, aus dem Pflanzen wachsen. Ganz gleich, ob es sich dabei um das

Gras einer Hundewiese oder die großen, freistehenden Bäume eines Landschaftsparks handelt, bieten diese Pflanzen einer Fülle von Tieren Nahrung, Wohnstätten, Versteckplätze und noch viel mehr. Dementsprechend gibt es hier einfach mehr verschiedene und auch andere Tierarten als mitten in der Fußgängerzone. Deshalb lohnt sich der Gang ins Grüne, wenn man die städtische Tierwelt in all ihrer Vielfalt erleben und genießen möchte.

Dabei sind die grünen Bereiche in der Großstadt selbst schon sehr vielfältig. Vielerorts ist wirklich alles dabei – vom kurz geschorenen Rasen auf dem Sportplatz mit den adrett gestutzten Hecken an seiner Außengrenze über den nahe gelegenen Park mit seinen ausgedehnten Wiesen und wohlüberlegt platzierten Gehölz-Ensembles bis hin zum weitgehenden Wildwuchs entlang großer Verkehrswege und kleinen Wäldchen. Und noch viel mehr, denn in seiner Kreativität hat der Mensch inzwischen die verschiedensten Möglichkeiten ausgetüftelt, Landschaft auch im Kleinen zu gestalten.

Einen bestimmten Typ Grünanlage gibt es wohl in jeder Stadt, auch wenn man ihn im Alltag oft ausblendet. Womöglich weil viele Menschen sich dort eher ungern aufhalten, weil diesen speziellen Bereichen für sie etwas wenig Fröhliches, für manchen vielleicht auch etwas Unheimliches anhaftet. Dabei sind sie in aller Regel wahre Epizentren städtischer Biodiversität: Friedhöfe! Hier kommt vieles zusammen: Neben relativer Ruhe und meist absoluter Hundefreiheit ist es vor allem ihre Strukturvielfalt, die Friedhöfe für alle möglichen Tiere höchst interessant macht. Eine Landschaft voller kleiner Felsen und verschiedenen Bodenbeschaffenheiten. Mit reichlich Gebüschen, Bodendeckern, wechselndem Frischgrün in Vasen und natürlich großen, alten Bäumen. Alles in allem wunderbare Orte für eine bunte Vielfalt von Stadttieren, denen der eigentliche Zweck dieser Flächen vollkommen egal ist. Die einfach davon profitieren, dass es Friedhöfe in jeder Stadt gibt – selbst in solchen, die sonst wenig grün sind.

Ich habe das große Glück, in einer sehr grünen Großstadt zu leben. Denn das ist Frankfurt am Main – und genau deshalb empfinde ich es auch allen Unkenrufen zum Trotz als einen ganz wunderbaren Wohnort. Im Prinzip kann man sich hier vor Grün kaum retten. Wo man auch hingeht, eher früher als später steht man in einer Grünanlage. Das zentrale grüne Band bildet der Main, der die Stadt in hibbdebach (nördlich des Mains – das eigentliche Frankfurt mit dem historischen Stadtkern und dem Löwenanteil an Siedlungsfläche, wo auch ich wohne) und dribbdebach (südlich des Mainufers – auch schön, jedoch prinzipiell eher suspekt) teilt und als breiter Frischluftkanal für beide Seiten fungiert. Von Nordosten strebt ihm die Nidda zu, entlang derer man sich seit den Neunzigerjahren mit großem Aufwand bemüht, die einst im Sinne des Fortschritts begangenen Todsünden der Begradigung und Einfassung wieder rückgängig zu machen. An den Ufern beider Flüsse verlaufen bequeme Fuß- und Radwege, die sie zu zwei der beliebtesten Naherholungsziele der Frankfurter machen. Dort, wo früher die Stadtmauer ihre Bürger vor unliebsamen Eindringlingen schützte, wird Frankfurts Altstadt (natürlich hibbdebach) heute vom grünen Anlagenring umschlossen, einer Hochburg hiesiger Karnickel und Tummelplatz unzähliger Vögel. Besonders außerhalb dieses grünen Bogens finden sich kreuz und quer im Stadtgebiet verteilt öffentliche Gärten und Parks jedweder Couleur – vom winzigen, wie aus Verlegenheit mit zwei Büschen und einer Bank ausgestatteten grünen Eckchen im Wohnviertel über den breiten, mit Kastanien bestandenen Flanier-Mittelstreifen zwischen den Fahrspuren großer Straßen bis hin zum ausgedehnten Park mit einem hektargroßen Weiher. Und natürlich die Kleingartensiedlungen, die je nach Satzung des eingesessenen Vereins (je weniger Regeln, desto mehr) das

Potenzial zu wahren Biodiversitäts-Hotspots haben. Rundherum bilden Felder, Weiden, Streuobstwiesen und Wälder den Frankfurter Grüngürtel, ein großflächiges Naturreservoir und Naherholungsgebiet.

Im Westen Frankfurts, zwischen den Stadtteilen Westend und Bockenheim, schmiegen sich am Ende der Siesmayerstraße drei meiner liebsten Frankfurter Grünanlagen dicht aneinander. Hier kommt jeder auf seine Kosten: Jogger und Kinderwagenschieber, Hundebesitzer und Hundehasser, Pflanzenenthusiasten und Hobbygärtner, Spielkinder und ernsthafte Vogelbeobachter, Bootskapitäne und Spaziergänger, Landschaftsgärtner und Botaniker, Selfie-Süchtige und Naturfotografen, Picknicker und Grillfreunde, Kicker und Doch-lieber-im-Schatten-Döser. Denn die drei grünen Grazien sind grundverschieden. Die größte von ihnen ist mit 29 Hektar der Grüneburgpark, lokal auch einfach als «Grüni» bekannt. Seine vielen geschwungenen Wege mit leichten Steigungen und Gefällen machen ihn zu einem Paradies für hunderte Jogger, Nordic-, Power- und Sonst-wie-Walker, die mehr oder weniger elegant zwischen den zeitweise ebenso zahlreichen Kinderwagen hindurchmanövrieren. Auf den Wiesen spielt man Fußball, Federball, Hackisack (ja, das gibt es tatsächlich noch!) oder Räuberschach, läuft über Slack Lines oder hält Diabolos in Rotation. Oder man liest, bräunt sich, grillt oder chillt einfach. Jedenfalls ist hier immer was los. Und auf tierischer Seite natürlich auch: Da ist der Grüni ein Bilderbuchpark mit allem, was dazu gehört. Tauben, Amseln, Meisen, Krähen, Eichhörnchen und Kaninchen muss man dort einfach zu sehen bekommen, wenn man nicht blind ist. Parkfauna eben.

Direkt jenseits der Siesmayerstraße liegt der Palmengarten. Dieser 1868 gegründete botanische Schaugarten ist der einzige städtische Park Frankfurts, der von seinen Besuchern ein Eintrittsgeld verlangt. Und das kann er sich auch leisten, denn auf

seinen zwanzig Hektar Fläche (das entspricht etwa vierzig Fuß-
ballfeldern) beherbergt er rund 15 000 (in Worten: fünfzehntau-
send!) Arten und Sorten von Pflanzen. Das sind etwa zehnmal
so viele, wie derzeit im übrigen Frankfurter Stadtgebiet wild
wachsen! Neben seinen tausende Quadratmeter bedeckenden
Schauhäusern, in denen vor allem tropische Gewächse gedei-
hen, und kleinen wie großen Wiesenflächen bietet der Palmengarten über einem Dutzend verschiedener Themengärten Platz.
Hier finden sich kleine Landschaften aller Art – ein Wäldchen
mit ehrwürdigen alten Buchen, ein undurchdringliches Bam-
busdickicht, eine mediterrane Steppen- und eine heimische
Glatthaferwiese, ein Heidegarten und ein Steingarten an den
Hängen eines eigens aus unterschiedlichen Gesteinstypen auf-
geschütteten Hügels. Hier grünt und blüht es das ganze Jahr
über, was nicht nur die menschlichen unter den Frankfurter
Pflanzenfreunden freut. Heerscharen von Insekten sind bei
frostfreier Witterung damit beschäftigt, die grünen Hauptdarsteller des Gartens entweder zu vertilgen oder zu bestäuben.
Größere Tiere machen ihnen vor allem bei Ersterem ernsthafte
Konkurrenz oder laben sich gleich an den Insekten selbst. Weil
es hier so viel mehr verschiedene Winkel, Ecken und Flächen
mit so viel mehr verschiedenen Pflanzen gibt, ist die Tierwelt
des Palmengartens auch ungleich vielfältiger als die im Grüni.
Allein schon die Mannigfaltigkeit der Blütenpracht lockt Unmengen der unterschiedlichsten Bestäuber an. Die vielen alten
Bäume bieten nicht nur dem Krabbelgetier, sondern auch Säugetieren und Vögeln mehr als genug Wohnraum. Hier bekommt
man leicht auch Vertreter der etwas weniger «gewöhnlichen»
Stadtfauna zu Gesicht: Grünspecht, Wacholderdrossel, Baum-
läufer, Habicht und Sperber zum Beispiel, aber auch diverse Libellen und unterschiedliche Schmetterlinge. An warmen Sommertagen geben in bestimmten Wasserbecken Grünfrösche ein
ohrenbetäubendes Konzert zum Besten. Und da Hunde im Pal-

mengarten nicht erlaubt sind, kann all das liebe Viehzeug ganz entspannt überall herumhängen, wo es das gerade möchte. Auch der Fuchs, der seinen Bau in der Nähe der Liegewiese hat.

Oberhalb vom Ende der Siesmayerstraße, hinter dem ehemaligen Biologie-Campus der Goethe-Universität, liegt zwischen Grüni, Palmengarten und der viel befahrenen Zeppellinallee ein ziemlich gut verstecktes und wohl vor allem deshalb weitgehend unbekanntes Kleinod unter den Frankfurter Gärten: der Botanische Garten der Universität, der in seiner jetzigen Ausdehnung von acht Hektar seit 1958 besteht. Hunde dürfen hier genauso wenig hinein wie in den Palmengarten, wie dort ist auch hier weder Joggen noch Nordic Walking noch Fahrradfahren erwünscht. Und obwohl die Wege größtenteils selbst für luxuriöse Kinderwagen breit genug ausgebaut sind, haben die SUV-fahrenden Latte-Macchiato-Mamis aus dem Westend diesen Garten noch nicht für sich gepachtet. Ein echter Geheimtipp also, der während der Öffnungszeiten tagsüber von jedermann betreten werden darf. Die Vielfalt verschiedener Vegetationsarten, die schon den Palmengarten gegenüber dem Grüni auszeichnet, ist im Botanischen Garten noch mal etwas höher als im Palmengarten. Und vor allem natürlicher, denn der Großteil seiner Fläche entfällt auf die sogenannte geobotanische Abteilung, oder schlicht Landschaftsgarten. Hier ist es den ebenso fähigen wie hingebungsvollen Gärtnern in Zusammenarbeit mit den Wissenschaftlern der Uni gelungen, auf ziemlich kleinen Parzellen verschiedene typische Vegetationsformen Mitteleuropas optisch sehr realistisch und botanisch zumindest zufriedenstellend nachzuempfinden. Sei es der alte Buchenwald, wo im Frühjahr Buschwindröschen und Hohler Lerchensporn blühen, die Heide mit ihren Ginsterbüschen, der von Schwarzerlen gesäumte Bachlauf, der Kiefernwald auf Sandboden oder die alpinen Zwergsträucher und Kissenpflanzen im felsigen Stein-

garten. Dazu kommen noch Landschaften angrenzender Naturräume, wie asiatische Wäldchen und sonnig-steinige Hanglagen des Mittelmeerraumes. Alle dicht beieinander, und alles so naturnah wie eben möglich. Anders als bei den vielen Zuchtformen und Kulturvarietäten des Palmengartens dürfte bei den hier fast ausschließlich wachsenden Wildformen von über 4000 Pflanzenarten wahrscheinlich so ziemlich jeder in Deutschland heimische Blütenbestäuber, Salatknabberer oder Saftsauger irgendwo fündig werden. Noch höhere Insektenvielfalt, noch höhere Vielfalt von Insektenfressern, noch höhere Vielfalt von Insektenfresser-Fressern: der Botanische Garten Frankfurt ist dicht gedrängte Vielfalt mit einem hohen Anteil heimischer Arten, er ist ein Juwel urbaner Biodiversität. Insgesamt hat man hier schon über hundert Vogelarten beobachtet, und wer ein wenig die Augen offenhält, kann in kurzer Zeit mehr als zwei Dutzend zu Gesicht bekommen. Mit etwas Glück sind darunter auch solche Kostbarkeiten wie Kleinspecht und Eisvogel. Auch der Wanderfalke vom nahe gelegenen Fernsehturm schaut ab und zu vorbei, und natürlich wohnt auch hier ein Fuchs, der die Kaninchen in Schach hält und so den Gärtnern zuarbeitet.

Mich als ausgewiesenen Freund dieser Tiergruppen freut besonders, dass hier auch heimische Amphibien und Reptilien dauerhaft leben. Die Reptilien sind dabei deutlich in der Unterzahl, mit der Zauneidechse als einziger sicher vorkommender Art. Angesichts ihrer Präsenz wären definitiv auch Blindschleichen zu erwarten. Die habe ich allerdings noch nie zu Gesicht bekommen – sei es weil keine da sind, oder weil die vorhandenen Schleichen die meiste Zeit irgendwo drunter liegen und sich selten so unverhohlen sonnen wie ihre vierbeinigen Kollegen. Der Legende zufolge soll früher auch öfter mal die Ringelnatter vorbeigeschaut haben. Die konnte ich selbst dort bisher leider noch nicht erspähen. Es würde mich aber nicht wirklich wundern, wenn sich das morgen ändern sollte.

Wesentlich vielfältiger sind die Amphibien: Aktuell findet sich hier rund ein Drittel der zwanzig in Deutschland bekannten Arten! Neben den Grünfröschen, die hier noch wesentlich mehr als im Palmengarten den ganzen Sommer über quaken, und den Erdkröten, denen man prinzipiell so gut wie überall begegnen kann, laichen hier jedes Jahr auch die braunen Grasfrösche. Außerdem kommt mit Berg- und Teichmolch auch gleich mal die Hälfte der heimischen Molcharten vor. Früher soll es hier sogar Feuersalamander und Laubfrösche gegeben haben! In jüngerer Zeit ist noch jemand ganz Besonderes hier aufgetaucht: die Gelbbauchunke. Dieser mit deutlich unter Daumenlänge ziemlich klein bleibende, durch seine Warzigkeit krötenähnliche Froschlurch war nicht nur (Tusch!) der Lurch des Jahres 2014, sondern ist auch ein schönes Beispiel für angeborene Wanderlust: Unsere Unken (neben der Gelb- gibt es hierzulande noch die Rotbauchunke) laichen mehrmals im Jahr

DIE GRÜN- ODER WASSERFRÖSCHE (GATTUNG *PELOPHYLAX*, FRÜHER *RANA*) ...

* sind in Deutschland mit drei Arten vertreten, von denen eine (der Teichfrosch) eine natürliche Kreuzung aus den anderen beiden (Kleiner Wasserfrosch und Seefrosch) darstellt, die sich erfolgreich mit beiden Elternarten paaren kann. Nicht zuletzt wegen dieses wilden Herumpaarens ist ihre Unterscheidung selbst für Fachleute oft sehr schwierig.
* kann man in der warmen Jahreszeit tags wie nachts aus vielen Gewässern rufen hören. Die Rufe der Männchen sind das charakteristische «Froschquaken» unserer Breiten schlechthin.
* sind die typischen Frösche, die man besonders im Sommer am helllichten Tag auf Gewässern treiben sieht. Frosch im Wasser und irgendwie grün? Grünfrosch!
* überwintern entweder an Land oder am Grund ihres Gewässers. In letzterem Fall nehmen sie den benötigten Sauerstoff über die Haut auf.

und gerne in verschiedenen Gewässern. Dabei bevorzugen sie kleine, flache, möglichst pflanzenfreie Tümpel von der Sorte, die auch mal austrocknet. Weil es in denen keine Fische und meist auch weniger andere Fressfeinde gibt als in größeren Gewässern, und weil die Kaulquappen sich im schneller aufheizenden Wasser zügiger entwickeln können. Früher, vor uns, waren das vor allem die vielen Tümpel und Pfützen, die nach dem Frühjahrshochwasser in Flussauen zurückblieben. Heute, wo wir die natürlichen Aubereiche weitgehend beseitigt haben, nimmt die Unke routinemäßig auch die Laichgewässerchen, die wir ihr meist eher nebenbei schaffen: Traktorspuren, Explosionstrichter auf Truppenübungsplätzen, wassergefüllte Senken allerorten. Da sich die Situation solcher Gewässer – der natürlichen wie der menschgemachten – ständig ändert, ist Unkerich es gewohnt, immer mal auf die Suche nach einem neuen Liebesnest zu gehen. Dabei kommen Unken an die unmöglichsten Orte wie Großbaustellen, Motocross-Gelände und Neubaugebiete, wo sie vorhandene Pfützen im Zweifelsfall auch austesten. Auch den Tieren im Botanischen Garten Frankfurt ist die Wanderlust keineswegs vergangen. Letzten Sommer saß ein sehnsüchtiger Unkerich über drei Wochen lang in einem flachen Tümpel im tropisch-schwülen Mangrovenhaus des benachbarten Palmengartens. Zwar hatte der Kleine bis hierher nur etwa 300 Meter Luftlinie zurücklegen müssen, es aber immerhin über ausgedehnte Pflasterbereiche und durch die Tür bis in dieses Gewächshaus geschafft. Ob ihm das genützt hat, weiß ich nicht zu berichten, halte es aber eher für unwahrscheinlich, dass eines der sicher nicht allzu zahlreichen Weibchen aus dem Botanischen Garten sich ebenfalls ausgerechnet hierher verirrt hat. Sollte er in diesem Sommer kinderlos geblieben sein, an ihm lag es auf keinen Fall: Wann immer ich vorbeischaute, war er fleißig am Rufen. Apropos: Allen Unkenrufen zum Trotz klingen Unkenrufe wunderschön. Sie sind ein sanftes uh-uh-uh wie von

Gelbbauchunke

einem weit entfernten Käuzchen, das nur einen Ton kann. Und wem das nicht reicht, um sich in die Gelbbauchunke zu verlieben, der sollte ihr mal tief in die Augen sehen: Ihre Pupillen sind nicht rund wie unsere oder schlitzförmig wie die der meisten anderen Amphibien, sondern ähneln in ihrer umgekehrten und oft oben eingedellten Tropfenform kleinen Herzchen. Herrlich!

Und wen keine dieser drei Grünflächen anspricht, der muss in Frankfurt nicht verzweifeln, denn das Stadtgebiet kann mit einem üppigen Angebot großflächiger grüner Alternativen aufwarten, die jeweils ihre eigenen tierischen Spezialitäten haben. Wie wäre es beispielsweise mit ein paar putzigen Nutrias und ganzen neun Amphibienarten am Alten Flugplatz Bonames? Oder Europäischen Sumpfschildkröten im Enkheimer Ried? Eventuell auch mal nachsehen, was in der Kolonie von Reihern und Kormoranen auf der Insel im Ostparkweiher los ist? Vielleicht auch einfach nur ein paar Wildschweine, Damhirsche und Rehe im Stadtwald? Letztlich auch wurst, denn jeder dieser Orte bietet ganz wunderbare Möglichkeiten, um seinen Tag von Tieren aufwerten zu lassen. Und das geht so oder so ähnlich in jeder Stadt hierzulande.

DIE NUTRIA
(MYOCASTOR COYPUS) ...

* 🍁 alias Sumpfbiber ...
* 🍁 ist eigentlich im südlichen Südamerika zu Hause. Nach Deutschland kam sie zuerst um 1890 aus dem Elsass, wo einige Exemplare aus Pelztierfarmen ausgebüxt waren. Das taten manche in der Folge auch hierzulande und fühlen sich seit langem quer durch die Republik zumindest stellenweise pudelwohl.
* 🍁 liebt das Wasser, ähnlich wie es Biber und Bisamratte tun. Anders als bei diesen Arten haben die in Ufernähe befindlichen Bauten des Sumpfbibers ihren Eingang aber immer oberhalb der Wasseroberfläche.
* 🍁 ist eines dieser sympathisch-knuffigen Tiere, die man einfach knuddeln muss und füttern möchte. Beides sollte man trotzdem besser sein lassen!

Der Zoo von Balkonien

Warum in die Ferne schweifen, denn das Gute liegt so nah …
Wer keine Lust hat, hinauszugehen, bleibt eben daheim. Und
erfreut sich an der Fauna des eigenen Gartens. Wie, Sie haben
keinen Garten? Kommt vor, das geht mir genauso. Aber halb
so schlimm, denn ein Fenster oder ein simpler Balkon tun es
auch. So wie mein Balkon. Der ist wirklich nichts Besonderes.
Zwei Quadratmeter klein und im vierten Stock eines Mietpuffs
im Nordosten Frankfurts gelegen, geht er ziemlich genau nach
Osten raus – in Richtung Sonnenaufgang. Den kann ich aber
die meiste Zeit im Jahr nicht sehen, weil ein achtzehnstöckiges
Hochhaus das mit Ausnahme der längsten und kürzesten Tage
gekonnt verhindert. Direkt daneben, links von meinem Balkon
aus gesehen, steht sein Zwilling, der noch ein wenig höher ist.
Als ich hier einzog, hatte ich wie zum Ausgleich für diese beiden
Bausünden einen freien Blick nach rechts, quer über den gesamten Osten Frankfurts und bis auf die andere Mainseite. Vor
den hat sich kurz nach meinem Einzug urplötzlich eine nackte
Hauswand gesetzt, die ich von meinem Balkon aus fast berühren kann und die außer an den längsten Tagen spätestens ab elf
Uhr die Sonne aussperrt. Sie sehen, mein Balkon ist nichts Besonderes. Aber langweilig ist er nicht! Im Gegenteil, er ist sehr
lebendig und bietet großes Kino. Keine Sorge, damit meine ich
nicht das Privatleben der Menschen in den Türmen gegenüber.
Von dem kann man mit bloßem Auge glücklicherweise nichts
erkennen. Nein, ich rede natürlich von dem Tierleben, das sich
auf meinem Balkon und um ihn herum jeden Tag direkt vor
meiner Nase abspielt. Man kann sich schwerlich mal eine Minute auf ihm befinden, ohne dass irgendein Tier sich bemerkbar
macht. Ehrlich gesagt muss man sich nicht einmal auf ihm befinden – manchmal scheint er am lebendigsten, wenn ich hinter

meinem balkonbreiten Fenster für so manches Getier da draußen außer Sichtweite bin.

Dann kommen zum Beispiel sehr gerne ein paar Vögelchen vorbei – am liebsten sind mir die marodierenden Meisenbanden, die piepsend und schnarrend jeden Winkel nach Insekten absuchen. Sie schlüpfen auch ständig unter die Regenrinne des Daches vom Nachbarhaus, und ich frage mich schon eine Weile, wann wohl endlich mal welche von ihnen dort brüten mögen. Seit die Fassade unseres Hauses mit dicken Dämmplatten zugepflastert und damit erst so richtig schön entflammbar gemacht wurde, haben die Meisen einen Anlaufpunkt mehr: sie zerpflücken die Dämmplatten an bestimmten Stellen unter dem Dachüberhang. Warum sie das tun, ist mir ein Rätsel – sammeln sie die flockige weiße Synthetik als Nistmaterial (dagegen spricht, dass viel zu viel davon auf meinem Balkon landet), oder folgen sie kleinen Futtertierchen, die sich da hinein verkrochen haben? Wie dem auch sei, Meisen sind allgemein einfach spaßig, und meine sind es auch. Weniger Sympathie hege ich für die nervigen Tauben, die ja in dunklen Zeiten die präsentesten gefiederten Gäste auf meinen zwei Freiluftquadratmetern waren. Wenn sie wenigstens ein paar Meter Abstand halten, mag ich sie wieder. Ihnen bei ihrem Taubendasein zuzusehen ist einfach nett: eine Runde im Tiefflug, dann im Geschwader eine Acht um beide Türme, Sturzflug und im Aufschwung auf den Balkon über mir oder sonst wohin, drollige Balz- und Paarungsversuche und so weiter. Abseits meines Balkons mischen sich auch ein paar Ringeltauben unter ihre grau schillernden Verwandten. Größer, edler, bedächtiger und schon wesentlich sympathischer, zumindest solange sie ordentlich auf Bäumen nisten. Die Eckpunkte der Dächer gehören in der warmen Jahreszeit Herrn Hausrotschwanz mit seinem Knirschtirili, und wenn es dämmert, flöten von dort und aus den Bäumen und Büschen zwischen den Häusern mit Amseln und Rotkehlchen die üblichen Verdächtigen. Diese Stammbesetzung tummelt sich auch regelmäßig auf dem Flachdach des niedrigeren Hauses zwischen mir und dem Turm, um in der dort oft tage- und wochenlang stehen bleibenden Pfütze zu baden, zu trinken oder scheinbar einfach nur, mit diesen beiden Optionen in nächster Nähe, dort abzuhängen.

Über allem fliegen die Falken. Nein, keine coolen Wanderfalken, die brüten andernorts in Frankfurt. Meine Falken, die jedes Jahr in einem wohl extra für sie angebrachten Kasten auf dem Turm gegenüber brüten, sind «nur» ganz normale Turmfalken. Jährliches Highlight: die ersten Flugversuche der Jungen, erst mit viel Geschrei und Flügelschlagen, später immer eleganter. Selbst dann sind sie aber, anders als ihre luftkampferprobten Eltern, noch eine ganze Weile bemitleidenswert leichte Zielscheiben für den angestammten Erzfeind aller Greifvögel: die Krähen. Kaum taucht eine Krähe in Sichtweite auf, nervt sie den nächstbesten Falken und macht Jagd auf ihn. Weil bei uns alle naselang Krähen unterwegs sind, kann das für die Falken da gegenüber zeitweise wirklich in Arbeit ausarten und kostet sie sicher einiges an Energie. Spektakulär anzusehen sind die regelmäßigen Verfolgungsjagden auf jeden Fall. Wo wir gerade von krächzenden Rabenverwandten reden: Elstern schauen natürlich auch täglich vorbei. Eher sporadisch tut es mein Liebling unter den heimischen Rabenvögeln, der Eichelhäher. Manchmal, wenn er sich unbeobachtet fühlt, versteckt er heimlich Eicheln in meinen Blumenkästen. Das wusste ich noch nicht, als zum ersten Mal eine kleine Eiche dort herauswuchs, und war entsprechend verwirrt – schließlich können sich Eicheln, anders als etwa die Samen von Ahorn, Birke oder Hainbuche, angesichts ihres doch reichlich plumpen Wesens schwerlich vom Wind mitnehmen lassen. Tatsächlich stand ich so lange auf dem Schlauch, bis ich den heimlichtuerischen Hübschling eines Tages auf frischer Tat ertappte. Dafür war mein Grinsen in diesem Moment umso breiter und hielt noch eine ganze Weile an.

Auf tieferen Balkonen und den kleinen Gartenflächen zwischen den Häusern muss sich der Häher die möglichen Versteckplätze für seine Eicheln mit den Eichhörnchen teilen, die dort umherspringen. Die wiederum müssen sich, wie eigentlich alles und jeder in Bodennähe, vor den freilaufenden Miezekätzchen in Acht nehmen, die pausenlos überall herumtigern. Andere Säugetiere meines Balkonzoos sind vor denen weitgehend sicher. Die nachts immer mal durch die Einfahrt schnuffelnden und später irgendwo hemmungslos herumraschelnden Igel wissen sich zu schützen, während sich die Fledermäuse schlicht nicht in die Reichweite der Samtpfoten herablassen. Die flauschigen Flattermänner verdienen definitiv den Titel des präsentesten Pelztieres, denn wann immer es nicht allzu kalt ist, sind sie unterwegs, spätestens sobald es dämmert. Auch wenn man sie nicht sieht, hört man doch ihre Gespräche: «ts-ts», «zäck» und so weiter. Oben schwingt sich der Große Abendsegler durch den freien Luftraum, weiter unten flattert meine Lieblingsfledermaus, die Zwergfledermaus mit dem wunderbaren wissenschaftlichen Namen *Pipistrellus pipistrellus*. Und was weiß ich wer noch – schließlich sind aus dem Frankfurter Stadtgebiet satte vierzehn Arten bekannt. Das ist fast die Hälfte aller Fledertiere Mitteleuropas!

Wenn man sich mal nicht von all den gleichwarmen Wirbeltieren da draußen ablenken lässt und den Blick in Ruhe auf den Balkon selbst richtet, dann taucht man ein in eine andere Welt: die der Gliederfüßer. Damit die schön vielfältig ist und einem immer wieder mal etwas Neues bietet, war eigentlich nur ein bisschen Strukturvielfalt nötig – etwa in Form eines kleinen Regals und diverser Gegenstände, hinter, in und unter denen sich Versteckmöglichkeiten bieten. Die Hauptsache aber sind die Blumenkästen. Die lasse ich, zumindest teilweise auch mit heimischen Pflanzen, gerne möglichst bunt und chaotisch regelrecht zuwuchern. Das steigert mein persönliches Wohlbefin-

DIE ZWERGFLEDERMAUS
(PIPISTRELLUS PIPISTRELLUS) ...

- ist mit maximal sieben Gramm und 25 cm Flügelspannweite die zweitkleinste heimische Fledermaus - mit angelegten Flügeln passt sie locker auf eine Streichholzschachtel.
- ist die häufigste Gebäude bewohnende Fledermaus in Deutschland.
- spannt wie alle Fledermäuse ihre dünne Flughaut mit den extrem verlängerten Fingern auf. Ihre Flügel bestehen also größtenteils aus Hand.
- schnappt sich in einer durchschnittlichen Sommernacht gerne mal einige tausend Mücken, Motten & Co. aus der Luft.
- orientiert sich in der Dunkelheit mit für uns nicht hörbarem Ultraschall, kommuniziert mit ihren Artgenossen aber über tiefere Geräusche, die wir auch hören können. Manche Fledermausarten lassen sich sogar über Laute dressieren.

den, verbessert vor allem im Sommer das Mikroklima meines Balkons ganz enorm und zieht die Krabbelfraktion geradezu magisch an. Viele Blüten, viele Blütenbesucher: verschiedene Arten von Bienen, Hummeln, Schmetterlingen und vor allem Schwebfliegen geben sich ab dem Frühling hier ein Stelldichein. Viel Grün, viel Futter: Zikaden, Wanzen, Blattläuse in rauen Mengen, Spannerraupen, Käfer und ihre Larven und natürlich jede Menge kaum sichtbarer Winzlinge wie Spinnmilben und Thripse, nicht immer gern gesehen bei Pflanzenfreunden. Das Grünfutter wurzelt in Pflanzenerde, und die wimmelt mit der Zeit von kleinen Bodenbewohnern wie Springschwänzen und wieder anderen Milben. Viel Krabbelzeugs, viel Futter: Raubfliegen, Wespen, Marienkäfer und ihre Larven, Libellen, Hundertfüßer, Weberknechte und natürlich Spinnen lassen sich das nicht entgehen. Richtiggehend ins Herz geschlossen habe ich vor allem die kleinen Zebraspringspinnen, die auf allen Oberflächen im Einzugsbereich meines Balkons auf die Jagd gehen. Und immer wieder laufen rote Pünktchen über die Hauswand: Das ist die Rote Mauermilbe, die wohl jeder schon einmal gesehen hat. Als wärmeliebender Felsbewohner ist sie hier genau richtig.

Aber nicht nur als Tummel- und Futterplatz ist mein Balkon unter den Wirbellosen der näheren Umgebung beliebt, sondern auch als Kinderstube. In den Anschlagstopfen meiner Rollläden (Sie wissen schon – diese Nippel, die verhindern, dass man den Rolladen komplett in den Kasten zieht) und diversen von Vormietern offen hinterlassenen Bohrlöchern in der Außenwand sind regelmäßig Wildbienen zugange. Da wird dann einige Zeit lang viel ein- und ausgeflogen, um die Kinderstube gemütlich einzurichten, und schließlich das Eingangsloch mit Lehm verschlossen. Irgendwann ist es wieder offen. Leider habe ich in all den Jahren noch nie den Auszug einer jungen Biene miterlebt. Deshalb kann ich auch nicht mit Sicherheit

(hier kommt der Wissenschaftler wieder durch) sagen, ob die Nester von innen oder von außen geöffnet wurden. Schließlich wäre eine fette Bienenmade oder -puppe als eiweißhaltiger Happen so manchem Federvieh Grund genug, sich den Schnabel schmutzig zu machen. Ebenfalls unsicher bin ich mir über den Ausgang einer Geschichte, die ich letzten Frühling über Wochen verfolgt habe: Auf einem Grill mit Tischfunktion mitten auf meinem Balkon, dort wo die Sonne vormittags unbarmherzig draufbrennt, steht eine recht breite, flache und eher trocken gehaltenen Pflanzschale. In der wachsen ein paar kleine trockenangepasste Pflanzen (zwei Steinwurze und eine Aloe) in großem Abstand zueinander und lassen den Blick auf viel trockene Erde frei. Auf und in dieser tummelte sich wochenlang eine einzelne Wespe. Keine «normale» Wespe, sondern etwas Kleineres, Feineres – zwar auch gelb-dunkel gestreift, aber viel zierlicher. Kaum war sie da und ein wenig auf der Erde herumgekrabbelt, fing sie an zu graben. Grub und grub und grub immer weiter, bis sie unter der Erde verschwunden war. Um kurz darauf herauszukommen und das Loch wieder zu verschließen. Um kurz darauf wieder da zu sein und es wieder zu öffnen, wieder darin zu verschwinden und so weiter. An sich ist daran nichts verwunderlich, denn so etwas tun einzelgängerische Wespen nun mal, wenn sie ihr unterirdisches Nest anlegen oder ihre Brut – meist eine einzelne Larve – darin mit Futter versorgen. Dass diese Wespe das in meinem Blumentopf tat, empfand ich als große Ehre. Da sie das an verschiedenen Stellen tat, muss sie sogar mehrere Nachkommen dem kleinen Trockenbiotop anvertraut haben, das dort hauptsächlich durch meine Gießfaulheit entstanden war. Vor allem aber war es immer nett, ihr bei ihren geschäftigen Erdarbeiten zuzusehen. Direkte Naturbeobachtung, echt und unverfälscht, zum Greifen nah. Zu Hause, auf dem winzigen Balkönchen einer reichlich unspektakulären Wohnung. Vollkommen normal.

Augen auf!

Eigentlich total banal: Wenn man etwas von seiner Umgebung mitbekommen möchte, dann muss man eben die Augen offen halten. Das gilt auch, wenn man die Tierwelt unserer Städte erleben möchte. Im Hinblick auf diese müsste es heutzutage wohl eher «Augen hoch» heißen, denn auf dem Display unserer Smartphones tummeln sich meist herzlich wenige Mitglieder der lokalen Fauna. Also: Handy auch mal einstecken und statt dessen den Blick schweifen lassen. Dann wird man meist ebenso schnell, wie man eine WhatsApp-Nachricht öffnet, den ersten ganz realen tierischen Organismus in seinem Umfeld erkennen. Fehlanzeige? Kein Thema – einfach noch ein wenig weiter umschauen. Immer noch nichts? Kann vorkommen. Oft bringt schon ein kleiner Standortwechsel den gewünschten Erfolg.

Oder mal etwas ganz anderes. Es muss ja nicht immer der bunte Vogel oder das unglaublich putzige Eichhörnchen sein. Diese plakativen Elemente der Großstadtfauna wird man sowieso kaum übersehen, wenn sie sich in der eigenen Nähe aufhalten. Das tun sie aber nicht immer. Nichtsdestotrotz ist man selbst im Innenstadtbereich einer Großstadt ständig und überall von Tieren umgeben. Man muss sie nur entdecken! Manchmal muss man eben ein wenig suchen und genauer hinschauen, um sie zu finden. Beispielsweise lohnt es sich immer, auch mal im Kleinen und Verborgenen nachzusehen. Zum Beispiel irgendwo drunter, da verstecken sich manchmal die seltsamsten Gestalten. Heben Sie doch einfach mal den nächstbesten Gegenstand hoch, der irgendwo rumliegt! Ganz egal, was es ist – je größer, desto mehr Tierchen können Sie dort entdecken.

Natürlich ist es toll, wenn man ein hübsches Tier mit bloßem Auge auf die Entfernung bewundern kann. Aber wahre Schönheit braucht keine Größe. Sie findet sich auch im Kleinen, gerade auch bei solchen Tieren, wo wir sie nicht wirklich erwarten. Nehmen wir doch mal die Krabbelfraktion, besonders die Insekten. Viele von denen sind so klein, dass wir ziemlich nah an sie heranmüssen, um Details ihrer Gestalt und ihrer Farbgebung zu erkennen. Aber das lohnt sich fast immer! Denn die Sechsbeiner sind ein unglaublich bunter Haufen unterschiedlichster Gestalten, und nicht wenige von ihnen bewegen sich bei genauerer Betrachtung irgendwo zwischen skurril, bizarr, filigran und wunderschön. Je nach dem Geschmack des Betrachters, in dessen Auge bekanntlich alle Schönheit liegt. So oder so ist es spannend, sich den ein oder anderen Krabbler oder Schwirrer mal genauer zu besehen und ihn dabei erst richtig kennenzulernen. Was in einem Meter Abstand einfach eine dunkle Fliege war, entpuppt sich bei genauerem Hinsehen vielleicht als eine nur spärlich behaarte Gemeine Goldwespe, deren metallisch glänzendes Grün und Rot so manchen Freund ausgefallener Autolackierungen neidisch machen dürfte. Aus einem kleinen Käfer wird bei näherer Betrachtung vielleicht ein Rüsselkäfer mit seinem lustig aussehenden, namensgebenden Gesichtsauszug – länger beim Haselnussbohrer, kürzer beim Gefurchten Dickmaulrüssler – und vielen kleinen Härchen, die seinem Körper erst bei entsprechender Vergrößerung ein geradezu pelziges Aussehen geben.

Also: Augen auf! Stadtfauna ist überall. Man muss nur hinschauen. Vor allem sollte man sich dafür Zeit nehmen. Sie haben keine Zeit? Dann erst recht! In die Beobachtung von Tieren und ihrem Treiben kann man sich wunderbar versenken. Sie bietet einen der schönsten Anlässe für kleine Momente der Entschleunigung, die wir so dringend brauchen. Und das Allerschönste: Die Tiere vor unserer Nase sind real. Echt, physisch präsent, zum Greifen nah. Ein lebendiger Teil unserer Welt, die tatsächlich auch außerhalb sozialer Netzwerke, Clouds und Smart Homes noch etwas zu bieten hat. Abgefahrene Tiere zum Beispiel. Ziemlich viele sogar. Wenn man denen mal eine entschleunigte Weile lang zusieht, dann machen sie oft sogar ähnlich drollige Dinge wie die Viecher in den YouTube-Filmchen, die manche von uns täglich konsumieren.

Auf Spurensuche

Der Freilandbiologe weiß: Man bekommt in aller Regel nicht sämtliche in einem bestimmten Gebiet vorkommenden Tierarten live, direkt und selbst zu Gesicht. Sei es, weil manche sich gerade verkrochen haben oder ganz woanders sind, während man selbst vor Ort ist, sei es, weil sie nur nachts herkommen oder nur alle vierzehn Tage mal. Es kann auch vorkommen, dass man bei einem Besuch überhaupt niemanden von tierischer Seite antrifft. Selbst wenn man mehrmals vorbeischaut, nachts oder alle vierzehn Tage, geht einem wahrscheinlich noch so einiges durch die Lappen. Trotzdem sind Freilandbiologen nicht allesamt Trübsal blasende Häuflein Elend. Einerseits weil sie sich als Freilandbiologen sowieso schon längst an ein Leben voller Strapazen und Mühsal für einen kargen Lohn gewöhnt haben. Und andererseits, weil sich das Vorkommen ziemlich vieler Tiere auch ohne direkte Beobachtung derselben nachweisen lässt. Über Spuren, die sie hinterlassen haben. Diese Spuren können ganz verschiedener Natur und Größe sein, von offensichtlich und faustgroß bis hin zu unsichtbar winzig.

Selbst die letztgenannten lassen sich, wie wir ja alle dank Tatort und CSI Miami wissen, mit der entsprechenden technischen Ausstattung lesen, und man kann mit ihrer Hilfe so ziemlich alles und jeden überführen. Das geschieht auch, und heutzutage mehr denn je: Ein sehr spannendes Feld der modernen Biologie dreht sich um die sogenannte Umwelt-DNA oder, weil Wissenschaftler heute am liebsten Englisch reden und noch lieber alles abkürzen, die eDNA (kurz für environmental DesoxyriboNucleic Acid). Dabei wird auf oft sehr einfache Art und Weise Schmodder – pardon, organische Substanz – aus der Natur gewonnen: meist aus dem Wasser, alternativ aber auch vom Boden oder sonstigen Oberflächen. Dank großer Fortschritte in der Biotechnologie ist es heute kein Problem mehr, den Löwenanteil der darin enthaltenen DNA zu isolieren und zu entschlüsseln. So nimmt man quasi sämtliche vorhandenen genetischen Fingerabdrücke auf einmal. Durch Vergleiche der so gewonnenen Sequenzen mit entsprechenden DNA-Datenbanken lässt sich dann ermitteln, wer da sein Erbgut verloren hat. Sei es in Form von Hautschuppen, Haaren, sich zersetzenden Leichenteilen oder Darmzellen im Kot – im Prinzip muss nicht mal eine ganze Zelle vorhanden sein. Die Wolfsforschung lässt grüßen – wieder spielen also Biologen CSI. Wobei ich an dieser

Stelle klarstellen möchte, dass es eigentlich andersherum ist: die schönen Menschen bei CSI Miami spielen Biologe. Aus irgendeinem unerfindlichen Grund verfügten sie aber schon vor zehn Jahren über technische Möglichkeiten, die in der Biologie bis heute noch nicht zur Verfügung stehen. Etwa dieses Gerät, das bereits fünf Sekunden nach dem Einsetzen eines Haares die Haarträger-DNA isoliert, entschlüsselt und mit allen Datenbanken der Welt verglichen hat und außerdem noch weiß, in welchem Coffeeshop der Mensch zum Haar gerade was für einen Frappuccino bestellt hat. Nun ja, wie dem auch sei – was für Biologen und Forensiker ein sehr vielversprechender Ansatz und eine wirklich tolle Sache ist, ist für uns technologisch weniger hochgerüstete Normalbürger leider (noch) nicht wirklich eine Option der Spurensuche.

Glücklicherweise ist es aber auch anders möglich, indirekt etwas über die Fauna unserer Umgebung zu erfahren. Wir müssen es eben klassischer angehen: mit bloßem Auge, mit Nasen und Ohren. Und uns vielleicht auch manchmal die Hände schmutzig machen. So werden wir zwar nicht jede irgendwann mal am fraglichen Ort herumkrabbelnde Ameisenart enttarnen (womöglich wollen wir das ja auch gar nicht), können aber immer noch so manchem Heimlichtuer auf die Schliche kommen. Denn genau betrachtet hinterlassen ziemlich viele Tiere irgendetwas, und sie tun dies auf die unterschiedlichsten Arten und Weisen. Die Spuren, die unsere tierischen Mitbürger auch quer durch die Städte hinterlassen, sind sehr vielfältig. Sie zu lesen kann Spaß machen – und auf jeden Fall macht es uns schlauer.

Zuallererst wäre da natürlich der Klassiker. Fußspuren. Die hinterlassen Tiere mit Füßen in weichem Untergrund wie Schnee oder Schlamm. Alternativ auch mit feuchten oder dreckigen Füßen auf allen möglichen Oberflächen. Wenigstens für eine Weile verraten sie dann dem erfahrenen Spurenleser nicht nur, wer hier war, sondern auch, wohin er, sie oder es sich bewegt hat. Womöglich sogar auch wie schnell. Fußspuren kommen sozusagen auf zwei Ebenen, in zwei Dimensionen daher, von denen sich nicht immer beide gleich gut offenbaren. In vielen Fällen tut es aber auch schon eine dieser Informationsebenen. Die erste wäre der einzelne Fußabdruck, das sogenannte Trittsiegel. Seine Länge, seine Breite und sein Gesamtbild – zum Beispiel die Zahl und Form der Fußballen, Zehen oder Krallen – lassen manchmal schon eine eindeutige Überführung des Fußbesitzers zu. Zumindest aber grenzen sie den Kreis der Verdächtigen ein. Klein oder groß, Vogel oder Säugetier, Huftier oder Pfotenträger, so weit kommt man leicht auch ohne Erfahrung. Und wenn man das Trittsiegel mit z. B. online vielfach vorhandenen Abbildungen vergleicht, kommt man mit Sicherheit noch ein Stück weiter.

Die zweite Dimension einer Fußspur ist die Anordnung der einzelnen Trittsiegel, die sogenannte Fährte. Die kann natürlich gerade bei Säugetieren je nach Gangart stark variieren, zeigt aber doch oft sehr typische Muster. So braucht man sich bei Kaninchen- und Hasenspuren nicht zu bücken, um die Feinstruktur der Pfotenabdrücke zu studieren. Denn das Muster ist immer dasselbe, wenn jemand mümmelmannmäßig herumhoppelt: zwei Vorderpfoten hintereinander und davor zwei Hinterpfoten nebeneinander. Absolut unverkennbar. Mit ein wenig Erfahrung kann man dann an der Größe dieses Hoppelabdrucks auch erkennen, ob er von einem Kaninchen oder einem Feldhasen hinterlassen wurde, wobei Letzterer in Innenstadtbereichen definitiv der unwahrscheinlichere Kandidat ist. Eine Linie zwischen kleinen Fußabdrückchen? Da hat wohl ein mäuseähnlicher Nager seinen Schwanz schleifen lassen. Große Vogelfüße mit Schwimmhäuten? Ente, Gans oder Schwan – je nach Größe.

Aber nicht nur Füße hinterlassen Spuren – auch Zähne und andere Mundwerkzeuge können das gar prächtig. So kann man in Deutschland seit einigen Jahren wieder vielerorts die womöglich prominentesten Fraßspuren überhaupt finden: die der größten heimischen Nagezähne, die des Bibers. Als hätte jemand mit einem Meißel Span auf Span vom Baum gehauen. Apropos, nur der Sicherheit halber, um es erwähnt zu haben: Vom Biber angenagte Bäume können in ihrer Standfestigkeit erheblich beeinträchtigt sein und sind, wie auch der Biber selbst, selten haftpflichtversichert. Kleinere Nagetiere müssen sich zumindest im Hinblick auf selbst erzeugte Schlagfallen keine Gedanken über ihre Haftpflicht machen, denn sie nagen naturgemäß eher an kleineren Dingen herum. An Nüssen beispielsweise. Je nach Art hinterlassen sie dabei unterschiedlich geformte und platzierte Öffnungen, mit deren Hilfe man manche Täter überführen kann. Bei Haselnüssen beispielsweise klappt das ganz wunderbar: Eichhörnchen nagen zuerst ein kleines Loch und zerbrechen die Schale dann. Verschiedene Mäuse hinterlassen Löcher, an deren Rändern die Nagespuren von außen nach innen verlaufen. Die Haselmaus hingegen nagt das Loch immer am Rand entlang größer. Und die Larve des Haselnussbohrers bohrt sich nach dem Verzehren der Nuss ein kleines Loch nach draußen.

Ähnliches gilt für die allseits bekannten Fichtenzapfen, die vielerorts herumliegen und gemeinhin als «Tannenzapfen» bezeichnet werden. Indes, die Zapfen echter Tannen findet man nur sehr selten auf dem Boden, weil sie sich noch auf dem Baum auflösen. Da es außerdem in Deutschland mehr Fichten als Tannen gibt, sind Fichtenzapfen hierzulande der wichtigste Rohstoff für Tannenzapfenschlachten und das täglich Brot vieler Zapfenliebhaber. Je nachdem, womit Mutter Natur sie ausgestattet hat, kommen sie auf ganz unterschiedliche Art und Weise an die begehrten Samen unter den Zapfenschuppen. Eichhörnchen ziehen, vom dicken Ende her beginnend,

bis zu zwei Drittel aller Schuppen nicht ganz sauber ab, sodass unter einem großen Schuppenknubbel an der Spitze eine
meist ziemlich gefleddert aussehende Spindel zurückbleibt.
Mäuse arbeiten sauberer und gründlicher. Sie lassen nur einen
kleinen Schuppenknubbel an der Spitze stehen und die Spindel
darunter sieht fast aus wie geleckt. Der Buntspecht klemmt den
Zapfen in einer sogenannten Spechtschmiede fest. Das kann
eine Rindenfurche, Stammritze oder Astgabel sein, die er sich
gerne auch noch ein wenig zurechtzimmert. Dort bearbeitet er
den Zapfen so mit seinem Schnabel, dass wenigstens eine Seite ziemlich zerzaust zurückbleibt. Der Fichtenkreuzschnabel
hat, wer hätte es bei diesem Namen erahnt, genau den richtigen
Kreuzschnabel für Fichtenzapfen. Mit diesem zugegebenermaßen reichlich skurril anmutenden Gesichtsanhängsel schlitzt er
Schuppe für Schuppe fein säuberlich auf und zieht im selben
Schwung seine Leib- und Magenspeise heraus. Die Schuppen

bleiben dran, sind aber längs aufgeschnitten. Bei derart eindeutiger Beweislage ist es ein Leichtes, den Bearbeiter von Fichtenzapfen zu identifizieren.

Die mannigfaltigen Fraßspuren, die die unglaublich vielfältige Insektenschar an Pflanzen hinterlässt, sind hingegen meist nur von Spezialisten zu lesen – wenn überhaupt. Ausnahmen bestätigen die Regel: Raten Sie mal, woher die sich seit fünf Jahren in Deutschland ausbreitende Zickzack-Blattwespe ihren Namen hat! Manch ein pflanzenfressender Sechsbeiner verrät sich weniger durch Spuren an der genossenen Pflanze, sondern schon eher durch solche darunter. Wohl jeder von uns hat schon einmal Bekanntschaft mit den Ausscheidungen von Blattläusen gemacht. Vor allem im Sommer, wenn die Blattlausbevölkerung ihren jährlichen Höchststand erreicht, überziehen die süßen Tröpfchen aus den Hintern der kleinen Läuse alles unter eben diesen Läusehintern mit einem hartnäckig klebrigen Schmier. Auch wenn man dem Schmier nicht direkt ansieht, welche Art von Pflanzenlaus ihn abgesondert hat (außer Blattläusen kämen ja noch andere in Frage, die bei uns unter freiem Himmel aber meist nicht in solchen Massen auftreten), so macht er einen doch immerhin auf die Anwesenheit vieler, ja sogar sehr vieler kleiner Krabbler aufmerksam.

Andere Ausscheidungen können wesentlich mehr verraten. Dann meistens über weniger und wesentlich größere Tiere, die meist auch weiter entfernt sind. Wie uns spätestens das wunderbare Kinderbuch «Vom kleinen Maulwurf, der wissen wollte, wer ihm auf den Kopf gemacht hat» gelehrt hat, machen verschiedene Tiere ihr großes Geschäft auf sehr unterschiedliche Art und Weise. Gerade Säugetiere setzen oft eine derart typische Losung (so der weidmännisch-biologische Fachausdruck für die Gesamtheit der Hinterlassenschaft nach einer Darmentleerung) ab, dass sie genauso gut einen Fußabdruck oder ein Foto von sich hätten dalassen können. Länge, Breite, Form und

Farbe sagen viel oder alles. Dabei gibt es ein paar grundsätzliche Losungstypen, die von verschieden großen Arten dementsprechend größer oder kleiner hergestellt werden. Von kleinen, länglichen Mäusepellets (größer bei Ratten) und rundlichen Kaninchenkötteln (größer bei Hasen) über die längsoval bis olivenartig geformten Bohnen von Rehen (größer bei Hirschen) bis zu den sehr länglichen, spitz ausgezogenen Würsten der Raubtiere (winzig beim Mauswiesel, fingerdick beim Fuchs) ist alles dabei. Neben der Frage, um wessen Hinterlassenschaft es sich handelt, lässt Kot oft auch erkennen, was derjenige zuvor gefressen hat. Die Klärung der Frage, in welchem Stadtteil die Mahlzeit aufwuchs, ist natürlich wiederum den CSI-Biologen vorbehalten. Aber etwas grundsätzlichere Erkenntnisse über das Nahrungsspektrum des Kotproduzenten lassen sich oft schon mit bloßem Auge gewinnen. So braucht man nicht einmal das passende Tier zu kennen, um an Pferdeäpfeln oder Karnickelkötteln abzulesen, dass da wohl eine Menge Gras oder ähnliches Pflanzenmaterial gefuttert wurde. Kirschkerne,

Rattenlosung

Haare, Federn und vieles mehr sprechen eine ähnlich deutliche Sprache.

Nicht aller Abfall, der bei tierischen Mahlzeiten erzeugt wird, nimmt den Weg durch den Hinterausgang des jeweiligen Tieres. Auch vorne können vielsagende Verwertungsrückstände herauskommen. Hier tun sich bei uns vor allem die Vögel hervor, genauer gesagt die Greifvögel. Denn wenn Eule, Falke, Bussard und Co. eine flauschige Mahlzeit genossen haben, können sie deren Federn oder Haare nicht verdauen. Statt sie jedoch durch den ganzen Darm zu schicken und in ihren Exkrementen abzusetzen, würgen sie sie wieder hoch. Als mehr oder weniger kompakt verfilzte Knäuel, die sogenannten Gewölle, die man dann auf dem Boden liegend finden kann. Dann weiß man, dass hier ein Greifvogel die unverwertbaren Teile seiner letzten Mahlzeit entsorgt hat. Wenn man sich nicht zu fein ist, um so einen Speiballen aufzuheben, kann man sogar noch mehr erfahren. Woraus die letzte Mahlzeit bestand, zum Beispiel. Sofern einen das interessiert und man sich das aus den im Filz versteckten Knochen zusammenreimen möchte, können insbesondere gut erhaltene Schädelteile eindeutige Antworten geben. Auch wenn sich in einem Gewölle kein einziges Knöchelchen findet, hat man etwas dazugelernt: dass dieses Gewölle höchstwahrscheinlich nicht von einer Eule stammt. In deren Speiballen findet man nämlich meist haufenweise gut erhaltene Skelettteile. Sollte man das Glück haben, an einer bestimmten Stelle haufenweise mehr oder weniger gleich aussehende Gewölle zu entdecken, dann befindet man sich mit großer Wahrscheinlichkeit sehr nah an der Brutstätte des zuständigen Auswürgers. Nun lohnt der Blick nach oben: Findet sich dort vielleicht die Baumhöhle eines Käuzchens oder die Nistnische eines Falken?

Neben den Klassikern Kot und Gewölle gibt es noch weitere verräterische Abfallprodukte, die bei den Mahlzeiten bestimmter Tierarten anfallen. Sehr eindeutige Spuren hinterlässt beispielsweise die Singdrossel, eine nahe Verwandte unserer allseits bekannten Amsel, bei der beide Geschlechter oberseits braun und unterseits hell mit braunen Sprengseln gefärbt sind. Singdrosseln fressen gerne mittelgroße Schnecken mit Gehäuse, vor allem Schnirkelschnecken. Um an den leckeren und nahrhaften Weichkörper heranzukommen, zerschlagen sie kurzerhand das schützende Schneckenhaus. Aber nicht irgendwo, sondern am liebsten immer an derselben Stelle: einem nicht zu kleinen und auch sonst halbwegs geeigneten Stein, dem sogenannten Amboss. Den erkennt man leicht eben daran, dass in seiner Umgebung haufenweise zerschlagene Schneckenhäuser herumliegen. Das Ganze wäre für den Vogelfreund dann eine Drosselschmiede. Ach, und wo wir gerade bei Drosseln sind …

Hör mal hin …

Wir Menschen sind Augentiere. Unser Sehsinn ist für uns unheimlich wichtig, und oft fristen die versammelten Eindrücke anderer Wahrnehmungsebenen eine Art Schattendasein, treten hinter dem Gesehenen zurück. Ein Beispiel: Alle auf den letzten Seiten angesprochenen Spuren, die Tiere in unseren Städten hinterlassen, nehmen wir mit dem Auge wahr. Gut, vielleicht macht uns unsere Nase auf einen frischen Hundeschiss aufmerksam, aber dass wir ihn als Hundeschiss identifizieren können, ist wiederum ein Verdienst unserer Augen. Augentiere eben.

Dabei können andere Sinne uns so einiges von unserer Umwelt offenbaren. Gerade mit den Ohren lässt sich die Tierwelt in besonderer Weise wahrnehmen. Durch ihre Geräusche wird man oft erst auf manche dem Blick verborgenen Tiere aufmerksam. Den Frosch im nahen Teich zum Beispiel. Oder den Igel, der in dem dichten Gebüsch am Wegrand unterwegs ist und dabei unbeirrbar ein geradezu ohrenbetäubendes Rascheln verursacht. Weil beispielsweise Geraschel natürlich auch von einer Amsel oder sonst wem herrühren könnte, muss man oft nachsehen, wer sich da bemerkbar macht. Im besten Fall aber kann man schon allein an dem, was man hört, erkennen, wen man hört. Mit ein wenig Übung funktioniert das unter anderem bei diversen Insekten und allen heimischen Froschlurchen.

Für Vogelfreunde ist das längst Standard: Schließlich verstecken sich viele kleine wie große Piepmätze gerne mal in Dickichten oder im blickdichten Gewirr von Baumkronen und sind außerdem recht klein und schon deshalb schwer zu betrachten. Da ist man klar im Vorteil, wenn man sie nicht nur an ihrem Äußeren, sondern auch an ihrer Stimme erkennen kann. Und in dieser Hinsicht tun unsere gefiederten Freunde uns einen großen Gefallen: So ziemlich jede einzelne Art spricht ihre eigene Sprache. Die überwältigende Mehrheit aller Vogelarten kann man an ihren charakteristischen Rufen und Gesängen eindeutig identifizieren, ohne sie überhaupt zu Gesicht zu bekommen. Bei manchen verlangt das ein lange geschultes Ohr und viel Übung, bei anderen ist es herrlich einfach. Wie zum Beispiel beim Hausrotschwanz, dessen Knirschen unverkennbar und in der heimischen Vogelwelt einzigartig ist. Auch das metallisch-schnarrende Schmettern des Zaunkönigs, das melodische Flöten der Amsel und das melancholisch seufzende Tirilieren des Rotkehlchens vergisst man nie mehr, wenn man es sich erst einmal eingeprägt hat. Neben den mehr oder weniger langen Gesängen, mit denen die Männchen der genannten und anderer Singvögel ihre Reviere markieren, können auch sehr kurze Lautäußerungen, die sogenannten Rufe, herrlich leicht zu erkennen sein. Das gewitzte «Kjäh» einer Dohle etwa, der «Tschick-tschick-tschitschitschick»-Warnruf der Amsel oder das «Glückglückglückglückglück» des Grünspechts.

Man muss sich nur den richtigen Vogel zur Stimme merken. Und das muss wahrlich keine Mühe machen, im Gegenteil, es ist leichter als je zuvor: So manches Vogelbuch enthält schon entsprechende Audio-Goodies, und diverse Vogelstimmensammlungen können käuflich erworben werden. Kostenlos geht es auch: Vielerorts im World Wide Web kann man sich alle möglichen Vogelstimmen so oft man möchte anhören. Probieren Sie doch mal die ansprechend aufbereiteten Seiten des NABU aus, wenn es Ihnen nur um deutsche Vögel geht. Wer mehr Stimmen aus aller Welt oder Aufnahmen von verschiedenen Einzeltieren einer Art sucht und dazu gerne noch Fotos und Videos hätte, der kommt auf der «Internet Bird Collection» voll auf seine Kosten.

Letztlich sollte man sich wegen der Lautäußerungen piepsender Vögel aber nicht abmühen. Ganz im Gegenteil, Vogelgesang muss man genießen! Üblicherweise machen wir das ja automatisch. Vogelgesang gehört so wie Donner, Windsäuseln, Meeresrauschen und Sturmbrausen zur natürlichen Geräuschkulisse unserer Erde. Wir sind damit aufgewachsen, eine Welt ohne Vogelstimmen ist absolut unvorstellbar. Schon deswegen war der Titel von Rachel Carsons Buch «Der stumme Frühling», wo eine chemische Seuche alle Vögel dahinrafft, sehr weise gewählt: Ein Frühling ohne Vogelzwitschern ist tatsächlich eine absolute Horrorvorstellung. Sozusagen der endgültige Beweis, dass die Welt im Eimer ist. Grund genug, sich über den Schutz unserer gefiederten Freunde Gedanken zu machen, wie auch über den der übrigen Natur.

Mitmachen!

Wir wissen schrecklich wenig. Nun ja, ganz so schlimm ist es nicht: Wir Menschen haben schon einiges an Wissen angehäuft. Doch es gibt immer noch viel, viel mehr, das wir eben nicht wissen. Das gilt für die Weiten des Universums genauso wie für die Tierwelt vor unserer Haustür. Während uns als normalen Menschen, die wir nicht alle Astrophysiker sind, das genaue Alter und die Sternenzahl einer Lichtjahre entfernten Galaxie eigentlich herzlich egal sein können, haben wir mit der Natur unserer Heimat schon mehr Berührungspunkte. Gerade wenn man sich an die vielfältigen Konfliktpotenziale erinnert, die sich durch das enge Zusammenleben von Mensch und Tier in unseren Städten ergeben, erscheint ein umfassendes Wissen über unsere nichtmenschlichen Nachbarn doch durchaus wünschenswert. Derzeit ist es aber in weiten Teilen noch unglaublich lückenhaft. Gerade die speziellen Verhältnisse in den Städten wurden lange vernachlässigt, weil sich kaum jemand für diese «naturfernen» Lebensräume interessierte.

Was und wie viel über eine Tierart bekannt ist, hängt zu einem guten Teil davon ab, wie bekannt sie ist. Dieser Satz klingt zwar blöd, macht aber Sinn: Bekannte Tiere werden erkannt. Man sieht eine Amsel, nicht irgendeinen Vogel. Wenn diese Amsel nun etwas Verrücktes macht, wird man das erzählen. Oder ein anderer Zeuge tut es. Außerdem kommt es sehr wohl auf die Größe an. Tiere, die man mit bloßem Auge sehen kann, werden einfach öfter gesehen. Die meisten Menschen in Deutschland dürften nicht nur wissen, wenn sie eine Amsel vor sich haben – sondern haben wahrscheinlich auch schon mal einer dabei zugeschaut, wie sie über eine Wiese hüpft und sich einen Regenwurm aus der Erde zieht. Die wenigsten dürften hingegen die verschiedenen Arten von Bodenmilben in ihrem

Garten kennen. Geschweige denn wissen, wie man sie voneinander unterscheidet und wie es aussieht, wenn eine Raubmilbe einen Springschwanz aussaugt. Das ist verständlich, denn die Auseinandersetzung mit Bodenmilben erfordert erheblich mehr technischen Aufwand, Geduld, Fingerspitzengefühl und Fachkenntnis als das beiläufige Beobachten von Amseln. Derart winzige Viecher sind schwer zu erforschen und deshalb eben auch weniger erforscht. Bei größeren sieht das schon anders aus. Hier hängt das Ausmaß unseres Wissens vor allem von der allgemeinen Beliebtheit einer Tiergruppe ab. Mit doofen Tieren will kein Biostudent arbeiten. Mit tollen Tieren schon eher. Am liebsten natürlich mit Vögeln.

Ihrer Beliebtheit entsprechend gibt es gerade für Vögel schon ziemlich umfangreiche Daten, die oft über lange Zeiträume gesammelt wurden. Dafür sorgen die vielen Vogelfreunde, vom Wochenend-Orni über den sehr professionell ausgestatteten und agierenden Hobby-Ornithologen bis hin zum wissenschaftlich ausgebildeten Vogelkundler, die über die Jahre hinweg ihre Beobachtungen protokollieren. Mit Beobachtungen meine ich nicht stundenlange Verhaltensstudien, sondern zuallererst die Sichtung an sich. Welcher Vogel wann wo war, das ist schnell notiert, sofern man den Vogel kennt und weiß, wo man ist. Meist wird diese Information allein nicht besonders spannend sein, aber wenn man viele solcher «Vogel X an Ort Y»-Punkte zusammennimmt, bekommt man am Ende eine ganz nette Übersicht, wo Vogel X so vorkommt. Wenn man dann noch den Zeitpunkt der Sichtung mit einbezieht, kommt eine weitere Dimension hinzu. Sofern genügend Beobachter an genügend Orten über genügend lange Zeiträume hinweg Buch geführt haben, lässt sich aus der schieren Masse simpler Sichtungen die Verbreitung von Vogel X in Raum und Zeit rekonstruieren. Dann kann man beispielsweise erkennen, ob eine Art sich irgendwohin ausbreitet oder von einem Ort verschwindet. Und wenn zu dem Wann und Wo noch bekannt ist, wie viele Exemplare es waren, dann lässt sich auch erkennen, ob die Bestände von Vogel X zu- oder abnehmen. Solche Datenmengen kommen natürlich nicht ohne weiteres zustande. Jemand muss sie erheben, jemand muss sie sammeln und ordnen und sie auch analysieren und die Ergebnisse zusammenfassen, wenn das Ganze mehr als nur ein netter Zeitvertreib sein, sondern idealerweise gesicherte Erkenntnisse liefern soll. Das klingt nach einem Haufen Arbeit und das ist es auch – zumindest für die Sammler, Ordner, Analysierer und Ergebnispräsentierer.

Für den Beobachter selbst muss die Datenerhebung nicht zwingend in Arbeit ausarten. Im Gegenteil: Sie kann richtig Spaß machen! Etwa, weil man die Vogelbeobachtung sowieso als (vielleicht sogar liebste) Freizeitbeschäftigung pflegt. Oder weil es einem Spaß macht, sich alleine oder mit Freunden ohne großen Aufwand an einer sinnvollen und bestenfalls noch spaßigen Aktion zu beteiligen. Auch bei solchen Aktionen sind die Ornis wieder die Vorreiter. So gibt es in Deutschland seit 2004, in Österreich seit 2005 und in der Schweiz sogar schon seit 1990 das Birdrace. Wie der Name andeutet, wird Vogelbeobachtung hier zur sportlichen Herausforderung: Teams ab zwei Personen wetteifern darum, wer binnen 24 Stunden innerhalb eines vorab festgelegten Gebietes die meisten Vogelarten sichtet. Da ist vom lockeren Zusammenschluss hobbymäßiger Vogelfreunde bis zur eingeschworenen Gemeinschaft jahrzehntelang geschulter Vogelbeobachter alles dabei: Die Zahl der gesichteten Arten reicht von null (wobei man sich da schon fragt, was dem Team wohl passiert sein mag, und hofft, dass es nichts Schlimmes war) bis weit über hundertfünfzig! Und weil eine ganze Menge solcher Teams unterwegs sind – in Deutschland waren es zuletzt über zweihundertfünfzig –, kommen ganz nebenbei eine ganze Menge von Artenlisten für genau definierte Gebiete zusammen. Gleichzeitig sind die Teams übrigens aufgerufen,

Spenden einzuwerben, die dann ornithologischen Projekten zugutekommen. Zusätzlich zur sportlichen Herausforderung, der gesundheitsförderlichen Betätigung, dem intensiven Naturerlebnis und dem Gefühl, etwas Gutes getan zu haben, können die Teilnehmer auch noch Preise gewinnen.

Um einen Preis für das Beobachten und Notieren von möglichst vielen Vogelarten zu bekommen, muss man sich aber nicht zwingend abhetzen. Es geht auch ganz gemütlich: Seit einiger Zeit, genauer seit 2005, veranstaltet der Naturschutzbund Deutschland (NABU) e.V. jedes Jahr die «Stunde der Gartenvögel» an einem Wochenende im Mai. Der Name der Aktion ist Programm: Hier geht es nicht um die Piepmätze in Wald und Flur, sondern um diejenigen Vögel, die sich in unseren Siedlungsbereichen blicken lassen. Vor dem eigenen Balkon, im Garten, Schrebergarten, Park oder auf dem Friedhof schaut man eine Stunde lang genau hin, wen man entdecken kann. Aber auch wie viele – für jede Art hält man nämlich auch die höchste Zahl von Einzeltieren fest, die man gleichzeitig zu Gesicht bekommt. So entsteht mehr als nur eine reine Artenliste, denn durch die Individuenzahlen kommt man auch den Bestandsdichten auf die Spur. Falschzählungen und andere Fehlerquellen fallen dabei kaum ins Gewicht, denn sie gehen in der schieren Masse der Beobachtungen unter: Im Jahr 2015 meldeten über 47 000 Teilnehmer aus fast 31 000 Gärten gute 1,1 Millionen Vögel! Sämtliche Meldungen – ob postalisch, telefonisch, per E-Mail oder App – werden zentral gesammelt und ausgewertet. Die Ergebnisse kann sich jedermann unter www.stunde-der-gartenvoegel.de ansehen, wahlweise nach Art, Bundesland, Stadt und Jahr. Es sind sozusagen Bestandskarten der siedlungsnahen Vogelwelt, die durch die jährliche Wiederholung auch Veränderungen derselben sichtbar machen. Tatsächlich zeigen sich seit Jahren einige deutliche Trends: So lassen sich Jahr für Jahr mehr Feldsperlinge und Ringeltauben blicken, während sich Hausrotschwänze, Mehlschwalben und Mauersegler immer rarer machen. Unangefochtener König der Gärten ist und bleibt der Spatz, gefolgt von Amsel, Kohlmeise, Blaumeise und Star. Dabei können die Arten und ihre Häufigkeiten innerhalb Deutschlands sehr unterschiedlich sein: Während in Brandenburg fast flächendeckend Nachtigallen in Gärten unterwegs sind, werden in Bayern vielerorts überhaupt keine gesichtet. Und während es im Osten offensichtlich von Staren nur so wimmelt, sollte man im Ruhrgebiet nicht darauf wetten, auch nur einen melden zu können.

So spielerisch solche Aktionen für den einzelnen Beobachter sind – durch die systematische Zusammenführung, Aufbereitung und Auswertung der so gewonnenen Daten entstehen daraus letztendlich wissenschaftlich verwertbare Datensätze. Das ist das Prinzip eines zwar nicht mehr ganz neuen, aber immer weiter an Fahrt gewinnenden Trends in der Biodiversitätsforschung: der Citizen Science. Diese Bürgerwissenschaft greift in aller Regel die Grundidee der Ornithologen auf: So viele Beobachtungen wie möglich sammeln, wenn möglich quer durch Raum und Zeit. Dabei weitet sie den Kreis der Studienobjekte von den Vögeln auf die verschiedensten anderen Tiergruppen aus. Citizen-Science-Projekte gibt es mittlerweile für alles und jeden! Von den ersten Schmetterlingen und Hummeln über Igel, Mauersegler und Fledermäuse bis hin zu Waschbären und Wildschweinen kann so gut wie jedes Tier irgendwo gemeldet werden. Auf Internetportalen wie iNaturalist, Naturgucker und anderen kann jeder, der sich berufen fühlt, seine an jedem Ort der Welt gemachten Naturbeobachtungen aller Art eintragen. Gerne mit Beweisfoto und GPS-Koordinaten. In der Regel werden die Einträge innerhalb der Community geprüft, Fehlbestimmungen korrigiert und so ein gewisses Maß an Qualitätssicherung gewährleistet. Die räumlich oder tiergruppenmäßig zumeist exklusiveren Projekte echter Citizen Science werden hingegen von vornherein durch Wissenschaftler begleitet, die penibel alles Zweifelhafte aussortieren. Schauen Sie doch einfach mal online nach, was die Forschungsinstitute und Naturschutzorganisationen in Ihrer Stadt so wissen möchten! Und wenn es Ihnen zusagt, dann machen Sie einfach mit! In aller Regel geht das herrlich simpel direkt online. Mit wenigen Klicks oder Display-Tippern hat man einen Datenpunkt generiert, der womöglich zur Klärung ernsthafter wissenschaftlicher Fragen beiträgt, ganz sicher aber unser Wissen über die Verbreitung der betreffenden Art vermehrt. Und damit auch den Tieren selbst nützt.

Denn letztlich bildet die Erforschung der Natur auch das Fundament für sinnvollen Naturschutz. Wie heißt es doch so schön: «Man kann nur schützen, was man kennt.» Je besser man über Verhalten und Bedürfnisse einer bestimmten Tierart oder die Zusammenhänge und Abläufe in einem Ökosystem weiß, umso effektiver kann man auch für deren Fortbestand sorgen. Auch für mich ist das (neben der Tatsache, dass sie mir ganz einfach großen Spaß macht) die wohl wichtigste Motivation für meine Forschung: Dass man die vielen da draußen lebenden Arten erst mal kennen muss, um sie als bedrohte Arten zu erkennen und entsprechend behandeln zu können. Sprich, sie zu schützen. Und das lohnt sich allemal. Wenn Sie mich fragen, dann ist der Naturschutz, also der Erhalt der biologischen Vielfalt, eine der sinnvollsten Tätigkeiten, denen man sich als Mensch widmen kann. Wenn nicht gar die allersinnvollste. Schließlich sind wir Teil der Natur, ein kleines Fitzelchen der Biodiversität, und auch im 21. Jahrhundert noch vollkommen von ihr abhängig. Nahrung, Materialien, Medizin, Wohlbefinden, all das und noch viel mehr bedeutet biologische Vielfalt für uns. Da lohnt es sich doch, für statt gegen sie zu arbeiten. Zumal das ganz leicht sein kann. Sie müssen ja nicht gleich mit bloßen Händen einen See mit Schilfgürtel anlegen. In einer Stadt wäre das auch gar nicht möglich. Hier gibt es dagegen unendlich viele Dinge, die jeder von uns im Kleinen tun kann, um die Diversität in seinem Umfeld ein wenig zu erhöhen. Warum also nicht auch Sie, liebe Leser?

Sorgen Sie doch einfach mal dafür, dass Ihre direkte Umgebung ein wenig grüner wird. Die Stadt braucht Pflanzen! Ordentlich gepflanzt auf dem Balkon, im Garten oder auf dem Dach (und sei es nur das Dach des Mülltonnenverschlages), oder als Guerilla-Gärtner per Samenbombe entlang des Randstreifens an der nächsten Straße ausgebracht, ein bisschen Vegetation macht überall Sinn. Aber bitte nicht einfach irgendwelche Zuchtsorten oder Ziersträucher aus dem Baumarkt, sondern wann immer möglich heimisches Grün! Also solche Pflanzen, von denen die hier vorkommenden Tiere – von der Biene bis zum Reh – auch wirklich etwas haben. Denn viele fremdländische Zierpflanzen sehen zwar wunderschön aus, sind aber für heimische Tierarten weitgehend wertlos. Weil die Leckermäuler nicht mit ihren Giftstoffen klarkommen, die Bestäuber einen zu kurzen Rüssel für den versteckten Nektar haben, oder warum auch immer. Die gute Nachricht: Auch viele heimische Pflanzenarten sind die reinste Augenweide! Und zugleich eben auch eine Weide für Bienen, Schmetterlinge, Schwebfliegen und Hummeln. Das gilt selbst für manch beliebtes Küchenkraut: Schnittlauch und Thymian etwa sind tolle Beispiele für Nutzpflanzen, die Mensch und Insekt gleichermaßen nützen.

Ähnlich einfach wie pflanzliche Nahrung kann man vielen Stadttieren Wohnraum zur Verfügung stellen und sie so entscheidend fördern oder gar erst bei sich ansiedeln. So ist der Bau eines anständigen Insektenhotels kein Ding der Unmöglichkeit, und das Endprodukt muss weder sperrig noch hässlich sein. Sie wollen lieber Vögel fördern? Aber klar doch: Abgesehen von Büschen, Bäumen und Blumenkästen, in denen Amseln und Co. ihre offenen Nester bauen können, kommen im urbanen Raum besonders Höhlen aller Art in Frage. Für verschiedene Höhlen- und Halbhöhlenbrüter wie Mauersegler und Hausrotschwanz kann man spezielle Nistkästen kaufen oder nach frei verfügbaren Anleitungen selbst zusammenbauen. Gleiches gilt für Fledermäuse – ruck, zuck hat man Brutstätten für seine persönliche Anti-Moskito-Armee! Und sobald jemand dort einzieht, höchstwahrscheinlich eine wunderbare Zeit mit seinen neuen Untermietern. Denn tierische Nachbarn sind in einer Stadt voller Menschen vor allem eines: Lebensqualität!

E s ist Frühling in Frankfurt. Eigentlich war es das schon mal, etwa von Weihnachten bis Mitte Januar, denn da hatte es den Anschein, als wollten die milden Temperaturen den Kalender Lügen strafen. Dann kam der Winter aber noch mal mit ordentlichem Frost zurück und tötete all die zarten Blüten, die sich irrtümlicherweise bereits geöffnet hatten, ebenso wie diejenigen gleichzeitig erwachten Bestäuber, die sich nicht rechtzeitig wieder an einem kuscheligen Plätzchen verkrochen hatten. Jetzt aber, Mitte April, ist der Frühling wirklich und wahrhaftig da. Er ist schon seit Wochen nicht mehr zu leugnen, niemand kann sich ihm verschließen.

Ich sitze im Palmengarten und sauge den Frühling regelrecht auf. Auf einer Treppe am Osteingang des Palmenhauses warte ich mit Blick auf den kleinen Weiher darauf, dass der Regen aufhört. Auf den Wiesen vor mir sind die Krokusse schon nicht mehr zu sehen und die Osterglocken mittlerweile auch dabei, sich langsam zu verabschieden. Bei nur noch leichtem Nieselregen brummeln Hummeln schwerfällig von Blüte zu Blüte. Im Hintergrund schlendert ein ganzer Schwarm Ringeltauben auf Futtersuche gemütlich über die Wiese. Ein paar Kohlmeisen veranstalten ein kleines Tohuwabohu im nächsten Busch, mit Zizibäh und Tscheck-tschrrrrrrr-rr und allem, was sonst noch dazu gehört. Irgendwo in den Bäumen und Büschen um die Wiese herum sitzen die wahren Sänger. Die Singdrossel probiert aus, welche komischen Töne sie in wievielfacher Wiederholung aneinanderreihen kann, eine Amsel vertritt lautstark die Ansicht, dass Wiederholungen innerhalb einer Strophe nichts zu suchen haben und mindestens zwei Drittel aller Töne

Nilganspaar mit Küken

weich geflötet werden sollten, und ein Rotkehlchen säuselt von beiden unbeeindruckt seine melancholische Melodei. Zwischen diese schon den ganzen März hindurch intonierten Gesänge mischen sich Zilpzalp und Hausrotschwanz. Beide habe ich – kein Scherz – am ersten April erstmalig in diesem Jahr hier gehört. Über mir flattert weit weniger mitteilungsbedürftig eine Zwergfledermaus.

In wenigen Wochen, wenn die Knospen der Bäume voll ausgetrieben sind, grünt und blüht es hier überall noch viel mehr. Mit all der Pflanzenpracht wird es auch auf tierischer Seite wieder voller. Die Bestäuber und Pflanzenvertilger werden überall etwas zum Fressen finden, und viele andere werden ihnen auf den Fersen sein. Den Meisen bleibt jetzt schon weniger Zeit zum Herumbalgen, weil sie längst ihre erste Generation Küken mit Futter versorgen müssen, das erst mal gefunden werden will. Die Zahl der Nilgänse wird sich vorübergehend vervielfachen und mit ihr die Zahl der grünen Würstchen allerorten.

Wenn man vom Teufel spricht: Gerade kommt ein Nilganspaar den Hauptweg entlang und droht hoch erhobenen Hauptes in meine Richtung, obwohl ich noch gute fünfzehn Meter entfernt bin. Der überaus putzige Grund dafür zeigt sich denn auch alsbald: Die beiden haben ein flauschiges Küken dabei! Wenige Tage alt, ganz neu auf dieser Welt, ziemlich winzig und längst noch nicht so biestig wie seine Eltern. Aber wieso nur eines? Üblicherweise kommen die hier im Dreier-, Vierer- oder Fünferpack daher. War der frühe Bruterfolg so mager, weil es die letzte Zeit noch so kühl war? Oder hat jemand die übrigen Eier stibitzt? Vielleicht der Fuchs … Womöglich stimmt es gar, was man gerüchteweise hört, dass das fauchende Federvieh hier in aller Heimlichkeit von unserer Seite aus reguliert wird? Bevor ich mich weiter in Spekulationen versteige, tritt Seine Majestät auf den Plan: der Schwan. Ihm scheinen die Gänse nicht zu passen, denn er geht drohend auf sie zu. Die Flügel leicht erhoben, den Blick auf die bunten Verwandten gerichtet, strahlt er eine unglaubliche Dominanz und Autorität aus. Da weicht sogar die dreisteste Nilgans, ohne zu mucken. Währenddessen geben sich diverse Enten und ein Teichhuhn weiter hinten auf der Wiese ein Stelldichein und haben die Ringeltauben abgelöst. Ich bin in diesem Moment nicht nur angetan von der flatternden Vielfalt um mich her, sondern regelrecht glücklich. Sehr, sehr froh, in einer Großstadt zu leben, die so viel Grün hat. Wo sich neben Hochhäusern und Wohnblöcken eben auch reihenweise kleinere und größere Landschaften finden, gestaltete wie wilde, sonnig-warme wie schattig-kühle, verbotene wie offen zugängliche. Kleine Welten, in denen die Pflanzen- und Tierwelt sich wohlfühlt und regelrechte Feste feiert. Das ist für mich Lebensqualität: Stadtnatur at its best. Ob ich es dieses Jahr endlich mal schaffe, meinen ersten Frankfurter Waschbären zu sehen? Ich bin gespannt. Auch darauf, was auf meinem Balkon passieren wird, an dem jüngst wieder einige Tauben reges Interesse bekunden. Gestern saß eine sogar mit einem Zweig im Schnabel auf der Brüstung. Sollen sie doch kommen. Die Schaschlikspieße liegen bereit.

ANHANG

Danke!

Selbst ein kleines Büchlein wie dieses schreibt sich nicht von selbst. Vor allem schreibt es sich nicht, oder längst nicht so gut, ohne Hilfe. Für ebendiese möchte ich mich bei all jenen Menschen bedanken, die sie mir im Zuge dieses Buchprojekts zuteilwerden ließen. Ohne die Initiative von Olaf Fritsche und Bernd Gottwald wäre es wohl nie so weit gekommen, dass ich mich mal auf den Hosenboden setze und das hier alles aufschreibe. Und ohne die vielen beteiligten Mitarbeiter des Rowohlt Verlages wäre wohl niemals so ein hübsches Endprodukt dabei herausgekommen. Gleiches gilt für die wunderbaren Fotos, die Florian Möllers beigesteuert hat.

Ausgewiesene Experten auf dem Gebiet der Stadtnatur haben mich mit tollen Geschichten und jeder Menge aktueller Fakten über die städtische Tierwelt versorgt. Frei nach dem Motto «Warum in die Ferne schweifen ...» waren das diverse Senckenberger, allen voran Christiane Frosch, Indra Starke-Ottich, Kathrin Steyer, Peter Jäger, Aljoscha Kreß, Ulrich Kuch, Andreas Malten und Gerald Mayr. Aloys Staudt und seinen Mitstreitern von der Arachnologischen Gesellschaft danke ich herzlich für die beispielhafte Bereitstellung von Verbreitungsdaten heimischer Spinnenarten.

Ein dickes Dankeschön gebührt auch meiner Mutter Ursula, die mir über Monate einen persönlichen Pressespiegel zum Stichwort Stadtfauna erstellt hat. Außerdem danke ich Anna und Marco Lotzkat für ihren wunderbar grünen Balkon, dessen jährlich wechselnde Brutvogelbelegschaft mich ungemein inspiriert hat, und für die Bereitstellung von Fotos derselben.

ZUM WEITERLESEN

Gedrucktes ...

... über Tiere in Städten und Stadtnatur allgemein gibt es inzwischen recht viel. Hier nur eine kurze Auswahl von in meinen Augen ganz allgemein empfehlenswerten Titeln sowie einigen spezielleren, die bei der Entstehung dieses Buches ebenfalls eine Rolle gespielt haben.

Feder, J. (2014): Feders fabelhafte Pflanzenwelt. Auf Entdeckungstour mit einem Extrembotaniker. Rowohlt / Reinbek

Feder, J. (2016): Feders phantastische Stadtpflanzen. Neue Entdeckungstouren mit dem Extrembotaniker. Rowohlt / Reinbek

Ineichen, S., M. Ruckstuhl & B. Klausnitzer (2012): Stadtfauna. 600 Tierarten unserer Städte. Haupt Natur / Bern

Jaun, A. (2012): In der Stadt. Natur erleben – beobachten – verstehen. Haupt Natur / Bern

Jeffery, J. (2012): Mit Samenbomben die Welt verändern. Für Guerilla-Gärtner und alle, die es werden wollen. Ulmer / Stuttgart

Jenny, M., M. Wessel & C. Winter (Hg.) (2014): Der Botanische Garten Frankfurt am Main. Ein illustrierter Führer. Books on Demand

Kegel, B. (2013): Tiere in der Stadt. Eine Naturgeschichte. DuMont / Köln

Ludwig, M. (2000): Neue Tiere & Pflanzen in der heimischen Natur. Einwandernde Arten erkennen und bestimmen. BLV / München

Möllers, F. (2010): Wilde Tiere in der Stadt. Inseln der Artenvielfalt. Knesebeck / München

Mosbrugger, V., G. Brasseur, M. Schaller & B. Stribrny (Hg.) (2012): Klimawandel und Biodiversität – Folgen für Deutschland. Wissenschaftliche Buchgesellschaft / Darmstadt

Ottich, I., D. Bönsel, T. Gregor, A. Malten & G. Zizka (2009): Natur vor der Haustür – Stadtnatur in Frankfurt am Main. Ergebnisse der Biotopkartierung. Kleine Senckenberg-Reihe 50, Schweizerbart / Stuttgart

Reichholf, J. H. (2007): Stadtnatur. Eine neue Heimat für Tiere und Pflanzen. Oekom / München

Reynolds, R. (2009): Guerilla gardening. Ein botanisches Manifest. Orange Press / Freiburg

Starke-Ottich, I, D. Bönsel, T. Gregor, A. Malten, C. Müller & G. Zizka (Hg.) (2015): Stadtnatur im Wandel – Artenvielfalt in Frankfurt am Main. Kleine Senckenberg-Reihe 55, Schweizerbart / Stuttgart

Digitales …

… über die Fauna im eigenen Wohnort lässt sich online meist ziemlich leicht finden, wenn man den fraglichen Ortsnamen in Verbindung mit Begriffen wie «Wildtier», «Mauersegler» o.Ä. sucht. Gerne auch direkt auf den Seiten der jeweiligen Stadtverwaltung. Hier nur eine Auswahl:

Rundum-Info über den Waschbären:
http://www.diewaschbaerenkommen.de/
Rundum-Info über den Mauersegler von der Deutschen Gesellschaft für Mauersegler e.V.:
www.mauersegler.com/

Beobachtungs-Meldeportale für sämtliche Arten: unter anderem

http://www.inaturalist.org

http://www.naturgucker.de

Globaler Atlas der Arten – entweder die Verbreitung einer Art oder die an einem Ort bekannten Arten kennenlernen:

http://www.mapoflife.org/

Aktion «Stunde der Gartenvögel» des NABU:

www.stunde-der-gartenvoegel.de

Aktion «Birdrace» des Dachverbandes Deutscher Avifaunisten:

http://www.dda

web.de/index.php?cat=dda&subcat=birdrace

Haufenweise Infos zu heimischen Arten und ihrem Schutz, inklusive Artensteckbriefe und Vogelstimmen:

https://www.nabu.de/tiere-und-pflanzen/index.html

Die Internet Bird Collection mit massenweise Fotos, Videos und Rufaufnahmen zu Vögeln weltweit:

http://ibc.lynxeds.com/

Infos und News zum Wolf in Deutschland, mit aktuellen Fundnachweisen und Verbreitungskarten:

http://www.lausitz-wolf.de/

Nachweiskarten der Spinnentiere Deutschlands, Fotogalerie und Möglichkeit zur Eingabe von Fundmeldungen:

http://www.spiderling.de/arages/

Infos und Verbreitungskarten zu den Amphibien und Reptilien Deutschlands:

http://www.feldherpetologie.de/

Frankfurter Nachtleben: Ausführliche Behandlung der Fledermäuse in Frankfurt am Main.

https://www.frankfurt.de/sixcms/media.php/738/ffernachtleben_kap1_5.pdf

https://www.frankfurt.de/sixcms/media.php/738/ffernachtleben_kap6_9.pdf

Sehr schönes Positionspapier des Bund für Umwelt und Naturschutz Deutschland (BUND) e. V. zum Thema Stadtnaturschutz:
https://www.bund.net/fileadmin/bundnet/publikationen/aktion_stadtnatur/120627_bund_stadtnatur_stadtnaturschutz_standpunkt.pdf

Biela, C. (2008): Die Nutria (*Myocastor coypus* Molina 1782) in Deutschland – Ökologische Ursachen und Folgen der Ausbreitung einer invasiven Art. Diplomarbeit, Technische Universität München.
http://loek.wzw.tum.de/lehre/download/diplomarbeiten/dipl_2008_129.pdf

Braun, M. (2004): Neozoen in urbanen Habitaten: Ökologie und Nischenexpansion des Halsbandsittichs (*Psittacula krameri* SCOPOLI, 1769) in Heidelberg. Diplomarbeit, Philips-Universität Marburg.
http://www.uni-heidelberg.de/institute/fak14/ipmb/phazb/Thesis/Braun_2004.pdf

Einige Hilfen zum Lesen von Tierspuren:
http://www.loutres.be/IMG/pdf/Spurensucherschulung.pdf
http://www.walderlebnispfad-freising.de/index.php/stationen/waldthemen/20-station-den-waldtieren-auf-der-spur
http://www.naturimbild.at/index.php?goto=91
http://www.froschnetz.ch/arten/index.php

Nur so zum Spaß ...

... oder vielleicht auch ein wenig aus dem Wunsch heraus (was weiß man?), die lebendige Vielfalt unserer Städte noch ein bisschen mehr zu verdeutlichen, hier noch eine kleine Liste mit 303 Tierarten, die bei den gut 140 in diesem Buch bisher genannten noch nicht dabei waren. Wie auch für die meisten der bereits erwähnten existieren für alle folgenden Tierarten Nachweise aus Frankfurt – seitens der Senckenbergischen Biotopkartierung, der Arachnologischen Gesellschaft oder mir selbst.

Diese Liste ist in keiner Weise vollständig oder repräsentativ: Weder die Auswahl der Tiergruppen (wo sind die Regenwürmer, Schnecken, Eintagsfliegen, Ameisen, ...?) noch die Zahl der für jede Tiergruppe gelisteten Vertreter spiegeln die wahren Zahlenverhältnisse in unserer Stadtnatur in irgendeiner Weise wider. So enthält die Auflistung beispielsweise sehr viele der aus Frankfurt bekannten Vögel und Fische, aber nicht einmal ein Drittel der dort vorkommenden Spinnen und abseits der Libellen viel, viel zu wenig Insekten. Die tatsächliche Zahl aller frei lebenden Tierarten auf dem Gebiet einer Stadt wie Frankfurt ist nicht bekannt. Sie dürfte aber mindestens fünfzig-, vielleicht auch hundertmal höher liegen. Allein die noch nicht vorhandene Liste aller Käfer Frankfurts würde wohl weit mehr als zehnmal länger ausfallen als das, was nun folgt.

Spinnentiere

Ameisenspringspinne – *Myrmarachne formicaria*

Baldachinspinne – *Linyphia triangularis*

Bayerische Fischernetzspinne – *Segestria bavarica*

Blasse Sackspinne – *Clubiona pallidula*

Dickfußpantherspinne – *Alopecosa cuneata*

Dornfinger – *Cheiracanthium pennyi*

Dornhand-Wanderspinne – *Zora spinimana*

Dunkle Dickkieferspinne – *Pachygnatha degeeri*

Dunkle Kugelspinne – *Enoplognatha thoracica*

Dunkle Pantherspinne – *Alopecosa pulverulenta*

Dunkle Wolfspinne – *Pardosa amentata*

Dunkle Zebraspringspinne – *Salticus zebraneus*

Eichblatt-Radnetzspinne – *Aculepeira ceropegia*

Erd-Sackspinne – *Clubiona terrestris*

Fischernetzspinne – *Segestria senoculata*

Gartenwolfspinne – *Pardosa hortensis*

Gekrümmte Springspinne – *Evarcha arcuata*

Gelbfüßige Sonnenspringspinne – *Heliophanus flavipes*

Gelbliche Lauerspinne – *Nigma flavescens*

Gemeine Streckerspinne – *Tetragnatha extensa*

Gestreifte Zwergbaldachinspinne – *Bathyphantes gracilis*

Goldgelber Flachstrecker – *Philodromus aureolus*

Graubrauner Flachstrecker – *Philodromus cespitum*

Graue Waldbaldachinspinne – *Drapetisca socialis*

Grüne Huschspinne – *Micrommata virescens*

Hauben-Doppelkopf-Zwergbaldachinspinne – *Diplocephalus cristatus*

Hellbeinige Plattbauchspinne – *Drassyllus pusillus*

Helle Schulterkreuzspinne – *Araneus triguttatus*

Herbstspinne – *Metellina segmentata*

Herzfleck-Sackspinne – *Clubiona corticalis*

Höhlenspinne – *Nesticus cellulanus*

Käfer-Springspinne – *Ballus chalybeius*

Kleine Herzfleck-Sackspinne – *Clubiona comta*
Kleiner Asseljäger – *Dysdera erythrina*
Kleinste Zwergbaldachinspinne – *Bathyphantes parvulus*
Körbchenspinne – *Agalenatea redii*
Krabbenspinne – *Oxyptila claveata*
Kräuseljagdspinne – *Zoropsis spinimana*
Kupfrige Sonnenspringspinne – *Heliophanus cupreus*
Kürbisspinne – *Araniella cucurbitina*
Längsgestreifte Dickkieferspinne – *Pachygnatha clercki*
Laubkugelspinne – *Anelosimus vittatus*
Listspinne – *Pisaura mirabilis*
Marmorierte Zitterspinne – *Holocnemus pluchei*
Mooskugelspinne – *Robertus lividus*
Morast-Piratenspinne – *Piratula uliginosa*
Piratische Piratenspinne – *Pirata piraticus*
Rotbraune Dickkieferspinne – *Pachygnatha listeri*
Rotgestreifte Kugelspinne – *Enoplognatha ovata*
Rötliche Mausspinne – *Haplodrassus signifer*
Scheue Piratenspinne – *Piratula latitans*
Schilf-Sackspinne – *Clubiona phragmitis*
Schwarze Glücksspinne – *Erigone atra*
Schwarze Zwergbaldachinspinne – *Bathyphantes nigrinus*
Spaltenkreuzspinne – *Nuctenea umbratica*
Speispinne – *Scytodes thoracica*
Spinnenfresser – *Ero aphana*
Sumpf-Sackspinne – *Clubiona reclusa*
Tapezierspinne – *Atypus piceus*
Trauerwolfspinne – *Pardosa lugubris*
Umherstreifende Wolfspinne – *Pardosa prativaga*
Veränderliche Krabbenspinne – *Misumena vatia*
Vernachlässigte Sackspinne – *Clubiona neglecta*
Waldtrichterspinne – *Histopona torpida*
Weißgestreifte Zwergbaldachinspinne – *Bathyphantes approximatus*

Weißrandiger Flachstrecker – *Philodromus dispar*
Wellenbindige Streckerspinne – *Tetragnatha montana*
Wespenspinne – *Argiope bruennichi*
Wiesen-Lauerspinne – *Dictyna arundinacea*
Wollige Mauerspringspinne – *Pseudeuophrys lanigera*
Zartspinne – *Anyphaena accentuata*
Zwerg-Sackspinne – *Clubiona subtilis*
Zwergspinne – *Styloctetor romanus*

Apenninenkanker – *Opilio canestrinii*
Gemeiner Gebirgsweberknecht – *Mitopus morio*
Gesattelter Zahnäugler – *Lacinius ephippiatus*
Kleiner Dreizack – *Lophopilio palpinalis*
Östlicher Panzerkanker – *Astrobunus laevipes*
Westeuropäischer Krümelkanker – *Anelasmocephalus cambridgei*

Bücherskorpion – *Chelifer cancroides*
Moosskorpion – *Neobisium carcinoides*
Wald-Moosskorpion – *Neobisium sylvaticum*

Insekten

Dünen-Sandlaufkäfer – *Cicindela hybrida*
Gelber Kanalkäfer – *Amara fulva*
Goldglänzender Rosenkäfer – *Cetonia aurata*
Grobpunkt-Haarschnellläufer – *Ophonus puncticollis*
Großer Eichenbock – *Cerambyx cerdo*
Großer Schnellkäfer – *Harpalus dimidiatus*
Hirschkäfer – *Lucanus cervus*
Laufkäfer – *Masoreus wetterhallii*
Nashornkäfer – *Oryctes nasicornis*
Siebenpunkt-Marienkäfer – *Coccinella septempunctata*
Sumpf-Samtläufer – *Chlaenius nigricornis*

Feuerwanze – *Pyrrhocoris apterus*
Gemeiner Rückenschwimmer – *Notonecta glauca*
Gemeiner Wasserläufer – *Gerris lacustris*
Graue Gartenwanze – *Rhaphigaster nebulosa*
Grüne Stinkwanze – *Palomena prasina*
Streifenwanze – *Graphosoma lineatum*

Admiral – *Vanessa atalanta*
Blauschwarzer Ameisenbläuling – *Maculinea nausithous*
Eichenglucke – *Phyllodesma tremulifolia*
Frankfurter Ringelspinner – *Malacosoma franconica*
Großes Wiesenvögelchen – *Coenonympha tullia*
Kastanienminiermotte – *Cameraria ohridella*
Kleiner Fuchs – *Aglais urticae*
Kleines Eichenkarmin – *Catocala promissa*
Schwalbenschwanz – *Papilio machaon*
Silbergraue Bandeule – *Epilecta linogrisea*
Tagpfauenauge – *Aglais io*
Wald-Wiesenvögelchen – *Coenonympha hero*
Weinhähnchen – *Oecanthus pellucens*
Zitronenfalter – *Gonepteryx rhamni*

Ameisenjungfer – *Myrmeleonidae*
Becher-Azurjungfer – *Enallagma cyathigerum*
Blaue Federlibelle – *Platycnemis pennipes*
Blauflügel-Prachtlibelle – *Calopteryx virgo*
Blaugrüne Mosaikjungfer – *Aeshna cyanea*
Blutrote Heidelibelle – *Sympetrum sanguineum*
Braune Mosaikjungfer – *Aeshna grandis*
Feuerlibelle – *Crocothemis erythraea*
Fledermaus-Azurjungfer – *Coenagrion pulchellum*
Frühe Adonislibelle – *Pyrrhosoma nymphula*
Frühe Heidelibelle – *Sympetrum fonsocolombii*

Früher Schilfjäger – *Brachytron pratense*
Gebänderte Prachtlibelle – *Calopteryx splendens*
Gefleckte Heidelibelle – *Sympetrum flaveolum*
Gemeine Binsenjungfer – *Lestes sponsa*
Gemeine Heidelibelle – *Sympetrum vulgatum*
Gemeine Keiljungfer – *Gomphus vulgatissimus*
Gemeine Smaragdlibelle – *Cordulia aenea*
Gemeine Winterlibelle – *Sympecma fusca*
Glänzende Binsenjungfer – *Lestes dryas*
Glänzende Smaragdlibelle – *Somatochlora metallica*
Große Binsenjungfer – *Lestes viridis*
Große Heidelibelle – *Sympetrum striolatum*
Große Königslibelle – *Anax imperator*
Große Moosjungfer – *Leucorrhinia pectoralis*
Große Pechlibelle – *Ischnura elegans*
Großer Blaupfeil – *Orthetrum cancellatum*
Grüne Flussjungfer – *Ophiogomphus cecilia*
Helm-Azurjungfer – *Coenagrion mercuriale*
Herbst-Mosaikjungfer – *Aeshna mixta*
Hufeisen-Azurjungfer – *Coenagrion puella*
Keilflecklibelle – *Aeshna isosceles*
Kleine Königslibelle – *Anax parthenope*
Kleine Moosjungfer – *Leucorrhinia dubia*
Kleine Pechlibelle – *Ischnura pumilio*
Kleine Zangenlibelle – *Onychogomphus forcipatus*
Kleines Granatauge – *Erythromma viridulum*
Plattbauch – *Libellula depressa*
Pokal-Azurjungfer – *Erythromma lindenii*
Schwarze Heidelibelle – *Sympetrum danae*
Spitzenfleck – *Libellula fulva*
Südliche Binsenjungfer – *Lestes barbarus*
Südliche Mosaikjungfer – *Aeshna affinis*
Südlicher Blaupfeil – *Orthretum brunneum*

Torf-Mosaikjungfer – *Aeshna juncea*
Vierfleck – *Libellula quadrimaculata*
Westliche Keiljungfer – *Gomphus pulchellus*
Zierliche Moosjungfer – *Leucorrhinia caudalis*
Zweigestreifte Quelljungfer – *Cordulegaster boltonii*

Blauflügelige Ödlandschrecke – *Oedipoda caerulescens*
Dornschrecke – *Tetrix tenuicornis*
Feldgrashüpfer – *Chorthippus apricarius*
Feldgrille – *Gryllus campestris*
Gefleckte Keulenschrecke – *Myrmeleotettix maculatus*
Kurzflügelige Schwertschrecke – *Conocephalus dorsalis*
Langflügelige Schwertschrecke – *Conocephalus fuscus*
Säbeldornschrecke – *Tetrix subulata*
Sumpfschrecke – *Stethophyma grossum*
Wiesengrashüpfer – *Chorthippus dorsatus*

Gemeine Pelzbiene – *Anthophora plumipes*
Rote Mauerbiene – *Osmia bicornis*
Rotpelzige Sandbiene – *Andrena fulva*

Fische

Aal – *Anguilla anguilla*
Aland – *Leuciscus idus*
Bachforelle – *Salmo trutta*
Bachschmerle – *Barbatula barbatula*
Barbe – *Barbus barbus*
Bitterling – *Rhodeus amarus*
Blaubandbärbling – *Pseudorasbora parva*
Brachse – *Abramis brama*
Döbel – *Leuciscus cephalus*
Elritze – *Phoxinus phoxinus*
Flussbarsch – *Perca fluviatilis*

Giebel – *Carassius gibelio*
Graskarpfen – *Ctenopharyngodon idella*
Groppe – *Cottus gobio*
Gründling – *Gobio gobio*
Hasel – *Leuciscus leuciscus*
Hecht – *Esox lucius*
Karausche – *Carassius carassius*
Karpfen – *Cyprinus carpio*
Kaulbarsch – *Gymnocephalus cernuus*
Kesslergrundel – *Ponticola kessleri*
Marmorgrundel – *Protheorhinus semilunaris*
Nase – *Chondrostoma nasus*
Rapfen – *Aspius aspius*
Regenbogenforelle – *Oncorhynchus mykiss*
Rotauge – *Rutilus rutilus*
Rotfeder – *Scardinius erythrophthalmus*
Schleie – *Tinca tinca*
Schwarzmundgrundel – *Neogobius melanostomus*
Silberkarpfen – *Hypophthalmichthys molitrix*
Steinbeißer – *Cobitis taenia*
Stichling – *Gasterosteus gymnurus*
Ukelei – *Alburnus alburnus*
Weißflossengründling – *Romanogobio belingi*
Wels – *Siluris glanis*
Zander – *Sander lucioperca*

Amphibien

Kreuzkröte – *Epidalea calamita*
Springfrosch – *Rana dalmatina*
Wechselkröte – *Bufotes viridis*

Reptilien
Rotwangen-Schmuckschildkröte – *Trachemys scripta*

Vögel
Bachstelze – *Motacilla alba*
Bekassine – *Gallinago gallinago*
Bergfink – *Fringilla montifringilla*
Birkenzeisig – *Carduelis flammea*
Blässgans – *Anser albifrons*
Blässhuhn – *Fulica atra*
Bluthänfling – *Carduelis cannabina*
Brachpieper – *Anthus campestris*
Braunkehlchen – *Saxicola rubetra*
Brautente – *Aix sponsa*
Bruchwasserläufer – *Tringa glareola*
Dompfaff – *Pyrrhula pyrrhula*
Dorngrasmücke – *Sylvia communis*
Fasan – *Phasianus colchicus*
Feldlerche – *Alauda arvensis*
Feldschwirl – *Locustella naevia*
Fitis – *Phylloscopus trochilus*
Flussregenpfeifer – *Charadrius dubius*
Flussuferläufer – *Tringa hypoleuca*
Gänsesäger – *Mergus merganser*
Gartenbaumläufer – *Certhia brachydactyla*
Gartengrasmücke – *Sylvia borin*
Gartenrotschwanz – *Phoenicurus phoenicurus*
Gebirgsstelze – *Motacilla cinerea*
Girlitz – *Serinus serinus*
Goldammer – *Emberiza citrinella*
Grauschnäpper – *Muscicapa striata*
Grünling – *Carduelis chloris*
Haubentaucher – *Podiceps cristatus*

Heckenbraunelle – *Prunella modularis*

Hohltaube – *Columba oenas*

Kernbeißer – *Coccothraustes coccothraustes*

Kiebitz – *Vanellus vanellus*

Klappergrasmücke – *Sylvia curruca*

Kleiber – *Sitta europea*

Knäkente – *Anas querquedula*

Krickente – *Anas crecca*

Kuckuck – *Cuculus canorus*

Mandarinente – *Aix galericulata*

Mäusebussard – *Buteo buteo*

Mehlschwalbe – *Delichon urbica*

Misteldrossel – *Turdus viscivorus*

Mittelspecht – *Dendrocopos medius*

Nachtigall – *Luscinia megarhynchos*

Neuntöter – *Lanius collurio*

Rauchschwalbe – *Hirundo rustica*

Rohrammer – *Emberiza schoeniclus*

Rotmilan – *Milvus milvus*

Saatkrähe – *Corvus frugilegus*

Schafstelze – *Motacilla flava*

Schwanzmeise – *Aegithalos caudatus*

Schwarzmilan – *Milvus migrans*

Schwarzspecht – *Dryocopus martius*

Schwarzstorch – *Ciconia niger*

Seeadler – *Haliaeetus albicilla*

Seidenschwanz – *Bombycilla garrulus*

Steinkauz – *Athene noctua*

Steinschmätzer – *Oenanthe oenanthe*

Stieglitz – *Carduelis carduelis*

Sumpfmeise – *Parus palustris*

Sumpfrohrsänger – *Acrocephalus palustris*

Teichrohrsänger – *Acrocephalus scirpaceus*

Trauerschnäpper – *Ficedula hypoleuca*
Waldkauz – *Strix aluco*
Waldohreule – *Asio utus*
Waldschnepfe – *Scolopax rusticola*
Waldwasserläufer – *Tringa ochropus*
Wasserpieper – *Anthus spinoletta*
Wasserralle – *Rallus aquaticus*
Weißstorch – *Ciconia ciconia*
Wendehals – *Jynx torquilla*
Wiesenpiper – *Anthus pratensis*
Zeisig – *Carduelis spinus*
Zwergschnepfe – *Lymnocryptes minimus*
Zwergtaucher – *Tachybaptus ruficollis*

Säugetiere

Bartfledermaus – *Myotis mystacinus*
Bechsteinfledermaus – *Myotis bechsteinii*
Braunes Langohr – *Plecotus auritus*
Breitflügelfledermaus – *Eptesicus serotinus*
Fransenfledermaus – *Myotis nattereri*
Graues Langohr – *Plecotus austriacus*
Großes Mausohr – *Myotis myotis*
Kleiner Abendsegler – *Nyctalus leisleri*
Mückenfledermaus – *Pipistrellus pygmaeus*
Rauhautfledermaus – *Pipistrellus nathusii*
Wasserfledermaus – *Myotis daubentonii*
Zweifarbenfledermaus – *Vespertilio murinus*

Feldhamster – *Cricetus cricetus*

Fotonachweis

S. 22, 26, 50, 52, 61, 80, 85, 95, 97, 106, 114, 115, 117, 121, 124, 127, 149, 151, 216, 243, 245, 247, 253, 255, 263, 265, 280 – Sebastian Lotzkat

S. 36, 37, 39, 42, 67, 71, 82, 123, 135, 157, 161, 186, 189, 191, 195, 214, 248 – Florian Möllers

S. 28 – Lucas Weitzendorf (eigenes Werk bei Wikimedia Commons)

S. 30 – Iskulikov (Own work at Wikimedia Commons)

S. 32 – Kilessan (eigenes Werk bei Wikimedia Commons)

S. 63, 180 – Anna Lotzkat

S. 74 – Markus.S.GP (eigenes Werk bei Wikimedia Commons)

S. 103 – Thomas Schoch (own work at http://www.retas.de/thomas/travel/india2007/index.html)

S. 146 – spacebirdy/CC-BY-SA-I.O (Wikimedia Commons)

S. 225 – James Gathany, CDC (This image is a work of the Centers for Disease Control and Prevention. As a work of the U.S. federal government, the image is in the public domain.)

S. 303 – Gina Moog

Über den Autor

Dr. Sebastian Lotzkat, geb. 1981, beschäftigt sich als Biologe mit Biodervisität von Reptilien und Amphibien. Im Rahmen seiner Promotion verbrachte er rund 12 Monate in den Regenwäldern Panamas, um die Vielfalt der dortigen Reptilien zu dokumentieren und dabei auch einige neue Arten von Echsen und Schlangen zu entdecken. Neben der reinen Wissenschaft konzipiert und realisiert er unter anderem im Senckenbergmuseum und im Palmengarten Frankfurt (am Main) Führungen, Workshops, Vorträge und Exkursionen, arbeitet als freier Autor und ist preisgekrönter Science Slammer.

Sebastian Lotzkat